复杂开采技术条件下无底柱分段崩落法开采理论与实践

张志贵　陈星明　苏华友　谭宝会　著

北　京

冶 金 工 业 出 版 社

2018

内 容 提 要

本书结合我国无底柱分段崩落法矿山生产存在的突出问题，开展了针对复杂矿体条件下无底柱分段崩落法应用研究，发现其矿石的回采及回收具有明显的特殊性，需要在切割、爆破以及出矿等环节采用一些特殊的技术手段解决矿石回采与回收困难的问题，并且下盘退采范围确定的方法也应进行必要的改革，以保证下盘残留矿石的回收；同时，对厚大急倾斜矿体加大结构参数的原则及方法，以及加大结构参数后的矿岩移动规律和合理放矿方式等问题进行了较为系统的研究，研究成果为无底柱分段崩落法结构参数优化奠定了重要的理论及技术基础。

本书可供采矿等相关领域的工程技术人员阅读，也可供高等院校采矿工程专业的本科生、研究生参考。

图书在版编目（CIP）数据

复杂开采技术条件下无底柱分段崩落法开采理论与实践/张志贵等著 . —北京：冶金工业出版社，2018. 11
ISBN 978-7-5024-7927-5

Ⅰ. ①复… Ⅱ. ①张… Ⅲ. ①矿山开采—无底柱分段崩落法—研究 Ⅳ. ①TD853. 36

中国版本图书馆 CIP 数据核字（2018）第 254480 号

出 版 人 谭学余
地　　 址　北京市东城区嵩祝院北巷 39 号　邮编　100009　电话　(010)64027926
网　　 址　www. cnmip. com. cn　电子信箱　yjcbs@ cnmip. com. cn
责任编辑　高　娜　美术编辑　彭子赫　版式设计　禹　蕊
责任校对　石　静　责任印制　牛晓波
ISBN 978-7-5024-7927-5

冶金工业出版社出版发行；各地新华书店经销；三河市双峰印刷装订有限公司印刷
2018 年 11 月第 1 版，2018 年 11 月第 1 次印刷
169mm×239mm；17. 5 印张；340 千字；266 页
78. 00 元

冶金工业出版社　投稿电话　(010)64027932　投稿信箱　tougao@cnmip. com. cn
冶金工业出版社营销中心　电话　(010)64044283　传真　(010)64027893
冶金书店　地址　北京市东四西大街 46 号(100010)　电话　(010)65289081(兼传真)
冶金工业出版社天猫旗舰店　yjgycbs. tmall. com
（本书如有印装质量问题，本社营销中心负责退换）

前　言

　　无底柱分段崩落法是一种不留任何矿柱，可在矿体走向及延深方向都实现连续开采的崩落采矿法，主要用于地表允许崩落、矿石稳固性较好、厚大急倾斜矿床的开采。无底柱分段崩落法自20世纪50年代在瑞典出现并基本定型后，因其具有结构简单、机械化程度高、回采效率高、采矿成本低、安全性好以及灵活性高等诸多突出优点，在中外大中型地下矿山得到广泛使用。

　　随着我国经济的快速发展，矿产资源的需求也越来越大，无底柱分段崩落法这种高效、安全、低成本的采矿方法逐渐被运用到矿体破碎、形态复杂、厚度不大（10~20m）、倾角较缓（30°~50°）等所谓的复杂矿体条件中。事实上，我国金属矿产资源的开采条件普遍不佳，多数矿床为矿体破碎、形态复杂、倾角缓而厚度不大的复杂矿体条件。可以说，我国无底柱分段崩落法很多时候是在一种相当不利的复杂矿体条件下使用。对于厚大急倾斜矿体，随着无底柱分段崩落法采矿结构参数的不断加大，一定程度上增加了无底柱分段崩落法采矿及矿石回收的困难与复杂程度。因此，我国无底柱分段崩落法总体上是在一种所谓的复杂开采技术条件下的应用。

　　但是，目前国内采矿界并没有对复杂开采技术条件特别是复杂矿体条件下无底柱分段崩落法开采理论与技术进行系统深入的研究，实际生产缺乏科学的理论指导及技术支持，多数国内生产矿山仍然沿用传统工艺进行生产，导致矿山普遍出现生产秩序不正常、矿石回收效果差等严重问题。因此，本书作者结合我国无底柱分段崩落法矿山存在的突出生产及技术问题，以科研项目为依托，开展了针对复杂开采技术条件，特别是复杂矿体条件下无底柱分段崩落法应用的理论、实验及应用试验研究，并取得重要研究进展。

　　研究表明，复杂矿体条件特别是缓倾斜中厚矿体条件下的无底柱分段崩落法具有显著区别于厚大急倾斜矿体的开采及矿石回收特点，需要在切割、爆破以及出矿等工艺采用一些特殊的技术及手段解决矿石回采与回收困难的问题。同时，下盘残留矿石的回收成为影响矿石回收效果的关键，目前按照边界品位法或边际盈亏平衡法确定下盘退采范围的方法存在较大缺陷，容易导致矿石回收不充分或出现过度贫化的问题，应该进行必要的改革。更为重要的是，在缓倾斜中厚矿体条件下，分段下盘约有 10% 的矿量难以在无底柱分段崩落法采矿系统下得到有效回收，必须考虑其他更为有效的方法进行回收，而辅助进路回收是一种比较有效的方法。应该说，这些研究和发现突破了无底柱分段崩落法的传统认识，为解决复杂矿体条件下无底柱分段崩落法正常应用及矿石有效回收等问题奠定了一定的理论与技术基础，并在实际矿山的生产实践中取得了显著效果。

　　对于无底柱分段崩落法加大结构参数特别是结构参数的优化研究，国内采矿界仍处于探索的过程中。一段时间以来，基于"椭球体排列"理论而提出的所谓"大间距结构参数"方案成为了国内无底柱分段崩落法矿山加大结构参数的主要技术及方法。但是，几年来的矿山生产实践证明，"大间距结构参数"方案的效果并不理想，甚至在相当程度上影响到了矿山的正常生产以及矿石的正常回收。近年来，西南科技大学项目组结合国内几个矿山加大结构参数的项目研究，对厚大急倾斜矿体加大结构参数后的矿岩移动规律、加大结构参数的原则及方法以及大结构参数条件下无底柱分段崩落法合理放矿方式等问题进行了较为系统的研究，取得了一些有价值的研究成果，一定程度上弥补了目前国内对大结构参数无底柱分段崩落法或者说复杂结构参数条件下无底柱分段崩落法研究的不足，为无底柱分段崩落合理加大及优化结构参数奠定了重要的理论及技术基础。

　　本书全面总结了作者近十年来对复杂开采技术条件下无底柱分段

崩落法采矿理论与技术工艺的研究过程与研究成果，相信对于进一步完善无底柱分段崩落采矿法、扩大无底柱分段的应用范围以及提高无底柱分段崩落法的采矿技术和经济效益等都具有积极的推动作用。

　　本书在撰写过程中，得到了四川锦宁矿业有限责任公司陈忠华、覃顺平、康文、韩方建、李英碧、卢国民、叶青、谭虎等，酒钢集团公司陈永祺，酒钢集团宏兴股份有限公司于国立，镜铁山矿田宏海、程国华、任国芳等企业领导及工程技术人员的大力支持与帮助；同时，也得到了西南科技大学朱强、钟敏、陈诗墨等老师及同学的支持与帮助，在此一并表示衷心的感谢。

　　由于复杂开采技术条件下无底柱分段崩落法开采理论及技术问题较为复杂，一些问题仍处于探索之中，加之作者水平有限，书中难免存在不足之处，敬请广大读者谅解并批评指正。

作　者

于四川绵阳

2018 年 4 月

目　录

1 绪　　论

1.1　国内外无底柱分段崩落法应用现状

　　无底柱分段崩落法是一种不留任何矿柱、可在矿体走向及延深方向都实现连续开采的崩落采矿法（如图1-1所示），主要适用于地表允许崩落、矿石稳固性较好、厚大急倾斜矿床的开采。无底柱分段崩落法自20世纪50年代在瑞典出现并基本定型后，因其具有的结构简单、机械化程度高、回采效率高、采矿成本低、安全性及灵活性好等诸多突出优点，在国内外大中型地下矿山得到广泛使用。

　　目前，我国地下铁矿山使用无底柱分段崩落法的矿山数量及采出矿石量均在80%以上，有色金属矿山达40%左右，化工、黄金以及磷矿等矿山也有较广泛使用[1,2]，如武钢程潮铁矿、武钢金山店铁矿、宝钢南京梅山铁矿、首钢杏山铁矿、酒钢镜铁山铁矿（桦树沟矿区）、河北邯钢矿山（张家洼铁矿、玉石洼铁矿、西石门铁矿）、昆钢大红山铁矿、攀钢兰尖铁矿以及鞍钢弓长岭铁矿等都是国内典型的无底柱分段崩落法矿山。

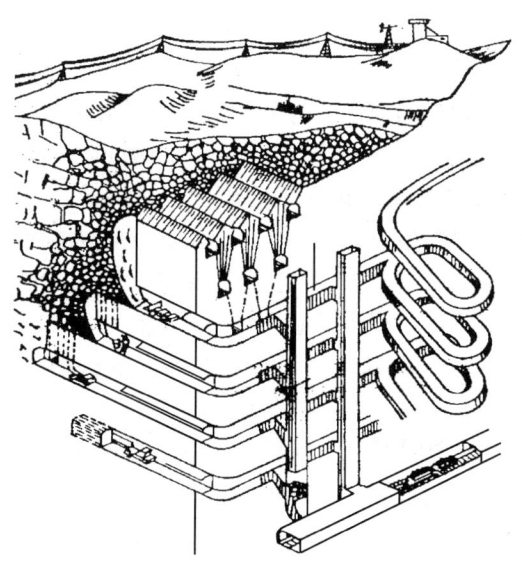

图1-1　无底柱分段崩落法开采示意图[3]

可以说，对于地表允许崩落的厚大急倾斜矿体条件的地下矿山，特别是地下铁矿山来讲，无底柱分段崩落法在我国已经成为其绝对主要的采矿方法。在国外，无底柱分段崩落法也是大型地下矿山的主要采矿方法，表 1-1 为国外几个典型的无底柱分段崩落法矿山基本情况。

表 1-1　国外几个典型无底柱分段崩落法矿山基本情况[4]

矿　山	所属公司	位置（国家）	主产金属	产能/t·d⁻¹
Kiruna	LKAB	瑞典	铁	76000
Malmberget	LKAB	瑞典	铁	45000
Perseverance	BHP Billiton	澳大利亚	镍	5000
Ridgeway	Newcrest	澳大利亚	金/铜	16500
Stobie	CVRD Inco	加拿大	镍	5000

当然，在引入该采矿方法初期，国内外无底柱分段崩落法矿山都普遍出现了矿石损失贫化大、采场通风困难等问题。为此，国内外都进行了大量研究和试验，研究和试验的重点集中在对采矿方法结构改进和参数优化上面，例如，"高端壁无底柱分段崩落法""双巷菱形无底柱分段崩落法""高低分段或留护顶柱的无底柱分段崩落法""分段留矿崩落法"和"矿石隔离层下放矿""楔形柳槽或筒仓结构"[5]，以及近年来在国内比较受关注的无（低）贫化放矿[6,7]及大结构参数方案[8]等。

应该说，经过几十年的发展，矿石稳固、急倾斜厚大矿体条件下的无底柱分段崩落法已经比较成熟和完善，回采进路上下菱形交错布置的结构形式基本固定，矿石损失贫化大以及通风困难等问题得到较好解决。特别是无贫化放矿方式的提出以及无贫化放矿理论的建立，为无底柱分段崩落法从根本上解决采出矿石贫化大的问题奠定了极为重要的理论及技术基础。例如，酒钢镜铁山铁矿1993～1997年进行了无贫化放矿方式的现场工业试验，试验及推广应用的初步实践表明，无贫化放矿方式可以在矿石回采率不降低的情况下大幅度地降低矿石贫化率至8%～10%左右。随后，无贫化放矿理论降低矿石贫化的基本原理和方法在国内多个无底柱分段崩落法矿山得到试验和应用并取得明显的成效；在保持矿石正常回收情况下，采出矿石贫化率（岩石混入率）由过去的20%～25%以上大幅度降到10%～15%左右[9,10]。

可以说，当今的无底柱分段崩落法已经成为一种同时具有损失贫化低、生产能力大、采矿效率高、工艺成熟、生产可靠、作业安全、采矿成本低、机械化程度高、适应性广等诸多突出优点的先进采矿方法，成为许多大中型金属地下矿山采矿方法的首选。无贫化放矿方式的提出以及无贫化放矿理论的建立，使从根本上解决无底柱分段崩落法采出矿石贫化大问题成为可能。而从根本上解决采出矿石贫化大的问题，又为这种高效安全的采矿方法进一步扩大应用范围奠定重要的基础，这就包括具有复杂开采技术条件的矿山。

1.2　复杂开采技术条件下无底柱分段崩落法的应用现状

就无底柱分段崩落法来讲，其矿体开采技术条件主要包含两个方面的内容：一是矿体的形态及产状；二是矿岩体的破碎程度及稳固性。其中矿体形态及产状是衡量复杂矿体条件的重要考量，而倾斜矿体特别是缓倾斜中厚矿体则是复杂矿体条件中最为典型的一种情况。其实，矿体倾角在 $50° \sim 70°$ 左右的倾斜厚大矿体也应该纳入复杂矿体条件范畴，其上下盘三角矿体的开采与回收也比较困难和复杂，矿山的开采技术指标也不够理想。当然，矿岩体破碎、地压大等也是复杂矿体条件的重要表现。此外，随着无底柱分段崩落法采矿结构参数的不断加大，一定程度上增加了无底柱分段崩落法采矿及矿石回收的困难与复杂程度。

由于大结构参数条件下的无底柱分段崩落法矿岩移动规律及矿石回采与回收等问题的研究还不够充分，实际生产过程中还存在生产不够正常、矿石回收指标不理想等突出问题。因此，厚大急倾斜矿体条件下的大结构参数无底柱分段崩落法也应该列入复杂开采技术条件之中进行进一步的研究。

为便于分析与研究，这里将无底柱分段崩落法应用在矿体破碎、形态复杂、厚度不大（$10 \sim 20m$）、倾角较缓（$30° \sim 50°$）的矿体开采条件称之为复杂矿体条件，而将厚大急倾斜矿体条件下的大结构参数（分段高度或进路间距通常应大于等于 $15m$）无底柱分段崩落法采矿称之为复杂参数条件，两者统称为复杂开采技术条件。

随着我国经济的快速发展，对矿产资源的需求越来越大，无底柱分段崩落法这种高效、安全、低成本的采矿方法也逐渐被运用到矿体破碎、形态复杂、厚度不大、倾角较缓等所谓的复杂矿体条件中。事实上，我国金属矿产资源的开采条件普遍不佳，多数矿床为矿体破碎、形态复杂、倾角缓而厚度不大的复杂矿体条件，例如西石门铁矿、玉石洼铁矿、张家洼铁矿、北洺河铁矿、小官庄铁矿、漓渚铁矿以及四川锦宁矿业的大顶山矿区都是比较典型的复杂矿体条件。有些矿山虽属于厚大矿体，但局部也呈现缓倾斜、破碎等复杂矿体的特征。

可以说，我国无底柱分段崩落法很多时候是在一种相当不利的复杂矿体条件下使用。同时，对于厚大急倾斜矿体，国内外无底柱分段崩落法矿山都出现了基本一致的发展趋势，即都在朝着无轨化、大参数、高产能的方向发展，其采矿方法的主要结构参数基本上都已过渡到所谓的"大结构参数"状态，分段高度及进路间距一般都在 $15 \sim 20m$ 以上，个别矿山的结构参数甚至接近了 $30m$。也就是说，厚大急倾斜矿体的无底柱分段崩落法也都进入了所谓复杂参数开采条件。

矿山生产实践证明，当无底柱分段崩落法用于矿体形态复杂、厚度小、倾角较缓以及矿体破碎、地压大以及大结构参数等复杂开采技术条件时，由于矿石回采及回收条件有了很大的变化，其采矿方法结构及参数、生产技术及工艺等，就不一定能适应复杂的开采技术条件，因而需要进行必要的调整或优化，甚至需要一些特殊的技术措施才能保证矿山正常生产以及矿石正常回收。但是，目前国内外采矿界并没有对复杂开采技术条件特别是复杂矿体条件下无底柱分段崩落法开采理论与技术进行系统深入的研究，实际生产缺乏科学的理论指导及技术支持，多数生产矿山仍然沿用传统工艺进行生产，导致矿山普遍出现生产秩序不正常、矿石回收效果差等严重问题。

据了解，矿山生产秩序不正常、矿石回收指标差的状况在复杂矿体条件无底柱分段崩落法矿山是一个普遍现象。与开采条件相对简单的急倾斜厚大矿体相比较，具有复杂矿体条件的无底柱分段崩落法矿山，不仅生产秩序很不正常，悬顶、大块、隔墙以及巷道垮塌与冒落等事故频繁发生，矿石回收指标也严重恶化。不少矿山的实际回收率仅为60%～70%左右，而贫化率却高达20%～30%以上。这不仅严重影响了矿山的技术经济效益，也造成国家矿产资源的巨大浪费[11~13]。

表1-2为我国几个典型复杂矿体条件无底柱分段崩落法矿山主要参数及矿石回收指标，表1-3是四川某铁矿山2008～2011年矿石回收指标统计情况。从两个表的数据可以看出，复杂开采条件下无底柱分段崩落法矿山的主要回收指标是相当差的。

表1-2　部分相关地下矿山主要参数及指标[14]

矿　山	程潮铁矿	小官庄铁矿	漓渚铁矿	金山店铁矿
矿体厚度/m	48～53	25～50	30～100	25
矿体倾角/(°)	30～46	10～30	20～60	60～80
结构参数/m×m	17.5×15	12×15	12×10	12×10
贫化率/%	23.8	27.39	28.54	25.06
回采率/%	76.3	73.68	72.96	72.09

表1-3　四川某铁矿山矿石损失贫化指标统计表[15]

年　度	矿石回收率/%	岩石混入率/%
2008	64.99	35.87
2009	58.40	36.47
2010	60.32	38.40
2011	57.10	36.23

而对于具有较好矿体条件的稳固急倾斜厚大矿体来讲，从传统的"小结构参

数"过渡到大结构参数条件及所谓的复杂参数条件下后,国内外无底柱分段崩落法的应用状况差别较大。总体来说,国外矿山由于技术、装备及管理水平以及矿体条件较好等原因,特别是在结构参数优化方面采用比较科学和成熟的技术及方法,大结构参数无底柱分段崩落法应用的整体状况好于国内矿山。不过,国外也开始关注复杂参数条件特别是过大的结构参数给无底柱分段崩落法采矿生产及矿石回收可能造成的不利影响,结构参数不断加大的趋势开始减缓甚至已经停滞下来。

而国内矿山大结构参数无底柱分段崩落法的应用情况要复杂一些,部分矿体开采技术条件较好、技术装备及管理水平较高的生产矿山,在加大结构参数的过程中,由于采用了与国际上比较一致的方法和技术,大结构参数无底柱分段崩落法的应用取得较好的效果。但是,也有相当一部分国内矿山,虽然其矿体条件、装备技术及管理条件都相当不错,但由于在加大结构参数的过程中采用了不够科学合理的技术及方法,导致其结构参数不合理,或者是因为对复杂参数条件下的矿岩移动规律了解不够准确而采用了不合理的放矿方式,影响了矿山的正常生产及矿石回收,矿山生产及矿石回收效果处于一种不正常或不稳定的状态,结构参数的调整与优化进程仍在进行中。

1.3 复杂开采技术条件无底柱分段崩落法研究现状

采矿活动的根本目的是高效、安全、经济地采出有价值的矿石。然而,无底柱分段崩落法在上述任何一种复杂开采技术条件下都可能出现采下矿石无法有效回收问题。如果矿体条件既具有矿体破碎、地压大的特点,又同时具有倾角缓、厚度小的特点,则情况就更加复杂,采矿的难度就更大。现实的情况是,不仅具有复杂矿体条件的无底柱分段崩落法矿山普遍出现矿山生产不正常、矿石回收指标差的问题,许多具有厚大急倾斜矿体条件的无底柱分段崩落法矿山,在采用了大结构参数方案后也普遍出现了生产不正常、矿石回收指标差的问题。因此,要想无底柱分段崩落法能在复杂开采技术条件下得到成功应用并取得良好的矿石回采及回收效果,就必须深入分析和研究复杂开采技术条件下无底柱分段崩落法矿石回采与回收的特殊性,有效解决复杂开采技术条件下无底柱分段崩落法矿石回采与回收的理论及技术问题。

相对来说,国外无底柱分段崩落法矿山的开采条件一般较好,多数矿体属于稳固的急倾斜厚大矿体,即具有所谓的简单矿体开采条件。因此,其研究重点主要集中在如何提高开采效率、降低采矿成本以及提高生产安全性等方面,而加大采矿方法结构参数以及提高采矿方法的机械化与自动化程度则成为其主要的发展方向。近年来,数字化矿山、智能矿山以及绿色矿山正逐步成为地下矿山发展的趋势。但是,国外矿山对于复杂矿体条件下无底柱分段崩落法的应用研究则相对较少,相关的进展也不多见。就国内地下矿山情况看,由于其矿体开采条件相对较差,许多矿山都属于矿体破碎、形态复杂、厚度小、倾角较缓的复杂矿体条件。因此,国内对复杂矿体条件下的无底柱分段崩落法也进行了较多的研究和试验。同时,随着采矿设备及技术的进步,国内无底柱分段崩落法矿山也开始了结构参数由传统"小结构参数"向大结构参数的转变,采矿界对加大结构参数的原则及方法,以及大结构参数条件下无底柱分段崩落法放矿时的矿岩移动规律等诸多问题进行了探索和分析。

据了解,以北京科技大学、东北大学、中南大学等高校以及马鞍山矿山设计研究院、长沙矿山设计院等为主的矿山设计及科研单位,自 20 世纪 90 年代开始在程潮铁矿、西石门铁矿、张家洼铁矿、玉石洼铁矿、小官庄铁矿等复杂矿体条件矿山进行了无底柱分段崩落法开采工艺及技术攻关研究[11,12,16~18,20]。

概括来说,这些研究主要集中在对采场地压规律、优化回采顺序、巷道支护新技术以及改善爆破效果等,提出了"优化采场结构参数""上盘三角矿段并段回采""自落顶设回收进路""优化回采顺序""卸压开采""加强回采巷道支护""以进路为单元组织生产",以及优化下盘退采范围等多项有针对性的技术措施,重点解决矿体破碎、采场地压大、矿山存在的矿石损失贫化大、巷道及炮孔垮塌、生产不正常等问题。

应该说,经过十余年的技术攻关研究,具有复杂矿体条件的无底柱分段崩落法矿山因矿体破碎、地压大、回采顺序不合理、巷道及炮孔垮塌等造成的损失贫化突出问题得到一定程度的解决,矿山的生产状况及技术经济指标得到一定程度改善,开采的技术经济效益有所提高。自 2011 年以来,西南科技大学相关研究人员结合四川锦宁矿业大顶山矿区复杂矿体条件无底柱分段崩落法合理开采工艺及技术科研项目的研究需要,着手开始对复杂矿体条件特别是缓倾斜中厚矿体条件下无底柱分段崩落法应用的理论及技术问题开展了理论、实验及应用研究并取得一些重要进展,复杂矿体条件下,特别是缓倾斜中厚矿体无底柱分段崩落法的应用问题开始得到初步解决。

研究表明,缓倾斜中厚矿体条件下的无底柱分段崩落法具有显著区别于厚大急倾斜矿体的开采及矿石回收特点,需要在切割、爆破以及出矿等工艺采用一些特殊的技术及手段解决矿石回采与回收困难的问题。同时,下盘残留矿石的回收成为影响矿石回收效果的关键,目前按照边界品位法或边际盈亏平衡法确定下盘退采范围的方法存在较大缺陷,容易导致矿石回收不充分或出现过度贫化的问题,应该进行必要的改革。更为重要的是,缓倾斜中厚矿体条件下分段下盘约有 10% 的矿量难以在无底柱分段崩落法采矿系统下得到有效回收,必须考虑其他更为有效的方法进行回收,而辅助进路回收是一种比较有效的方法。这些研究和发现突破了无底柱分段崩落法的传统认识,为解决复杂矿体条件下无底柱分段崩落法正常应用及矿石有效回收等问题奠定了一定的理论与技术基础，并在生产实践中取得了显著效果。

应该说，对于加大无底柱分段崩落法结构参数的研究，国内采矿界仍处于探索的过程中。一段时间以来，基于"椭球体排列理论"而提出的所谓"大间距结构参数方案"成为国内无底柱分段崩落法矿山加大结构参数的主要技术及方法。但是，几年来的矿山生产实践证明，"大间距结构参数方案"的效果并不理想。近年来，西南科技大学相关研究人员结合国内几个矿山加大结构参数的项目研究，对厚大急倾斜矿体加大结构参数后的矿岩移动规律、加大结构参数的原则及方法以及大结构参数条件下无底柱分段崩落法合理放矿方式等问题进行了较为系统的研究，取得了一些有价值的研究成果，一定程度上弥补了目前国内对大结构参数无底柱分段崩落法或者说复杂结构参数条件下无底柱分段崩落法研究的不足，相关的研究情况及研究结果将在后面作详细介绍。

1.4 无底柱分段崩落法放矿过程中的放矿控制与管理技术

不论是何种采矿方法，高效、安全、低成本、高质量采出矿石是其最高的追求目标。对于具有在覆岩下放矿特征的无底柱分段崩落采矿法来讲，放矿这个环节是实现崩落法采矿最高追求目标的关键环节。因此，采矿生产过程中的放矿控制及管理技术或者说放矿方式一直是人们关注的重点，并就此开展了长期大量的研究与试验工作，也取得了相当大的进展。

就无底柱分段崩落法放矿方式来讲，传统放矿方式就是所谓的"截止品位放矿方式"。随着对无底柱分段崩落法研究的深入和生产实践的推动，目前无底柱分段崩落法的放矿方式依据不同的开采条件特别是矿石回收条件，出现了无贫化放矿、低贫化放矿、截止品位放矿、松动放矿、总量控制放矿以及组合放矿等多种放矿方式，这些放矿方式都在不同的场合及条件下的无底柱分段崩落法矿山以及实验研究中得到不同程度的应用。

所谓"截止品位放矿方式"，是指采用预先确定的放矿截止品位来控制放矿过程的一种放矿方式。传统截止品位放矿方式曾经是崩落法特别是无底柱分段崩落法唯一的放矿控制与管理方式，由于其是基于对无底柱分段崩落法矿岩移动规律以及矿石损失贫化关系的错误认识而提出的一种放矿控制及管理方式，事实上导致了无底柱分段崩落法采出矿石严重贫化的问题。

需要注意的是，传统截止品位放矿方式所使用的"截止品位"是指对应放矿、运输提升以及加工等费用能够与矿产品价格相平衡时的采出矿石品位，是纯粹的一个经济意义上的概念。由于不考虑前期基建、采准甚至回采（出矿前）的费用，因而计算出的截止品位通常低于矿石边界品位。但随着无贫化放矿以及低贫化放矿方式的出现，无底柱分段崩落法现在使用的放矿截止品位，已不再仅仅是传统意义上的"截止品位",而是泛指任何放矿条件下截止的出矿工作面矿石品位;其数值的确定不再是按照盈亏平衡或盈利最大的原则进行确定,而是根据放矿管理的需要进行确定。此时的放矿截止品位已经变为一个用于控制放矿截止点的技术性参数,而经济上的意义基本消失。

所谓"无贫化放矿方式",是指对于急倾斜厚大矿体条件的无底柱分段崩落法放矿,由于连续的回采及回收条件,崩落矿石特别是步距放矿形成的各种矿石残留体具有再次回收的良好条件,因而可以在基本没有贫化的情况下得到充分回收。故在放矿时可以采取当工作面出现覆岩时就停止出矿的放矿控制方式,基本不放出贫化矿石。由于不放出贫化矿石,采出的矿石当然就是没有贫化的"纯矿石",这也是将该放矿方式称之为"无贫化放矿方式"的直接原因。

所谓"低贫化放矿方式"的概念,其实最先是由无贫化放矿方式的研究者为便于人们接受无贫化放矿方式而提出的一个"妥协性"概念,其本意还是无贫化放矿。但是,后来一些学者却将"低贫化放矿"的概念独立出来,将其定义为介于"无贫化放矿"与"截止品位放矿"之间的一种所谓新的放矿方式[21]。

值得注意的是,"低贫化放矿方式"的提出,完全依赖于无贫化放矿理论对无底柱分段崩落法放矿移动规律的新认识。从严格意义上讲,"低贫化放矿"的概念既不科学,也不准确;什么程度的贫化可以称之为"低贫化"无法界定。从"无贫化放矿"到传统截止品位放矿之间的所有截止品位放矿,都可以称之为"低贫化放矿"。显然,"低贫化放矿"事实上是一个"线"的概念而非"点"的概念(如图1-2所示)。因此,严格意义上讲,所谓的"低贫化放矿"没有条件成为一种独立的放矿方式。

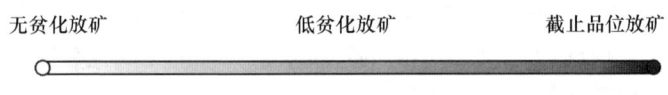

图1-2 无贫化放矿、低贫化放矿及截止品位放矿的关系示意图

需要强调的是,无贫化放矿方式的提出以及无贫化放矿理论的建立,完全是基于对无底柱分段崩落法特殊的采矿结构形式、崩落矿岩移动规律以及矿石损失贫化关系的正确认识以及大量的放矿实验结果。同时,无贫化放矿方式及理论还得到了实际矿山生产实践的验证。正是因为有了无贫化放矿理论及放矿方式,无底柱分段崩落法放矿过程矿石严重贫化的问题才能从根本上得到解决。无贫化放矿实验及实际生产过程出现的少量贫化是生产实际的复杂性及随机性与理论的差距所致。同时,为准确判定崩落覆岩已经正常到达放矿口,不论是实验还是生产实际放矿过程,通常都需要放出少量的废石。因此,无底柱分段崩落法无贫化放矿实验及实际生产过程中出现一定程度的贫化(5%~8%左右)并不奇怪。

　　显然，实际放矿过程中出现少量的贫化，并不否定无贫化放矿理论及放矿方式的正确性及重要意义，"无贫化放矿"并不追求数学意义上的"零贫化"。许多生产矿山在无贫化放矿理论指导下，通过提高出矿截止品位，减少无效贫化，实现了大幅度降低贫化的效果。但是，由于人们认识习惯等原因，将事实上的"无贫化放矿"称之为"低贫化放矿"似乎更容易被接受，虽然"低贫化放矿"并不是一个科学而准确的概念。因此，本书不再刻意去强调现在的"低贫化放矿"就是事实上的"无贫化放矿"或者是利用了无贫化放矿改善矿石回收效果基本原理的"低贫化放矿"，也不再刻意去区别"无贫化放矿"与"低贫化放矿"。

　　为方便起见，在后续的研究与分析中，一般只采用"低贫化放矿"提法，除非需要强调无贫化放矿的原理才采用"无贫化放矿"的提法。但需要强调是，此时的"低贫化放矿"是指最为接近"无贫化放矿"但可以实际操作的"低贫化放矿"，不再包括中度等以上贫化程度的"低贫化放矿"。具体来说，对于厚大急倾斜矿体无底柱分段崩落法放矿，采用所谓的"低贫化放矿"方式，其截止放矿时出矿工作面废石比例一般控制在10%～15%以内，实际放出矿石的废石混入率能够控制在5%～8%左右，一般不会超过10%；对于倾斜及缓倾斜矿体，其分段中间部位矿体仍可采用所谓的"低贫化放矿"方式来实现降低放出矿石贫化的目的。

　　研究证明，无底柱分段崩落法由于其特殊的结构形式以及连续的放矿空间，其崩落矿石理论上可以在没有（或少有）贫化的情况下放出，由此提出了无贫化放矿方式，并建立了系统和完整的无贫化放矿理论（该理论主要包括了对无底柱分段崩落法的结构特殊性、连续的回采及矿石回收空间、步距与步距之间的相互联系与影响、分段与分段之间的相互联系与影响、矿石残留体的种类及作用、截止品位确定方法与传统截止品位放矿方式的缺陷、矿石损失与贫化之间的关系、结构参数之间的"自适应"等问题的新认识），从根本上解决了无底柱分段崩落法采出矿石贫化大的严重缺陷。因此，传统截止品位放矿方式在无底柱分段崩落法放矿中逐步被无贫化放矿或所谓的"低贫化放矿"方式所取代。

　　当然，对于只有一次回收机会的残留矿石，如倾斜及缓倾斜矿体的下盘矿石残留以及最末分段的脊部矿石残留等，仍需要采用传统截止品位放矿方式，实现矿石的充分回收。否则，就可能造成采场矿石的永久损失。

　　所谓"总量控制放矿"，是因为一些特定目标的实现如形成覆盖层、缓冲层以及放顶等需要通过对放矿过程特别是对放出矿量的控制来实现，因而对回采单元的放出矿量进行总量控制，而不是以放出矿石的贫化程度来控制放矿过程。应该说，目前"总量控制放矿"并没有成为一种真正意义上的放矿方式而存在。

　　相对而言，"松动放矿"作为一种有明确目的和定义的放矿方式而存在。所谓"松动放矿",是因为需要为爆破提供补偿空间或形成回采工作空间而进行的一种按比例的"定量放矿",可以看成是"总量控制放矿"的一种;但无贫化放矿绝对不是所谓的"总量控制放矿",也不是"定量放矿"。"松动放矿"不仅在崩落法中采用,在留矿法或其他空场及充填采矿法中都有采用。

最后再介绍一下"组合放矿方式"。最初的"组合放矿"方式,是为改善无底柱分段崩落法矿石回收效果而提出的一种针对厚大急倾斜矿体在不同分段采用高低不同"放矿截止品位"来对放矿过程进行控制的放矿方式。随着无贫化放矿理论的建立,这种"组合放矿"方式被证明并非最佳的放矿方式。而现在对"组合放矿"方式的理解是,为寻求最佳的矿石回收效果,依据不同的矿石回收条件,采用无贫化、低贫化、总量控制、松动放矿以及截止品位等几种放矿方式中的两种甚至两种以上放矿方式的组合,形成所谓的"组合放矿方式"。"组合放矿方式"通常使用在缓倾斜及其他复杂矿体条件中。

显然,就矿体破碎、形态复杂、厚度不大、倾角缓的所谓复杂矿体条件来讲,不仅传统截止品位放矿方式难以满足矿石回收的需要,一般的简单组合放矿方式也难以满足,有时甚至需要多种放矿方式的组合,才能满足复杂矿体条件复杂多变的矿石开采与矿石回收条件的需要。例如,加拿大国际镍业公司的斯托比镍矿(Stobie mine)为降低矿石贫化,采用了"上分段无贫化放矿 + 下分段截止品位放矿"的"两分段一组合"的较简单的组合放矿方式;四川锦宁矿业大顶山矿区为解决缓倾斜中厚矿体无底柱分段崩落法矿石回收效果差问题,就采用了"分段上盘松动放矿 + 分段中间矿段低贫化放矿 + 分段下盘截止品位放矿"的较为复杂的组合放矿方式。而金川公司龙首矿西二采区上部矿体(1546m 水平以上)拟从原有的分层胶结充填采矿法改为无底柱分段崩落法,由于回采范围极为有限(仅能布置 4 ~ 5 个回采分段)且下部还有胶结充填体阻隔,不同分段具有不同的回采及回收条件。同时,放矿还需要满足形成采空区冒落上部胶结充填体形成废石覆盖层要求,研究者针对其 4 ~ 5 个回采分段提出了"第 1 ~ 2 分段总量控制放矿 + 第 3 ~ 4 分段低贫化放矿 + 最末分段截止品位放矿"的更为复杂的"组合放矿方式"。

1.5　本章小结

严格意义上讲,无底柱分段崩落法主要适用于地表允许崩落、矿体稳固的厚大急倾斜矿体,即所谓的简单矿体条件,并不适合用于矿体破碎、倾角缓、厚度小的所谓复杂矿体条件。特别当其用于矿体破碎、形态复杂的倾斜矿体或缓倾斜中厚矿体等复杂矿体条件时,出现生产事故多、回收效果差等问题也不意外。如前所述,经过十余年的技术攻关,无底柱分段崩落法矿山因矿体破碎、地压大、回采顺序不合理、巷道及炮孔垮塌等造成的损失贫化突出问题得到一定程度的解决，复杂矿体条件矿山的生产状况及技术经济指标得到一定程度改善，开采的技术经济效益有所提高。

但是，目前具有复杂矿体条件的无底柱分段崩落法生产矿山仍面临许多突出的问题亟待解决，多数具有复杂矿体条件的无底柱分段崩落法矿山的生产仍不够正常，悬顶、大块、立墙等生产事故仍经常发生；特别是矿石回收指标还很不理想，矿石回收率一般仅在60%~70%左右，贫化率却高达20%~30%左右甚至更高。这些突出问题的继续存在促使人们思考这样一些问题，即无底柱分段崩落法是否能够用于复杂矿体条件问题，以及复杂矿体条件下无底柱分段崩落法是否还有一些关键的理论及技术问题还没有得到很好解决等。

其实，从我国对复杂矿体条件无底柱分段崩落法研究的现状看，研究工作主要集中在矿体破碎以及地压大等造成的巷道（炮孔）垮塌对于回采造成的影响以及应采取的技术措施等方面，而对于倾斜特别是缓倾斜中厚矿体这类复杂矿体条件下无底柱分段崩落法应用的一些基础理论与技术问题却基本没有涉及。同时，对于复杂参数条件下的无底柱分段崩落法，特别是在加大结构参数的过程中，结构参数应该如何加大以及加大到多少才能取得最佳的技术及经济效果，目前也没有一个成熟的理论能够正确指导矿山生产实践。

显然，要想解决无底柱分段崩落法在复杂开采条件下的应用问题，重点需要对典型复杂矿体条件即缓倾斜中厚矿体条件下无底柱分段崩落法开采时的开采特点、崩落矿岩移动规律、损失贫化形式和位置及数量以及采矿方法结构形式、结构参数，以及矿体赋存条件对回采工艺技术的影响等一系列基础理论及技术问题进行更加深入的研究。同时，随着社会对采矿技术安全及效率要求的提高，复杂矿体条件下无底柱分段崩落法矿山也出现了加大结构参数的趋势。因此，深入研究复杂矿体条件下大结构参数无底柱分段崩落法的可行性问题也十分必要。此外，复杂参数条件下无底柱分段崩落法结构参数优化的原则与方法以及矿岩移动规律等问题也需要进一步的探讨与完善。

据了解，除梅山铁矿、镜铁山矿桦树沟矿区以及大红山铁矿等为数不多的大型矿山以外，我国地下金属矿山大部分属于矿体破碎、厚度不大、倾角较缓的复杂矿体开采条件，在采矿方法结构参数持续加大的情况下，目前都还面临着悬顶、大块等生产事故频发、矿石损失贫化大等严重问题。因此，开展对复杂开采技术条件下特别是复杂矿体条件下无底柱分段崩落法开采理论与技术的研究，对于解决复杂开采技术条件下无底柱分段崩落法应用中存在的一些重大技术问题并为无底柱分段崩落法在复杂开采条件下的成功应用提供理论指导及技术支撑、提高矿山开采的技术经济效益以及我国矿产资源的保障程度等都具有十分重要的意义，研究成果具有广阔的应用前景。

鉴于矿体破碎、地压大以及巷道垮塌等构成复杂矿体条件的因素主要属于岩石力学及巷道支护技术方面的问题，充填法矿山也普遍存在，相关的研究可以说是比较充分和全面，成效也是相当明显。但是，关于复杂矿体条件特别是倾斜及缓倾斜中厚矿体构成的复杂矿体条件对无底柱分段崩落法采矿的影响，相关的研究既不充分，也不全面，更不够深入。因此，本书主要针对复杂矿体特别是倾斜及缓倾斜中厚矿体条件下的无底柱分段崩落法采矿理论与技术问题开展分析和研究；同时，结合实际矿山的情况对于大结构参数条件下无底柱分段崩落法结构参数优化方法及合理放矿方式等进行一些探讨和分析；而与岩石力学及支护技术相关的破碎矿体条件的问题，将主要结合实际矿山的情况就一些实用的支护技术及方法进行一些分析和研究。

参 考 文 献

[1] 王劼，杨超，张军，等. 倾斜中厚矿体分段崩落法损失贫化控制技术 [J]. 金属矿山，2010 (6)：57~59.

[2] 古德生，吴超，等. 我国金属矿山安全与环境科技发展前瞻研究 [M]. 北京：冶金工业出版社，2011.

[3] 陈尚文. 矿床开采中矿石的损失与贫化 [M]. 北京：冶金工业出版社，1988.

[4] Power G, Just G D. A Review of Sublevel Caving and Practice [C]. Proceeding of 5th International Conference and Exhibition on Mass Mining, Lulea Sweden, 9~11 July, 2008：154~164.

[5] 熊国华，赵怀遥. 无底柱分段崩落采矿法 [M]. 北京：冶金工业出版社，1988.

[6] 张志贵，刘兴国，于国立. 无底柱分段崩落法无贫化放矿——无贫化放矿理论及其在矿山的实践 [M]. 沈阳：东北大学出版社，2007.

[7] 程爱平，许梦国，刘艳章，等. 金山店铁矿低贫化放矿试验研究 [J]. 金属矿山，2010 (7)：23~25.

[8] 金闯，董振民，范庆霞. 梅山铁矿大间距结构参数研究与应用 [J]. 金属矿山，2002 (2)：7~9.

[9] 张志贵，刘兴国，宋克志，等. 无底柱分段崩落法低贫化放矿的工业试验 [J]. 金属矿山，1997 (3)：8~11.

[10] 张志贵，刘兴国，孙德源，等. 镜铁山矿低贫化放矿的初步实践 [J]. 金属矿山，1996 (10)：6~9.

[11] 赵增山. 小官庄铁矿复杂矿体高效开采的工程实践 [J]. 金属矿山，2004 (2)：20~23.

[12] 任天贵，王辉光，南斗魁. 无底柱分段崩落法在矿岩软破缓倾斜矿体中的应用 [J]. 金属矿山，1992 (1)：3~9，14.

[13] 刘兴国，辛洪波，刘斌，等. 软破矿岩条件下无底柱分段崩落法的实践 [J]. 化工矿山技术，1990，19 (2)：6~10.

［14］谭宝会. 锦宁矿业缓倾斜矿体无底柱分段崩落法合理回采工艺研究［D］. 绵阳：西南科技大学，2014.

［15］张志贵.《锦宁矿业大顶山矿区无底柱分段崩落法合理生工艺及降低损失贫化技术措施研究》项目技术研究报告［R］. 绵阳：西南科技大学项目组，2011.

［16］张国联，邱景平，刘兴国. 穿脉无底柱分段崩落法底板岩石开掘边界的研究［J］. 中国矿业，2006，15（12）：48~51.

［17］何荣兴，任凤玉，李爱国，等. 北洺河铁矿底板残留矿量的回收方法研究［J］. 中国矿业，2011（8）：69~71.

［18］周宗红，任凤玉，王文潇，等. 后和睦山铁矿倾斜破碎矿体高效开采方案研究［J］. 中国矿业，2006（3）：46~50.

［20］任凤玉. 随机介质放矿理论及其应用［M］. 北京：冶金工业出版社，1994.

［21］胡杏保，焦诗云，王光炯. 姚冲铁矿低贫化放矿工业试验与应用研究［J］. 金属矿山，2001（4）：10~14.

2 复杂矿体条件无底柱分段崩落法矿石回采与回收特点

2.1 概述

若是不考虑破碎矿体条件这一因素，这里所指的复杂矿体条件主要是指矿体形态及产状方面因素。典型的复杂矿体条件就是倾斜及缓倾斜中厚矿体条件，具体一般指厚度在 10～20m 左右、倾角在 30°～50°左右的矿体条件。复杂矿体条件的无底柱分段崩落法，其矿石的回采及回收条件均会因倾角变缓、厚度变小而发生很大变化。总体来说，倾斜及缓倾斜中厚矿体条件下矿石回采和回收条件较厚大急倾斜矿体都显著恶化。

分析表明，在倾斜及缓倾斜中厚矿体条件下，无底柱分段崩落法不论在矿石回采还是在矿石回收上都具有不同于厚大急倾斜矿体无底柱分段崩落法的特殊性，具体表现为矿岩混采问题、转移（段）矿量问题、下盘残留矿石回收问题以及上下盘三角矿体回采与回收工艺等问题。这些问题在倾斜及缓倾斜中厚矿体条件下变得更为突出，并严重影响到矿石回收与回收的效果。因此，有必要对倾斜特别是缓倾斜中厚矿体条件下无底柱分段崩落法在矿石回采及回收上的特殊性进行深入的分析研究，寻找更为合理的生产工艺，保证矿石充分有效回收。

2.2 上下盘三角矿体矿岩混采问题

无底柱分段崩落法的矿石回采主要采用上向扇形中深孔侧向挤压爆破，不论是垂直矿体走向布置回采进路还是沿走向布置回采进路，对于倾斜及缓倾斜中厚矿体来讲，相当部分的矿体是与其周边的围岩一起崩落下来的，这就导致了复杂矿体条件下无底柱分段崩落法第一个特殊性问题即矿岩混采问题的出现。

从增大产能以及利于采矿工作面布置等因素考虑，即便是缓倾斜中厚矿体条件，很多无底柱分段崩落法矿山仍采用垂直矿体走向布置回采进路。垂直走向布置进路的无底柱分段崩落法开采倾斜及缓倾斜矿体，将使相当部分矿量位于分段上下盘的三角矿体内，而三角矿体内的矿石将会以矿岩混采的形式采出（见图 2-1）。当然，若采用沿走向布置回采进路的方式，也可能会出现矿岩混采或混出的情况。为便于分析和研究矿体厚度及倾角变化对矿石回采与回收的影响，这里主要以垂直矿体走向布置回采进路的结构形式为研究对象，就倾斜及缓倾斜中厚矿体条件下无底柱分段崩落法矿体上下盘矿岩混采问题进行分析和研究。

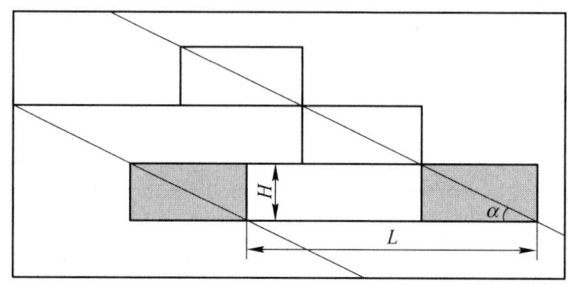

图2-1 倾斜及缓倾斜中厚矿体上下盘矿岩混采情况示意图
H—分段高度；α—矿体倾角；L—矿体水平厚度

由于无底柱分段崩落法采用的是上向扇形炮孔崩矿，上下盘三角矿体范围内处于混采状态下的崩落矿石层的高度以及周边的废石情况一直处于变化中，给放矿管理以及矿石的有效回收造成极大的困难。特别是下盘三角矿体，由于下部废石的阻隔，回采时很容易造成很大的损失与贫化。显然，处于混采状态的三角矿体矿量占分段矿量的比例越大，回采时矿石的回收效果就越差。

为方便研究矿岩混采对矿石回收效果的影响，这里引入分段混采矿量比例的概念。所谓分段混采矿量比例，指上下盘三角矿体矿量占分段总矿量的百分比，该指标可以清楚地反映出倾斜及缓倾斜中厚矿体无底柱分段崩落法回采时分段矿岩混采的状况。分段混采矿量比例可以根据图2-1所示的简化关系推导出数学计算公式：

$$S = \frac{H \times H/\tan\alpha \times B}{L \times H \times B} \times 100\% = \frac{H}{L \times \tan\alpha} \times 100\% \ (L > H/\tan\alpha \ 时成立) \quad (2\text{-}1)$$

式中　S——分段混采矿量比例，%；

　　　α——矿体倾角，(°)；

　　　H——分段高度，m；

　　　B——进路间距，m；

　　　L——矿体水平厚度，m。

由式（2-1）可见，三角矿体混采矿量占分段矿量的比例主要与矿体倾角、分段高度及矿体厚度有关。如果分段高度过高或矿体倾角较缓且厚度不大，即当 $L \le H/\tan\alpha$ 成立时，将出现分段全部矿量位于上下盘的三角矿体中，此时分段全部矿量均处于矿岩混采的状态。显然，当矿体的赋存条件一定时，降低分段混采矿量比例的最有效办法是减小分段高度，表2-1～表2-3的计算示例清楚说明了这一点。

表 2-1　分段高度与混采比例关系表

方案号	矿体水平厚度与矿体倾角	分段高度/m					
		6	8	10	12	14	16
1	$L=30m$, $\alpha=30°$	34.64	46.19	57.74	69.28	80.83	92.38
2	$L=30m$, $\alpha=50°$	16.78	22.38	27.97	33.56	39.16	44.75
3	$L=50m$, $\alpha=30°$	20.78	27.71	34.64	41.57	48.50	55.43

表 2-2　矿体倾角与混采比例的关系表

方案号	分段高度与矿体水平厚度	矿体倾角/(°)					
		20	30	40	50	60	70
1	$H=10m$, $L=30m$	91.58	57.74	39.73	27.97	19.25	12.13
2	$H=15m$, $L=30m$	100.00	86.60	59.59	41.95	28.87	18.20
3	$H=10m$, $L=50m$	54.95	34.64	23.84	16.78	11.55	7.28

表 2-3　矿体水平厚度与混采比例的关系表

方案号	分段高度与矿体倾角	矿体水平厚度/m					
		15	25	35	45	55	65
1	$H=10m$, $\alpha=30°$	100.00	69.28	49.49	38.49	31.49	26.65
2	$H=10m$, $\alpha=50°$	55.94	33.56	23.97	18.65	15.26	12.91
3	$H=15m$, $\alpha=30°$	100.00	100.00	74.23	57.74	47.24	39.97

　　上述变化趋势可以通过图 2-2 ~ 图 2-4 更加直观地表现出来。由图可见，混采矿量比例与分段高度呈线性（增加）的关系（如图 2-2 所示），而随矿体倾角及矿体（水平）厚度增加呈曲线（降低）的关系（如图 2-3 及图 2-4 所示）。当矿体的倾角较缓、厚度较小或分段高度过高时，都可能出现分段的全部矿量成为

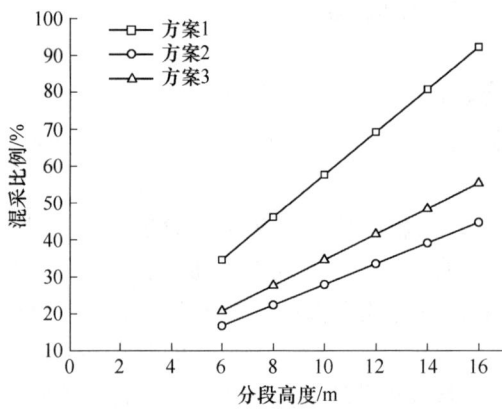

图 2-2　混采比例与分段高度关系

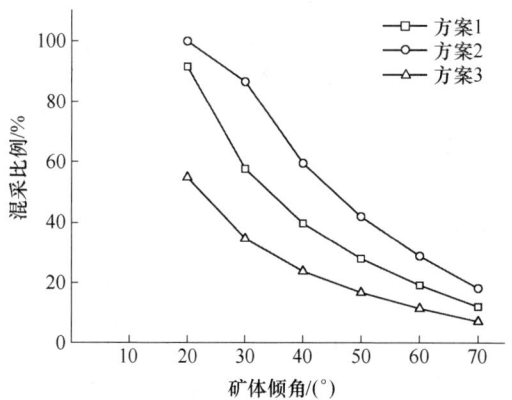

图 2-3 混采比例与矿体倾角关系

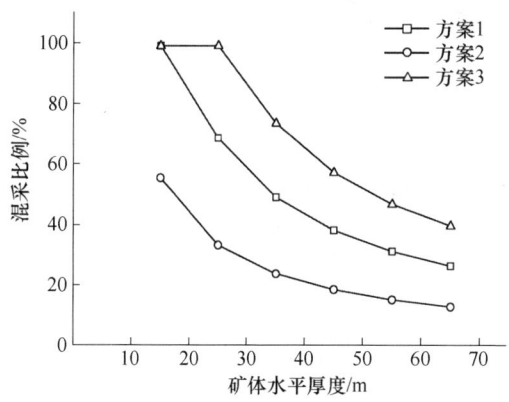

图 2-4 混采比例与矿体水平厚度关系

混采矿量即混采比例达到 100% 的情况。换句话讲，当矿体的厚度较小或倾角较缓时，不宜采用较大的结构参数，特别是分段高度不宜过大。否则，容易因为混采比例过高造成过大的矿石损失与贫化。

2.3 分段转移矿量

由于无底柱分段崩落法特殊的结构形式，特别是因为上下分段回采进路交错布置，总会有相当一部分分段回采矿量不能在本分段回收，而只能在下分段才能得到回收。这部分不能在本分段得到及时回收的矿量称为分段转移矿量，也称为转段矿量。

一般来说，无底柱分段崩落法分段转移矿量主要包括两个部分：一是进路间未崩落的桃形矿柱；二是桃形矿柱上部的脊部矿石残留（如图 2-5 所示）。此外，步距放矿后形成的正面矿石残留甚至放矿过程中崩落矿岩交界处形成的矿岩混杂层也可看作是转移矿量的一部分。据估算，无底柱分段崩落法的分段转移矿量约占分段回采矿量的30%～45%，其中脊部残留矿石量约占比为13%～17%，桃形矿柱矿石量占比约为17%～28%（见表2-4）。这也就解释了无底柱分段崩落法首采分段矿石回收率较低且一般不会超过70%的缘由。

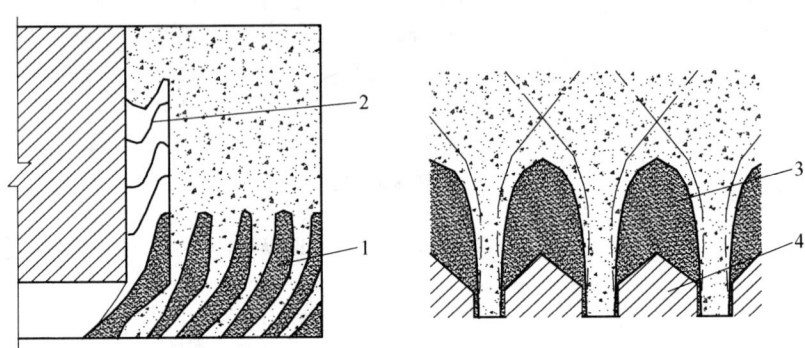

图2-5　无底柱分段崩落法的转移矿量

1—正面残留；2—矿岩界面移动迹线；3—脊部残留；4—桃形矿柱

表2-4　无底柱分段崩落法分段转移矿量理论计算表

计 算 参 数	参 数 符 号	参数取值或计算值			
分段高度/m	H	10	12	15	15
进路间距/m	B	10	15	12.5	15
进路宽度/m	b	3	4.5	4	4.5
进路高度/m	H	3	4	3	4
矿体水平厚度/m	L	35	55	35	55
边孔角/(°)	β	45.00	55.00	45.00	55.00
进路桃形矿柱矿量/m³	Q_t	1163.75	4474.98	1524.69	4474.98
松散系数	K_s	1.3	1.3	1.3	1.3
进路脊部残留矿量/m³	Q_j	853.72	2677.06	1182.66	2677.06
进路负担矿量/m³	Q_f	3185	8910	6142.5	11385
初始分段转移矿量比例/%	P_c	63.34	80.27	44.08	62.82
其他分段转移矿量比例/%	P	38.78	44.53	30.59	38.58
进路转移矿量/m³	Q_z	2017.47	7152.04	2707.35	7152.04
脊部残留占分段应收矿量比例/%	$Q_j/(Q_f+Q_z)\times100$	16.41	16.67	13.36	14.44
桃形矿柱矿量占分段应收矿量比例/%	$Q_t/(Q_f+Q_z)\times100$	22.37	27.86	17.23	24.14
转移矿量占分段应收矿量比例/%		38.78	44.53	30.59	38.58

　　一般来讲，在厚大急倾斜矿体条件下，只要上下分段回采进路严格按照菱形交错布置且采切与爆破效果良好情况下，除矿体最后一个分段外，其余各分段转移矿量可以在下面分段得到充分回收。从矿量上看，厚大急倾斜矿体始终只保持一个分段的转移矿量没有得到回收，不存在转移矿量损失积累问题。

　　但是，在倾斜特别是缓倾斜中厚矿体条件下，位于下盘的转移矿量会因为下分段回收进路前移或下盘崩落废石阻隔等原因得不到有效回收，造成下盘残留矿石的永久损失，而且每条进路、每个分段都会产生一定量的下盘损失，累积损失矿量相当可观。显然，要降低倾斜及缓倾斜矿体的矿石损失指标，就必须设法解决下盘转移矿量累积损失的问题。

2.4　下盘矿石残留

　　所谓残留矿石，是指崩落法单元回采工作结束后不能回采或采后不能及时回收的矿石。应该说，下盘矿石残留的概念最初源于有底柱分段或阶段崩落法。不论是倾斜还是缓倾斜矿体，分段或阶段回采工作（放矿）结束后，由于矿体下盘倾角小于废石漏斗极限倾角，造成在矿体下盘位于矿体下盘与废石极限漏斗之间的一部分矿石不能回收，形成所谓的下盘矿石残留。通常情况下，有底柱崩落法各放矿漏斗之间还有脊部矿石残留产生（如图2-6所示）。

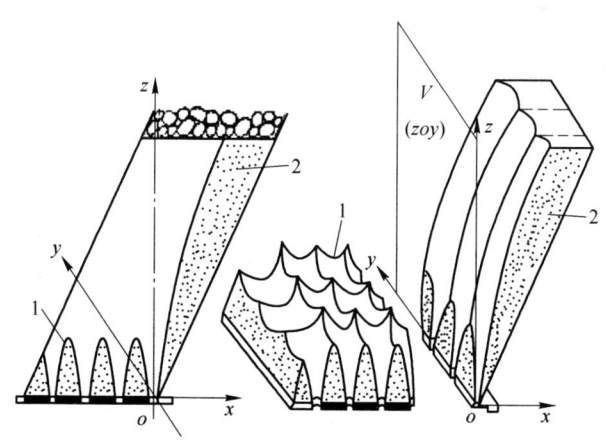

图2-6　有底柱分段崩落法的矿石残留示意图[1]

1—脊部矿石残留；2—下盘矿石残留

　　同样地，倾斜及缓倾斜矿体条件下无底柱分段崩落法分段回采结束后，也会在矿体下盘留下一定数量的残留矿石。当然，除下盘矿石残留外，无底柱分段崩落法由于其特殊的采矿结构形式，各回采单元（步距、进路、分段）回采结束后还会有靠壁残留、脊部残留和正面残留产生（如图2-7所示）。

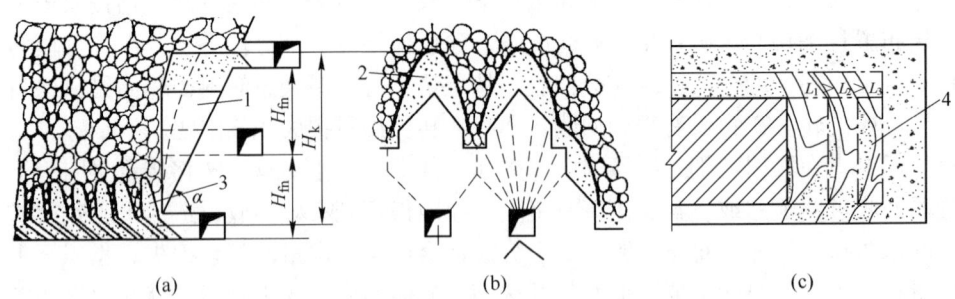

图 2-7　无底柱分段崩落法矿石残留示意图[2]

(a) 下盘参数与正面残留；(b) 脊部残留；(c) 靠壁残留

1—下盘矿石残留；2—脊部矿石残留；3—正面矿石残留；4—靠壁残留；H_{fn}—分段高度；

H_k—放矿层高度；α—矿体倾角；$L_1 \sim L_3$—放矿步距

分析表明，倾斜及缓倾斜中厚矿体条件下无底柱分段崩落法矿石回收指标的严重恶化，主要因为矿体倾角变缓引起，更具体来说是因为倾角变缓在下盘形成大量的残留矿石不能有效回收引起。一般来讲，在回收下盘残留矿石的过程中，由于矿石回收条件变得极为复杂和困难，通常都会造成大量的矿石损失与贫化。显然，下盘残留矿石的回收问题，对于倾斜特别是缓倾斜矿体条件下无底柱分段崩落法的矿石回收效果有着决定性的影响。因此，有必要对无底柱分段崩落法的下盘残留矿石的特点进行深入研究，寻找降低矿石损失贫化的技术措施。

需要强调的是，之所以对下盘残留矿石进行专门的分析研究，是因为在倾斜特别是缓倾斜中厚矿体条件下，下盘矿石残留能否充分有效回收已经成为影响无底柱分段崩落法矿石回收效果的关键。应该说，过去人们对下盘矿石残留的关注是不够的，研究也是不充分的。可以说，正是由于缺乏下盘残留矿石有效回收的必要技术措施，在很大程度上导致了倾斜及缓倾斜矿体条件下无底柱分段崩落法矿石回收效果差的问题。这个观点将在下面深入分析研究下盘矿石残留时得到充分印证。

2.4.1　分段下盘残留矿石的构成与形态

对于无底柱分段崩落法来讲，需要区别下盘矿石残留和下盘矿石损失两个概念。下盘矿石残留是指倾斜或缓倾斜矿体条件下，无底柱分段崩落法回采进路退采到下盘边界时仍未回收的全部下盘矿石；而下盘矿石损失则是指分段进路回采结束后，仍存留于下盘未能回采及回收的矿量。

需要指出的是，学术界对于下盘矿石残留与下盘矿石损失并没有进行明确的界定和区分，很多时候是将两者等同起来看待，将下盘矿石残留称之为下盘矿石损失。其实，两者既有区别，又有联系。下盘矿石残留在回采没有完全结束前都不能定性为下盘矿石损失，将下盘矿石残留与下盘矿石损失等同起来是不正确的。同时，关于下盘矿石残留的构成及形态特别是与下盘损失之间的关系认识也是不够清晰和不够准确的。

根据倾斜及缓倾斜中厚矿体条件下无底柱分段崩落法下盘三角矿体矿石回采及回收特点，下盘矿石残留的构成和形态以及与下盘矿石损失的关系用图 2-8 来说明，显得更为清晰和准确。由图 2-8 可见，倾斜及缓倾斜中厚矿体条件下无底柱分段崩落法下盘矿石残留的构成及形态主要与矿体产状及采矿方法结构参数有关，而下盘矿石损失除与矿体产状及采矿方法结构参数相关外，还主要与下盘退采范围及截止放矿贫化程度有密切关系。

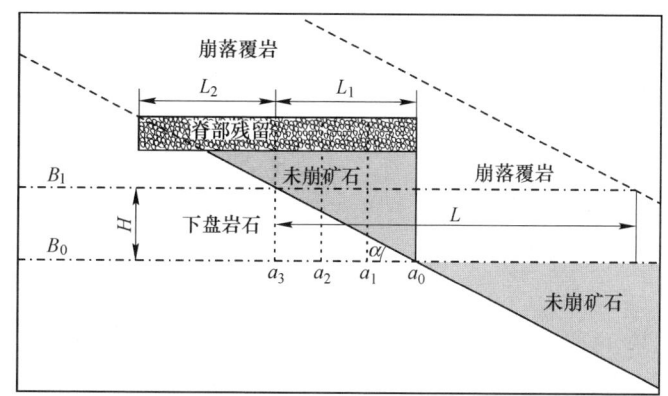

图 2-8　倾斜及缓倾斜中厚矿体下盘矿石残留与下盘损失关系示意图

B_0—回采水平；B_1—已采水平；$a_1 \sim a_3$—退采位置；

α—矿体倾角；L—矿体水平厚度；H—分段高度

具体来说，倾斜及缓倾斜中厚矿体条件下无底柱分段崩落法下盘矿石残留由以下几个部分构成：（1）位于开采水平（B_0）和已采水平（B_1）之间的未崩落三角矿体（L_1 范围内）；（2）位于已采水平（B_1）以上的未崩落桃形矿柱及已崩落矿石形成的脊部矿石残留（L_1 范围内）；（3）位于下盘三角矿体以外已采水平的未崩落三角矿锥及上部的已崩落矿石形成的脊部残留（L_2 范围内）。

显然，上述（2）和（3）两个部分的下盘残留矿量都属于已采分段转移到回采分段的转移矿量。也就是说，下盘残留矿量主要由已采分段的转移矿量以及回采分段的三角矿体组成。一旦最终的退采位置确定，其后的下盘残留即成为分段下盘损失，a_0、a_1、a_2、a_3 为生产中几个可能的最终退采位置。

特别需要说明的是 L_2 范围的矿石残留，它位于下盘三角矿体范围以外的上部已采水平。由于矿体倾角较缓及回采进路交错布置，即便是上分段下盘切岩开采结束后（即退采到 a_3 的位置），仍会在下盘回采进路间柱间留下部分矿石无法采出，成为下分段的下盘矿石残留，而且每个间柱下盘都会留下这样一个下盘残留。显然，如果每分段都只退采到 a_3 的位置，这部分矿量将永远无法得到回收。进一步分析表明，L_2 范围的矿石残留由两个三角矿柱（Ⅰ、Ⅱ）和一个三角锥体（Ⅲ）以及上部脊部残留体（Ⅳ）等四个部分组成，其空间形态和相互位置关系如图 2-9 所示。

根据对几种典型结构参数方案的计算，位于下盘三角矿体以外的上分段转移矿量（即 L_2 范围内的下盘残留矿量）竟占到了分段回采矿量的 10% ~ 16% 左

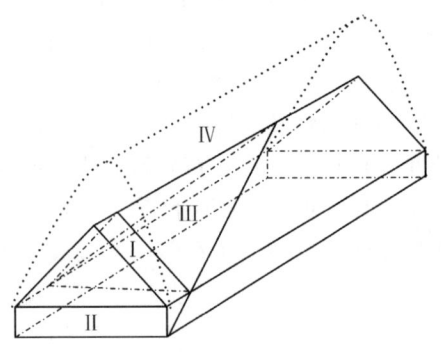

图 2-9　下盘三角矿体以外已采水平下盘
矿石残留空间形态
Ⅰ，Ⅱ—三角矿柱；Ⅲ—三角锥；
Ⅳ—脊部残留

右（详细理论计算将在下面进行，计算结果见表 2-9）。如果最终下盘退采位置是在 a_3 之前的 a_2 甚至 a_1，则这部分没有回收矿量的比例更高。

值得注意的是，不论是理论分析计算还是实际开采过程中，这部分残留矿石（即位于下盘三角矿体以外的上分段转移矿量）过去一直都没有被注意到。通常的看法是，如果下盘退采能够退采到上分段回采巷道与矿体下盘交界处（即图 2-8 中 a_3 位置），就实现了下盘残留矿石回收的"全覆盖"。也就是说，一直以来有 10% ~ 15% 甚至更高比例的分段矿量损失在下盘而没有被发现，结果相当令人吃惊。应该说，这是造成倾斜特别是缓倾斜中厚矿体无底柱分段崩落法矿石回收率低的重要原因之一，这也是无底柱分段崩落法下盘残留矿石研究中最为重要的发现之一。

2.4.2　分段下盘残留矿石的特点

通过对倾斜及缓倾斜中厚矿体条件下无底柱分段崩落法下盘矿石残留的构成及形态的分析可以看出，由于特殊的结构形式以及回采工艺，其下盘残留矿石具有明显区别于有底柱分段崩落法下盘残留矿石的特点。

首先，无底柱分段崩落法的下盘残留是以脊部残留、正面残留以未崩落的下盘三角矿柱及三角矿锥等形式存在，其构成与形态都较为复杂，与有底柱分段崩落法单一完全松散崩落矿石构成的下盘残留是有很大区别的；其次，无底柱分段崩落法下盘残留矿量大小与上分段转移矿量多少有密切关系，而有底柱分段崩落法的下盘残留量与上分段矿量基本无关；第三，无底柱分段崩落法的下盘残留矿石属于典型的端部出矿条件，通常是利用上向扇形炮孔通过切岩退采方式进行回收，而有底柱分段崩落法下盘残留矿石则属于倾斜壁边界条件的底部出矿，主要

是通过开掘下盘漏斗方式进行回收；第四，无底柱分段崩落法下盘残留矿石的回收条件远比有底柱分段崩落法复杂和困难，突出的特点是崩落矿石最多可被5个方面废石所包围。

显然，倾斜及缓倾斜矿体无底柱分段崩落法下盘残留矿石的这些显著特点，将在很大程度上影响到下盘残留矿石的回收方式与回收效果。了解了无底柱分段崩落法矿石下盘残留的这些特点，对于改进和提升下盘矿石残留回收效果的技术措施和方法是很有价值的。

2.4.3 分段下盘残留矿石量的计算

虽然已有文献对倾斜及缓倾斜矿体条件下无底柱分段崩落法下盘残留量进行了计算[1,3]，但由于对倾斜及缓倾斜矿体条件下无底柱分段崩落法下盘残留矿石的组成及形态了解不够准确，特别是没有注意到下盘三角矿体范围外已采水平留下的部分矿石下盘残留，导致计算出的下盘残留矿量不能准确反映实际大小。同时，下盘残留矿量计算的是绝对矿量，难以清晰反映出不同矿体条件下下盘残留（损失）矿量的大小或损失的程度，这在一定程度上影响到对下盘残留矿石合理回收工艺的研究和矿石回收效果的提升。

如前所述，倾斜及缓倾斜矿体条件下无底柱分段崩落法下盘残留矿量主要由已采分段转移矿量以及回采分段三角矿体组成。同时，回采分段由若干完全相同的回采进路组成，进路范围的矿石残留情况实际上可以直接反映出分段的矿石残留情况（见图2-10(a)）。因此，分段下盘残留矿量可以通过对进路范围下盘残留矿量的计算得出。进路范围的下盘残留矿量可以通过分别计算进路范围内下盘三角矿体矿量、三角矿体范围内（L_1）及三角矿体范围以外（L_2）已采水平的转移矿量得出。

由图2-10(a)可见，进路范围的转移矿量主要包括两个部分：一是进路间未崩落的桃形矿柱；二是桃形矿柱上部脊部残留矿石。此外，步距放矿后形成的正面残留甚至崩落矿岩交界处具有回收价值的矿岩混杂层也可看作是转移矿量的一部分，但由于其数量较少且计算难度较大，此处忽略不做计算。

由图2-10(b)可见，桃形矿柱矿量包括矩形部分（Ⅰ）和三角部分（Ⅱ）两个部分，其体积大小主要与进路间距（B）、进路尺寸（进路宽度b×进路高度h）、边孔角（β）以及矿体（水平）厚度（L）等因素有关。而脊部残留（Ⅲ）的大小除与桃形矿柱的尺寸有关外，还与截止放矿贫化程度有关。

为计算出进路范围的下盘残留矿量，需要首先计算出整个进路的转移矿量。进路范围的全部转移矿量（体积）可根据图2-10(b)所示几何关系计算如下：

（1）桃形矿柱体积为：

$$Q_t = \left[(B-b) \times h + (B-b)^2/4 \times \tan\beta \right] \times L \tag{2-2}$$

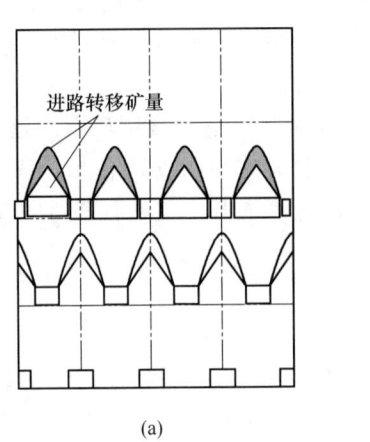 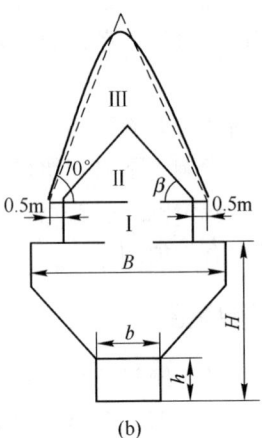

(a)　　　　　　　　　　　　　(b)

图 2-10　进路范围的分段转移矿量

（a）进路范围的转移矿量；（b）进路范围转移矿量的估算

H—分段高度；B—进路间距；b—进路宽度；h—进路高度；β—边孔角；

70°—废石漏斗倾角（近似值）；0.5m—废石漏斗底部距桃形矿柱的水平距离（近似值）；

Ⅰ，Ⅱ—进路范围矩形矿柱及三角矿柱（桃形矿柱）；Ⅲ—脊部残留

（2）脊部矿石残留体积 Q_j：

根据实验观察，截止放矿时脊部残留矿石的表面形态近似为坡面角约70°的抛物面。但为简化计算，脊部残留的断面按照70°等腰三角形计算脊部残留矿石的体积（折算后的实体体积）。应该说，按照三角形断面计算其体积仅仅是对脊部残留矿石量的一个保守估计。

$$Q_j = \left[\frac{(B-b+1)^2 \times \tan70°}{4} - \frac{(B-b)^2 \times \tan\beta}{4} \right] \times \frac{L}{K_s} \tag{2-3}$$

式中　K_s——矿石松散系数，$K_s = 1.25 \sim 1.30$。

则进路范围的转移矿量为：

$$Q_z = Q_t + Q_j \tag{2-4}$$

这样，进路范围下盘残留矿量可依据图 2-8、图 2-9 及图 2-10(b)所示的几何关系按照不同的部位分别计算如下：

（1）下盘三角矿体范围内已采分段转移矿量：

$$Q_{sz} = \frac{L_1 \times Q_z}{L} = \frac{H \times Q_z}{L \times \tan\alpha} \tag{2-5}$$

（2）下盘三角矿体矿量：

$$Q_{xs} = \frac{H^2 \times B}{2\tan\alpha} \tag{2-6}$$

式中，α 为矿体倾角；其余参数意义同前。

（3）下盘三角矿体范围外已采分段转移矿量（回采进路底板与矿体交界处以外）：

这部分转移矿量可以根据图 2-8 及图 2-9 所示空间几何关系写出其计算式为

1）三角矿锥矿量：

$$Q_{skz} = \frac{(B-b) \times h^2}{2\tan\alpha} + \frac{(B-b)^2 \times h \times \tan\beta}{8\tan\alpha} + \frac{(B-b)^3 \times \tan\beta}{24\tan\alpha} \qquad (2\text{-}7)$$

2）三角矿锥上部脊部残留矿量：

$$Q_{sjjb} = \frac{(B-b) \times \tan70°/2 + b}{L \times \tan\alpha} \times Q_j \qquad (2\text{-}8)$$

（4）下盘范围内的残留矿量：

$$Q_{xsj} = Q_{sz} + Q_{xs} + Q_{skz} + Q_{sjjb} \qquad (2\text{-}9)$$

由于上述计算公式得出的是一个绝对体积矿量数值，不便于对不同结构参数、不同矿体条件以及不同退采位置下盘残留情况等进行深入分析。因此，为分析方便，这里引入分段下盘残留矿量比例（P_x）的概念。

所谓分段下盘残留矿量比例，是指分段下盘范围内残留矿量占分段回采矿量（分段矿量＋转移矿量）的百分比，该比例同样可以根据对一条进路范围的分段下盘残留矿量比例的计算得出，其计算式为：

$$P_x = \frac{Q_{xsj}}{Q_f + Q_z} \times 100\% \qquad (2\text{-}10)$$

式中　Q_f——进路负担的回采矿量体积，其值可以通过下式计算：

$$Q_f = (H \times B - b \times h) \times L$$

其余符号意义同前。

需要指出的是，上述系列计算公式的推导，对于分析和研究倾斜和缓倾斜中厚矿体的下盘矿石残留情况、矿石损失贫化的规律以及探讨提高矿石回收指标的技术措施等都具有十分重要的意义和作用。

例如，根据公式（2-10），矿体赋存条件及采矿方法主要结构参数对下盘残留矿量占分段回采矿量比例的影响可做如下分析：

（1）若取 $H = B = 10$m，$b = h = 3$m，$\alpha = 30°$，$\beta = 45°$，则下盘残留矿量占分段回采矿量比例随矿体（水平）厚度 L 的变化情况见表 2-5。

表 2-5　矿量比例随矿体（水平）厚度 L 的变化情况表

矿体水平厚度 L/m	20	30	40	50
下盘残留矿量占分段回采矿量比例/%	84.38	56.26	42.19	33.75

（2）若取 $H = B = 10$m，$b = h = 3$m，$L = 30$m，$\beta = 45°$，则下盘残留矿量占分段回采矿量比例随矿体倾角 α 的变化情况见表 2-6。

表 2-6　采矿量比例随矿体倾角 α 的变化情况表

矿体倾角 α/(°)	25	35	45	55
下盘残留矿量占分段回采矿量比例/%	69.65	46.38	32.48	22.74

（3）若取 $B=10\text{m}$，$b=h=3\text{m}$，$L=30\text{m}$，$\beta=45°$，$\alpha=30°$，则下盘残留矿量占分段回采矿量比例随分段高度 H 的变化情况见表 2-7。

表 2-7　回采矿量比例随分段高度 H 的变化情况表

分段高度 H/m	8	10	12	15
下盘残留矿量占分段回采矿量比例/%	51.75	56.26	61.06	68.64

（4）若取 $H=10\text{m}$，$b=h=3\text{m}$，$L=30\text{m}$，$\beta=45°$，$\alpha=30°$，则下盘残留矿量占分段回采矿量比例随进路间距 B 的变化情况见表 2-8。

表 2-8　回采矿量比例随进路间距 B 的变化情况表

进路间距 B/m	8	10	12	15
下盘残留矿量占分段回采矿量比例/%	50.54	56.26	62.57	72.88

对于厚大急倾斜矿体来讲，由于下盘残留涉及的矿量较小，一般在 20% 以下，下盘矿石残留问题并不突出。然而，对于倾斜及缓倾斜中厚矿体条件来讲，由于下盘残留矿量占分段矿量的比例很大，一般可达 40%~50% 以上；其回收条件又因下部回收工程前移和受到下盘崩落废石的阻隔等不利因素的影响变得极为复杂困难，下盘矿石残留造成的损失问题就非常突出。

实际上，利用式（2-2）~式（2-11）前述推导计算式，可以对倾斜及缓倾斜中厚矿体不同矿体赋存条件及不同结构参数情况下各种矿石残留、转移矿量的数值及占分段应采量比例以及不同退采位置的下盘残留损失情况进行计算。计算结果可以更全面、更直观地反映出无底柱分段崩落法的结构特征，可为研究改善倾斜及缓倾斜中厚矿体无底柱分段崩落法矿石回收效果的方法和途径提供重要参考。

表 2-9 为针对倾斜及缓倾斜中厚矿体无底柱分段崩落法矿山实际采用或研究推荐的几组结构参数方案，利用上述公式计算出的各种矿石残留占比、转移矿量占比以及不同下盘退采位置的下盘损失情况。

表 2-9　倾斜及缓倾斜中厚矿体分段转移矿量及分段残留矿量计算样表

计算参数	参数符号	参数取值或计算值			
分段高度/m	H	10	12	15	15
进路间距/m	B	10	15	12.5	15
进路宽度/m	b	3	4.5	4	4.5

计 算 参 数	参数符号	参数取值或计算值			
进路高度/m	H	3	4	3	4
矿体水平厚度/m	L	35	35	35	35
边孔角/(°)	β	45.00	55.00	45.00	55.00
进路桃形矿柱矿量/m³	Q_t	1163.75	2847.72	1524.69	2847.72
松散系数	K_s	1.3	1.3	1.3	1.3
进路脊部残留矿量/m³	Q_j	853.72	1703.58	1182.66	1703.58
进路负担矿量/m³	Q_f	3185	5670	6142.5	7245
初始分段转移矿量比例/%	P_c	63.34	80.27	44.08	62.82
其他分段转移矿量比例/%	P	38.78	44.53	30.59	38.58
进路转移矿量/m³	$Q_z = Q_t + Q_j$	2017.47	4551.30	2707.35	4551.30
脊部残留占分段应收矿量比例/%	$Q_j/(Q_f + Q_z) \times 100$	16.41	16.67	13.36	14.44
桃形矿柱矿量占分段应收矿量比例/%	$Q_t/(Q_f + Q_z) \times 100$	22.37	27.86	17.23	24.14
矿体倾角/(°)	α	35	35	35	35
下盘三角矿体转移矿量/m³	Q_{sz}	823.21	2228.55	1657.07	2785.68
下盘三角矿体矿量/m³	Q_{xs}	714.07	1542.40	2008.33	2410.00
下盘三角矿锥未崩落矿量/m³	Q_{skz}	91.64	330.78	129.86	330.78
下盘三角矿锥脊部残留矿量/m³	Q_{sjjb}	439.49	1315.49	756.52	1315.49
下盘三角矿体负担矿量/m³	Q_{xsj}	2068.42	5417.21	4551.79	6841.95
下盘三角矿锥(a_3位置)矿量占分段应收矿量比例/%	P_{sj}	10.21	16.11	10.02	13.96
下盘三角矿体(a_0位置)矿量占分段应收矿量比例/%	P_x	39.76	53.00	51.43	58.00
上盘三角矿体矿量占分段应收矿量比例/%	P_s	13.73	15.09	22.69	20.43
a_1位置的下盘三角矿体矿量/m³	Q_{a1s}	317.37	685.51	892.59	1071.11
a_1位置的未回收的转移矿量/m³	Q_{a1z}	548.81	1485.70	1104.71	1857.12
a_1位置的未回收的矿占分段应回收矿量比例/%	P_{a1}	26.86	37.35	32.58	38.78
a_2位置的下盘三角矿体矿量/m³	Q_{a2s}	79.34	171.38	223.15	267.78
a_2位置的未回收的转移矿量/m³	Q_{a2z}	274.40	742.85	552.36	928.56
a_2位置的未回收的矿占分段应回收矿量比例/%	P_{a2}	17.01	25.05	18.78	24.10

分析表 2-9 中数据，可就倾斜及缓倾斜中厚矿体条件下无底柱分段崩落法矿石回采与回收得出以下一些有价值的结论：

（1）无底柱分段崩落法的分段转移矿量约占分段矿量的 30% ~ 45%，其中脊部残留矿量约占分段矿量的 13% ~ 17%，因而充分有效回收无底柱分段崩落法的脊部残留矿石显得十分重要。

（2）上盘三角矿体范围矿量仅占分段矿量的 15% ~ 20% 左右，而下盘三角矿体范围矿量（即下盘残留矿石）却占到分段矿量的 40% ~ 60% 左右；分段中间部位矿量约占分段矿量的 20% ~ 50%。

（3）对于倾斜及缓倾斜中厚矿体条件来讲，由于下盘残留矿量占分段矿量的比例很大，一般可达 40% ~ 60% 左右；其回收条件因下部回收工程前移和受到下盘崩落废石阻隔等不利因素影响变得极为复杂困难，下盘残留造成的损失问题就非常突出。

（4）一般来讲，倾斜及缓倾斜矿体无底柱分段崩落法矿山的下盘退采范围大致在 $a_1 \sim a_2$ 位置之间，很少退采到 a_3 位置，这样下盘残留损失一般会非常大，超过 20% ~ 25% 的下盘损失率会比较普遍；

（5）即便是退采到了 a_3 的位置，至少也有占分段矿量 10% ~ 16% 左右的下盘残留矿量没有被回收到，成为永久的下盘残留损失。因此，可以认为，下盘残留矿石回采不充分，是造成倾斜特别是缓倾斜中厚矿体无底柱分段崩落法损失大的主要因素之一。很显然，设法回收下盘未充分回收的下盘残留矿量，是解决倾斜特别是缓倾斜中厚矿体无底柱分段崩落法矿石损失过大的重要途径之一。

理论及实验研究都表明，即便是对于缓倾斜中厚矿体条件的无底柱分段崩落法，正常情况下发生在矿体上盘及中间部位的矿石损失其实不多，可能的矿石损失且主要以难以回收的正面残留和矿岩混杂层形式存在，但占比很小；约一半的分段矿量是在一种特别复杂和困难条件下即矿体下盘进行回采和回收。

值得注意的是，一些倾斜及缓倾斜中厚矿体条件的无底柱分段崩落法生产矿山，把回采出矿的工作重点放在回采巷道可见矿体范围（即矿体水平厚度范围），忽视了下盘残留矿石的充分回收，退采通常很不充分，导致大量的矿石损失在下盘。这也许也是造成倾斜及缓倾斜中厚矿体无底柱分段崩落法矿石损失大的一个重要原因。

因此，重视并实现分段下盘残留矿石充分有效回收，成为倾斜特别是缓倾斜中厚矿体条件下保证无底柱分段崩落法矿石充分有效回收的关键。

2.5　上下盘三角矿体的回采特点与回收工艺

对于无底柱分段崩落法来讲，倾斜及缓倾斜矿体特别是缓倾斜中厚矿体的分段上下盘三角矿体具有非常特殊的矿石回采及回收条件，成为回采及回收的难点，因而也应成为关注的重点。相对来讲，分段中间部分相对来讲具有比较正常的回采及回收条件，矿石回采与回收的问题一般不会很突出。

如前所述，在倾斜及缓倾斜中厚矿体中采用垂直走向方向布置进路时，分段矿体将会在上下盘出现两个三角矿体的矿段。上下盘三角矿体崩矿时将出现矿岩混采的现象，即在崩落矿石的同时不可避免地崩落部分上盘或下盘围岩。同时，上下盘三角矿体在落矿与出矿条件方面较中间矿段也有显著不同。

对于倾斜及缓倾斜中厚矿体分段上下盘三角矿体，由于崩落矿石本身就处于矿岩混杂状态，崩落矿石层的高度以及与崩落废石的接触状态随爆破位置不同经常发生变化。特别是在下盘三角矿体部分（即作者归之为"下盘残留矿石"的部分），崩落矿石层有可能与其上部、前端部、左右以及下部等最多5个方向的崩落废石有直接接触，矿石回收更加复杂和困难。若是没有注意这些特点并采取有效的技术措施，严重的损失贫化就难以避免。显然，对于倾斜及缓倾斜特别是缓倾斜中厚矿体来讲，上下盘三角矿体的回采与矿石回收问题，既是一个无法回避也是一个不能忽视的重大技术问题。

值得注意的是，倾斜及缓倾斜中厚矿体分段上下盘三角矿体由于其特殊的形态以及赋存状态，在矿石的回采工艺与矿石回收过程上都有着与中间矿段显著不同的特点。从回采工艺上看，上盘三角矿体的崩矿排面通常为矩形排面（见图 2-11 中 A—A 剖面）；矩形崩矿排面下部为矿石，上部为废石，崩落矿石层高

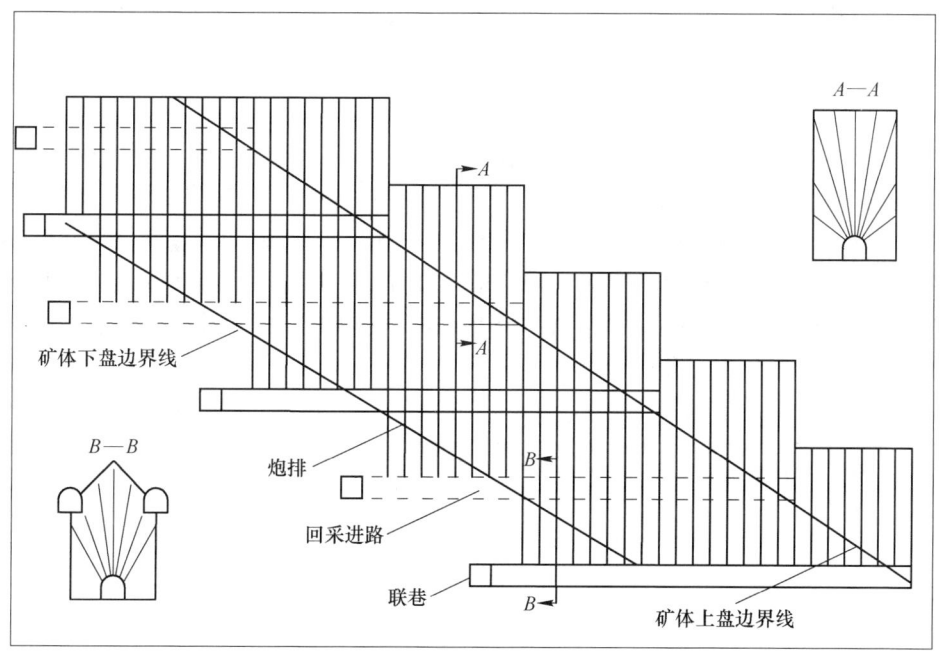

图 2-11　倾斜及缓倾斜中厚矿体回采条件及崩矿排面布置

度随退采逐排增加，废石层高度逐步减少。同时，崩落区上部的围岩一般情况下还没有完全冒落，覆盖岩层的厚度通常是不足的。若上盘围岩冒落不及时，上盘三角矿体甚至有可能是在空场条件下回采与回收。因此，必要时需要考虑上盘三角矿体范围是否需要补充放顶的问题。

根据理论计算，倾斜及缓倾斜中厚矿体情况下上盘三角矿体范围的矿量一般仅占分段回采矿量的 15% ~ 20% 左右。虽然上盘三角矿体本身的矿量不多，但回采这部分矿体也具有十分重要的意义。意义之一在于及时放顶释放采场地压与补充崩落上盘围岩，为下面分段相应位置矿段的矿石正常回收创造良好条件。

为使相邻进路的回采空间尽可能贯通并使顶板尽快冒落，通常需采用较小的边孔角（30° ~ 35°）。同时，上盘三角矿体的回采落矿情况对于后续中间部位矿段的正常回采具有重大的影响，上盘三角矿体矩形崩矿排面高度（H_j）一般应达到 1.6 ~ 1.8 倍分段高度（见图 2-12），才能使后续炮孔的崩矿具有足够的补偿空间高度，确保扇形中深孔的爆破效果。

举例来说，对于结构参数（分段高度 H × 进路间距 B × 崩矿步距 L）为 10m × 10m × 2m、进路尺寸（进路高度 h × 进路宽度 b）为 3m × 3m、边孔角为 45°的某无底柱分段崩落法矿山，其上盘三角矿体矩形崩矿排面的高度根据计算至少为 16.5m，考虑到爆破夹制作用，实际一般应考虑到 17 ~ 18m 左右。同样地，切割井与切割槽的高度也应与矩形排

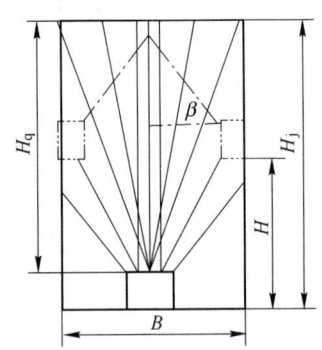

图 2-12　倾斜及缓倾斜中
厚矿体上盘三角矿体矩形
崩矿排面参数
H—分段高度；B—进路间距；
β—边孔角；H_j—矩形崩矿
排面高度；H_q—切割井高度

面的高度相适应，否则，后续中间部位矿体扇形炮孔的爆破会因爆破补偿空间高度不够导致上部出现严重的夹制作用，最终有可能造成悬顶事故频繁发生和顶板高度不断下降。表 2-10 为某矿几种结构参数方案的矩形崩矿排面高度、切割井高度以及扇形炮孔中心孔的长度计算值。

表 2-10　某矿不同结构参数条件下矩形排面、切井及中孔高度　　　　（m）

结构参数($H \times B$)	矩形排面高度 H_j	切割井高度 H_q	中心孔长度
10 × 10	17.0	14.0	14.0
15 × 10	22.0	19.0	19.0
15 × 12.5	23.0	20.0	20.0

值得注意的是，许多生产矿山甚至设计单位都没有注意到这一个特殊的情

况，上盘三角矿体矩形崩矿排面高度通常设计为分段高度的 1.0~1.2 倍左右，结果是切割井和切割槽高度都严重不足，导致后续中间矿段崩矿排面桃形矿柱部分因过大的夹制作用无法正常崩落，悬顶、大块等生产事故频繁出现，悬顶顶板不断下降，严重影响矿山的正常生产以及矿石的正常回收。

上盘三角矿体回采出矿的特点是先放出部分矿石然后很快出现废石，但随着退采的进行，出现废石的时间逐步推迟。需要注意的是，在最初的几排炮孔崩落的矿石量很少，若截止放矿时的出矿量不足步距崩矿量的 1/3，即便是放出的全部是废石也必须继续放矿，确保后续炮孔有足够的爆破补偿空间，避免"过挤压"导致悬顶、立墙以及大块等生产事故发生。同时，适量放出覆岩也可让回采空间充分暴露出来，促使顶板围岩及时冒落，回采产生的地压才能及时释放。因此，上盘三角矿体范围通常需要按照"松动放矿"的放矿方式进行控制放矿，其最低放矿量一般不能低于排炮崩落矿岩量的 30%。

由于崩落废石主要位于矿石层的上部，只要切割与爆破注意到后续回采的需要，步距放出量根据崩落矿量及爆破补偿空间的需要严格控制，特别是对于纯废石的放出需要实行严格的"分采分运"，以免造成不必要的矿石贫化。应该说，上盘三角矿体矿岩混采对于矿石总体回收效果的影响并不大。

与上盘三角矿体相比，下盘三角矿体因为承担上分段转移矿量回收的原因，本身涉及需要回收的矿量要多出很多。同时，它还肩负着相应部位桃形矿柱、脊部矿石残留、正面矿石残留以及可回收矿岩混杂层等矿石的任务。理论计算表明，在缓倾斜中厚矿体条件下，下盘三角矿体部分的矿量约占分段回采矿量的40%~60%。随着矿体倾角的减小或结构参数特别是分段高度的增加，这个比例还将显著增加。放矿实验结果也证明，倾斜及缓倾斜矿体条件下每个分段有30%~50%左右的矿量是在下盘三角矿体部位回收的。特别是当矿体很缓或分段高度过大、分段矿量全部处于混采状态时，通过下盘三角矿体回收的矿量比例甚至达到了60%~70%左右。因此，及时充分回采下盘三角矿体矿量对于降低矿石损失和矿产资源的充分回收意义十分重大。

对于倾斜及缓倾斜中厚矿体来讲，下盘三角矿体范围的矿体，面临着下部分段回收工程前移的问题，采后的部分甚至全部的残留矿石，不再具有再次回收的机会，可能成为永久损失。因此，下盘三角矿体范围的矿石回收，通常需要采用截止品位放矿方式，最大限度及时充分回收矿石。

从回采落矿工艺上看，下盘三角矿体的崩矿排面为多边形（见图 2-11 中 B—B 剖面），上部已经充满冒落的覆岩，属于正常状态的侧向挤压爆破回采。同时，下盘三角矿体位于下盘围岩之上，崩落矿石下部也被崩落废石所阻隔，导致崩落矿石的上部、前端部、下部以及左右等最多 5 个方向可能被废石包围的状况。因此，下盘三角矿体部分的回采更容易产生很大的损失与贫化。

从放矿过程看,下盘三角矿体首先放出的是下盘崩落的纯岩石,然后很快出现矿石。随着继续向后退采,崩落矿石层高度逐步减少,步距放矿时出现矿石的时间逐步推迟。不过,实验中也观察到三角矿体回采后期放矿时较早出现少量矿石的现象,这主要是前一步距留下的靠壁残留很快放出的缘故。

根据放矿实验观察,与人们一般认为的放矿过程不同的是,下盘三角矿体特别是其后半部分,步距出矿时有纯岩石的放出过程,却再也没有纯矿石的放出过程,放出矿石均为矿岩混杂的贫化矿石。放出贫化矿石中矿石所占比例先是逐步加大,然后逐步减少,在达到设定截至品位后即停止出矿。

分析表明,之所以在下盘三角矿体步距出矿基本上没有纯矿石出矿过程,主要是因为下部受崩落废石的阻隔,在下部废石还没有完全放出的情况下,正面废石因为移动速度快而迅速到达出矿口,在上部崩落矿石及其脊部残留矿石向出矿口移动过程中,一直都有正面或下部两侧废石不断涌出导致持续的贫化,结果造成下盘三角矿体步距出矿全部为贫化矿石的状况。

放矿实验中还注意到另外一个现象,在下部废石层较高的情况下,即便是已经放到截止品位,前一步距仍会有一部分矿石以靠壁残留的形式残留在采场,下一步距放矿时这一部分矿石将很快出现在爆堆上,这个过程会持续较长一段时间。但是,这期间由于矿石在放出矿岩中所占比例过小,放出的矿岩基本没有利用价值而只能作为废石处理。真正有回收价值的矿石是上部崩落矿石及脊部残留矿石到达出矿口时放出的矿石。由于存在大量废石的放出过程,在分段设置专门的废石溜井以及实行严格的"分采分运"制度,对于倾斜特别是缓倾斜中厚矿体条件,降低矿石损失贫化极为重要。

放矿实验同时表明,如果下盘崩落废石层高度过高(例如超过分段高度时),放矿时崩落矿石的下部、两侧及端部正面废石持续大量地涌出,有可能出现放出的贫化矿石始终低于截至品位的情况,此时上部的崩落矿石及其脊部残留根本就无法得到有效回收(如图2-13所示),继续回采就失去意义。

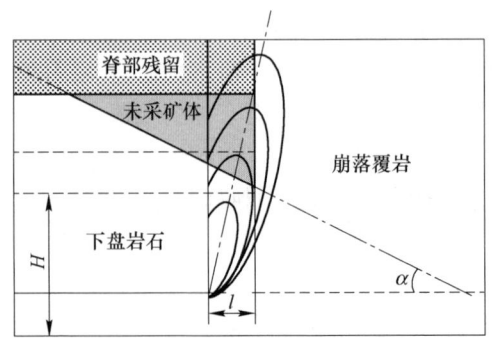

图 2-13 缓倾斜矿体下盘切岩开采时的放出体发育情况

H—分段高度;l—放矿步距;α—矿体倾角

这表明,若是退采范围过大,则会造成过度贫化导致放出矿石失去利用价值。因此,常规的下盘切岩退采,无法回收全部的下盘残留矿石。也就是说,下盘切岩开采不能完全解决倾斜特别是缓倾斜矿体下盘矿石回收不充分的问题,必须考虑在上部水平通过其他途径进行回收的可能性。

至于除上下盘三角矿体以外的中间部位矿体,其矿石的回采及回收条件相对较好。步距出矿时上部有脊部残留,下部没有废石阻隔,基本属于正常的端部放矿过程,因而矿石回收效果可以得到有效的保证。从降低矿石贫化的角度考虑,中间部位矿体可以考虑采用低贫化放矿方式。

显然,对于厚度不大的倾斜特别是缓倾斜中厚矿体来讲,由于大部分矿量集中在矿体下盘三角矿体部位,下盘三角矿体的回采才是关键。因此,在上盘三角矿体部位及中间部位不论怎样增大放矿量,也不能显著增加回收率,但大幅度增加采出矿石贫化却是必然。

目前,许多具有复杂矿体条件的倾斜及缓倾斜中厚矿体无底柱分段崩落法矿山,都把矿石回收的重点放在进路中可见矿体部位,即矿体上盘三角矿体和中间部位矿体,试图在此尽可能多地回收矿石;但对下盘残留矿石特别是下盘三角矿体及上部的残留矿石回收却重视不够,退采范围偏小,下盘残留矿石的回采回收都不够充分。加上上盘三角矿体矩形崩矿排面高度及切割井与切割槽高度不足导致悬顶及隔墙等生产事故频发等一些突出问题,即便是贫化率在高达30%~40%以上的情况下,矿山实际回收率也才在60%左右,也就不奇怪了。

应该说,矿岩混采状态对于下盘三角矿体范围内矿石的回收具有显著的不利影响,必须对矿岩混采的问题予以高度的重视。从保证矿石充分回收的角度看,下盘围岩中的退采一定要充分。一般情况下,下盘退采最好能到达上分段回采进路与矿体下盘边界的交界处。同时,可适当降低下盘三角矿体范围的放矿截止品位,提高矿石回收率。当然,必须严格放矿管理,杜绝无效贫化。此外,通过加大下盘扇形炮孔边孔角、适当增大崩矿排距等技术措施,也可以在一定程度上降低矿石损失贫化,改善矿石回收效果。

对于前述上分段回采进路与矿体交界处以外实在难于回收的下盘残留矿量,需要采取其他的技术措施加以回收。实践证明,采用在上分段下盘进路间柱中掘进辅助进路的方式,回收部分正常进路退采难以回收的下盘残留矿量是一个非常经济有效的办法,这个问题将在后续章节中进一步讨论。当然,有条件时应通过降低分段高度等技术措施,尽可能降低分段矿石的混采比例,减少下盘残留矿量的比重,为矿石的充分有效回收创造必要条件。

2.6 本章小结

通过以上分析研究,关于倾斜及缓倾斜中厚矿体条件下无底柱分段崩落法矿石回采与回收的特殊性及合理回收工艺，有如下主要结论：

（1）在倾斜及缓倾斜中厚矿体条件下，无底柱分段崩落法不论在矿石回采还是在矿石回收上都具有不同于厚大急倾斜矿体无底柱分段崩落法的特殊性，具体表现为矿岩混采问题、转移（段）矿量回收问题、下盘残留矿石回收问题以及上下盘三角矿体回采与回收工艺等问题。这些问题在倾斜特别是缓倾斜中厚矿体条件下变得更为突出并严重影响到矿石回收与回收的效果。

（2）矿岩混采是影响矿石回收的关键因素之一，必须予以高度的重视。一般来讲，分段矿量混采比例越高，矿石的回收效果就越差；影响分段矿量混采比例的主要因素有分段高度、矿体倾角以及矿体（水平）厚度等；在矿体赋存条件一定的情况下，降低分段矿量混采比例的最有效措施是降低分段高度。

（3）倾斜及缓倾斜矿体条件下无底柱分段崩落法分段下盘残留矿石主要由回采分段未崩落三角矿体、三角矿体范围内已采分段的转移矿量以及三角矿体以外上分段部分转移矿量等三部分组成，其中下盘三角矿体以外的分段转移矿量是首次被注意到，该部分矿量约占分段回采矿量的10%以上，这是造成倾斜特别是缓倾斜中厚矿体无底柱分段崩落法矿石损失贫化严重的重要原因之一。

（4）倾斜及缓倾斜中厚矿体无底柱分段崩落法的下盘残留矿量可以通过理论计算方式得出。对于缓倾斜中厚矿体条件来讲，分段下盘残留矿量占分段矿量的比例高达40%~60%；下盘残留矿石回收不充分或者过度贫化回收是导致倾斜特别是缓倾斜中厚矿体无底柱分段崩落法损失贫化严重的主要原因；显然，下盘残留矿石的回收事实上已经成为倾斜特别是缓倾斜中厚矿体无底柱分段崩落法矿石能否充分有效回收的关键。

（5）由于倾斜及缓倾斜中厚矿体无底柱分段崩落法分段内不同部位矿体具有不同的矿石回收及回收条件，因而需要根据情况不同采取不同的回采及回收工艺。一般来讲，分段上盘三角矿体需要采用"松动放矿"方式进行回收，分段下盘三角矿体部分需要采用截止品位放矿方式进行回收，而分段中间矿体则可以考虑采用低贫化放矿方式进行回收。

（6）应高度重视上盘三角矿体的炮孔布置及参数确定，通常应采用矩形崩矿排面，且崩矿排面高度应接近1.6~1.8倍分段高度，确保后续炮孔爆破具有满足正常爆破需要的爆破补偿空间。

（7）下盘三角矿体范围的回采矿量约占分段回采矿量的40%~60%，要保证矿石的充分回收，下盘三角矿体矿量的及时充分回收是关键。但常规的下盘切岩开采方法难以充分有效回收下盘残留矿石，必要时需要考虑采用其他辅助方式进行补充回收。

参 考 文 献

[1] 刘兴国. 放矿理论基础 [M]. 北京：冶金工业出版社，1995：99~110.

[2] 张志贵，刘兴国，于国立. 无底柱分段崩落法无贫化放矿——无贫化放矿理论及其在矿山的实践 [M]. 沈阳：东北大学出版社，2007.

[3] 李元辉，孙豁然，刘炜，等. 矿体下盘岩石最佳开掘高度的确定 [J]. 东北大学学报（自然科学版），2004，25（12）：1187~1190.

3 复杂矿体条件无底柱分段崩落法下盘合理退采范围及下盘残留矿石回收技术

3.1 问题的提出

当垂直矿体走向布置回采进路的无底柱分段崩落法用于复杂的倾斜及缓倾斜中厚矿体条件时，分段下盘将出现相当数量的下盘残留矿石。根据前述研究，对于缓倾斜中厚矿体来讲，下盘残留矿量比例达到分段回采矿量的40%～60%。同时，下盘残留矿石是在一种极为复杂和困难的条件下进行回收，难度极大。相对来讲，分段上盘及中间部位产生的损失贫化一般不是很大，占比较小。因此，下盘残留矿石能否充分有效回收，成为影响倾斜特别是缓倾斜中厚矿体条件无底柱分段崩落法整体回收效果的关键。

据了解，无底柱分段崩落法的下盘残留矿石通常是通过开掘下盘岩石即所谓的切岩退采方式进行回收。无底柱分段崩落法采矿系统下的切岩开采必然会导致废石采出并造成经济损失；随着退采范围的扩大，采出废石量也逐步增大，由此造成的经济损失也在增大甚至是得不偿失。同时，根据前述研究，下盘退采方式无法将倾斜及缓倾斜中厚矿体下盘残留矿石完全采出，通常情况下仍会有10%以上的分段矿量损失在矿体下盘。因此，对于倾斜及缓倾斜中厚矿体条件下的无底柱分段崩落法，不仅需要确定合理的下盘退采范围，也需要考虑切岩退采范围以外其他下盘残留矿石的回收问题。

目前，不论是生产矿山还是设计单位都是采用边界品位法或边际盈亏平衡法来计算最终退采边界范围或所谓的"切岩高度"[1,2]。边界品位法是指按照最后一排炮孔（或单位厚度）矿岩混合品位等于矿体边界品位时对应的切岩高度来确定退采范围的方法。而边际盈亏平衡法是指通过最后一个步距所投入的采选费用与其选出的精矿售价之间实现盈亏平衡所对应的切岩高度来确定退采范围的方法。此外，还有简单按照下分段进路顶板到上分段进路顶板矿岩各半的条件作为下盘最终退采边界的方法来确定下盘退采边界[3]。

按照相关文献介绍[4]，边界品位法的优点是与采场实际结合较好，但未考虑市场因素，是静态的；而边际盈亏平衡法考虑了市场的因素，是动态的。因此，为扬长避短，建议在采准设计中采用边界品位法来初步确定退采边界，便于采准工程的布置。而在回采设计时，按照市场行情采用边际盈亏平衡法具体确定退采边界。从实际确定出的退采边界范围看，边际盈亏平衡法计算出的退采范围普遍大于边界品位法计算出的退采范围。不过，由于矿石的市场价格波动较大，采用边际盈亏平衡法计算出的下盘退采范围也变化很大。

　　现在的问题是，目前确定退采范围的原则及方法是否科学合理，确定出的退采范围是否就是最佳，能否保证矿山开采的经济效益最大，切岩开采范围以外的下盘残留矿石如何回收，是否有比下盘切岩开采更为科学合理的下盘残留矿石回收方法。应该说，截至目前，上述问题都还没有一个明确的结论或没有一个比较令人信服的解释。为此，这里对倾斜及缓倾斜中厚矿体条件下无底柱分段崩落法下盘合理退采范围确定方法以及下盘残留矿石合理回采工艺等问题进行了分析和讨论，有关情况介绍如下。

3.2　对目前下盘退采范围确定方法合理性的讨论

　　不论是边界品位法还是边际盈亏平衡法，其实质都是根据经济的考虑而不是实际的开采特别是实际的放矿过程来确定所谓的合理退采范围。仔细分析可以发现，目前这两种确定下盘退采范围的方法不仅没有考虑矿石的实际放矿过程，同时在理论计算依据、计算结果的可操作性以及下盘残留矿石的回采及回收方法等方面都存在着比较突出的问题，经济上所谓的效益最大也没有真正实现。这种情况与无底柱分段崩落法过去单一采用传统放矿截止品位放矿方式存在的问题比较类似，同样是脱离了无底柱分段崩落法的实际放矿过程，忽视了无底柱分段崩落法结构形式以及放矿规律的特殊性，导致其计算参数以及采取的技术措施失去合理性，矿石回采及回收的实际效果也不够理想，下面的分析可以看出这一点。

3.2.1　计算依据

　　需要说明的是，目前常用的按照"边界品位法"和"边际平衡法"计算确定下盘切岩的高度或水平切岩长度，在计算时是将下盘矿石的回收过程简化为一种方便计算的形式，即假定切岩高度（或水平切岩长度）范围内崩落的下盘矿石（含残留矿石）都能被回收，相应的崩落废石都会被放出[2]。

　　也就是说，利用边界品位法或极限盈亏平衡法确定下盘退采范围的一个假设前提是，计算范围内的崩落矿石和废石都会被放出[2,4]。同时，放出的废石全部进入采出矿石并造成了贫化。然而，仔细分析无底柱分段崩落法放矿时的矿岩移动过程却发现这个假设前提是不成立的。无底柱分段崩落法特殊的结构形式及矿岩移动规律，决定了分段（步距）回收的矿石相当部分来自上分段的转移矿量以及矿石脊部残留和正面残留等，而计算范围的下盘残留矿石相当部分成为下分段转移矿量或矿石残留，并没有真正被放出。同时，倾斜及缓倾斜矿体条件下"纯废石"放出阶段是有条件实现所谓"分采分运"的，因而放出的废石未必都会造成采出矿石的贫化。

显然，计算范围的崩落矿岩并没有完全被放出，实际放出的矿岩相当部分来自计算范围以外，这已经被放矿实验和不少研究者所证实[1]。相关研究明确指出，下盘切岩开采过程中，崩落矿石与岩石的数量以及它们之间的数量关系并不等于放出矿石与岩石的数量以及它们的数量关系。同时，放出的废石也未必都会造成相应的贫化。因此，从严格意义上讲，上述计算方法的科学依据不充分。看似严密的理论计算，得到的却是一个不可靠的结果。

3.2.2　下盘残留矿石的回收方法

一般来讲，在矿石价格较高的情况下，边界品位法计算出的退采范围通常是不充分的，导致部分矿石损失；而边际盈亏平衡法计算出的退采范围通常又是退采过度，导致大量的贫化产生。但是，如果矿石市场价格受经济形势影响（例如铁矿石）呈严重低迷的情况下，采用边际盈亏平衡法计算出的结果又会导致下盘退采严重不足的问题出现，结果造成大量矿石的损失。

现在的问题是，这些损失和贫化是否是合理和必要，采用目前的方法能否保证矿山开采的经济效益最大，有没有更为经济合理的下盘矿石回收方法等。应该说，这些问题的答案，对于评判边界品位法和边际盈亏平衡法确定缓倾斜矿体无底柱分段崩落法下盘退采范围的合理性非常关键。为此，可以从倾斜及缓倾斜中厚矿体条件无底柱分段崩落法下盘矿石回收工艺技术的可能性及合理性角度，对目前采用边界品位法和边际盈亏平衡法确定下盘矿石退采范围方法的合理性进行分析。

首先，不论是利用边界品位法还是边际盈亏平衡法确定下盘退采范围，其另一个假设前提是，位于下盘三角矿体范围的矿石（包括残留矿石）能够而且只能通过无底柱分段崩落法下盘回采巷道进行切岩退采。但是，仔细分析后发现这个前提假设也是不成立的。主要理由是：第一，倾斜及缓倾斜中厚矿体无底柱分段崩落法下盘残留矿量并非只有通过下盘回采巷道退采一种方式才能回收，这些下盘矿石残留完全可以通过其他方式得到更加有效的回收。例如，通过在上部分段下盘进路间柱中（或下部）掘进辅助回收巷道进行回收，可以更加有效地回收下盘残留矿石，避免或大幅度减少因退采不充分或过度退采造成的损失与贫化。

显然，下盘残留矿石不同的回收方式意味着不同的矿石回收数量与回收质量，当然其经济价值也就不同。因此，从下盘残留矿石回收方法上看，按照目前的边界品位法或边际盈亏平衡法确定下盘退采范围的方法造成的大量损失与贫化，既不一定合理，也不一定必要，更不能保证矿山开采的经济效益最大。

其次，从端部放矿规律看，下盘残留矿石的退采并非可以一直向后进行。放矿实验表明，如果下盘崩落废石层高度过高，放矿时崩落矿石的下部、两侧及端部废石持续大量地涌出，有可能出现放出的贫化矿石始终低于截止品位的情况，放出的矿石也失去了利用价值。这表明，若下盘进路退采崩落废石层过高，下盘残留矿石是无法得到有效回收的。也就是说，按照目前确定下盘退采范围的方法采用常规的下盘切岩开采，不能完全解决倾斜特别是缓倾斜矿体下盘矿石回收不充分问题，造成的过度贫化，也并非一定是合理和必要的。

3.2.3 可操作性

由于实际矿山的矿体厚度、倾角以及品位等赋存条件变化极大，加上矿石价格受市场因素影响经常变化，按照边际盈亏平衡法计算出的退采范围在每一个分段甚至同一个分段的不同区段和不同时期都可能是不同，这样确定的退采范围很难应用到实际工程上，确定退采范围的可操作性很差。实际上，很少的生产矿山是按照理论计算的退采范围来确定下盘退采边界，目前各个矿山实际确定下盘退采边界的方法与结果可以说是五花八门，存在很大的随意性。

其实，目前的边界品位法和边际盈亏平衡法确定下盘矿石退采范围的方法还存在另一个问题，即在采准设计时按照边界品位法确定退采范围有可能过小，导致设计下盘联络巷道距矿体过近。而回采设计阶段按照边际盈亏平衡法确定需要加大退采范围却无法实现，结果必然会造成生产的被动和矿石的损失。

显然，对于倾斜及缓倾斜矿体无底柱分段崩落法矿山，采用边界品位法或边际盈亏平衡法确定下盘矿石退采范围的方法，由于其理论计算的依据不充分，下盘矿石回收方法不具唯一性，不能保证最佳的矿石回收效果，容易造成不必要的矿石损失和贫化，开采无法获得最佳的技术经济效益。从这个意义上讲，目前确定下盘矿石退采范围的方法是不够合理的。

可以说，正是因为目前确定下盘最终退采范围的方法存在诸多明显缺陷，导致下盘矿石回收不充分或过度回收，在很大程度上造成了倾斜特别是缓倾斜中厚矿体无底柱分段崩落法矿山矿石损失贫化严重的不良后果，严重影响矿山的技术经济效果。因此，有必要对目前确定下盘退采范围的原则及方法进行改进，包括寻求更为合理而有效的下盘残留矿石回收方法。

3.3 下盘退采范围与下盘残留损失的关系

应该说，过去由于对倾斜及缓倾斜矿体无底柱分段崩落法下盘矿石残留的情况了解不够清楚，特别是对下盘不同退采位置造成的矿石损失情况更是缺乏了解，因而很难准确了解和判断不同退采位置究竟造成了多少的矿石资源损失以及经济损失，导致生产实践一直只能采用退采范围不够合理、矿石回收效果不够理想的方法。现在，在充分了解下盘残留矿石的状况并能确切计算不同退采位置时下盘残留矿石量的情况下，通过计算和分析下盘不同退采位置与下盘残留损失之间的关系，就可以探寻倾斜及缓倾斜中厚矿体无底柱分段崩落法更为合理和有效的下盘残留矿石回采及回收方法。

据了解，目前采用边界品位法确定出的倾斜及缓倾斜中厚矿体无底柱分段崩落法矿山，其下盘退采范围约为下盘三角矿体的 $1/3 \sim 2/3$（即图2-8 中 a_1 或 a_2 的位置），还有矿山将下盘退采位置确定为矿岩各半的中间位置，但很少退采全部下盘三角矿体范围（即 a_3 位置）的情况。因此，从矿石回收的角度看，倾斜及缓倾斜中厚矿体下盘残留矿石的退采实际上是不充分的，此时下盘残留损失不仅包括上分段部分转移矿量，也包括本分段部分三角矿体及其上部的脊部残留，损失矿量相当大。如前所述，即便是退采了全部的下盘三角矿体，仍有部分下盘残留矿石没有采出（图2-8 的 L_2 部分）。据估算，这部分矿量约为分段矿量的 $10\% \sim 16\%$。

现在的问题是，按照目前方法确定的退采范围后在下盘成为永久损失的下盘残留矿量究竟有多少，是否有进一步回收的必要，已成为永久损失的下盘残留矿量是否有更为合理有效的回收方法。应该说，目前已开展的研究都还没有涉及这些问题，也没有一个明确的结论。显然，这些问题的答案非常重要。

根据前述分析，倾斜及缓倾斜矿体条件下无底柱分段崩落法下盘不同退采位置造成的下盘残留损失可通过理论的方式计算出来。根据图2-8 所示下盘矿残留的组成及空间形态，可以推导并计算出不同退采位置的下盘残留损失矿量占分段回采矿量的比例（见式（2-10）），此比例实际上是产生在矿体下盘的理论矿石损失率。

如前所述，正常情况下产生在矿体上盘以及中间部位的矿石损失并不大，下盘矿石损失基本上代表了倾斜及缓倾斜矿体无底柱分段崩落法的总体损失情况。因此，通过计算与分析下盘残留矿石的理论损失率，可以大致判断无底柱分段崩落法的总体损失情况。

下面以一个实际缓倾斜中厚矿体无底柱分段崩落法矿山的情况为例，通过对两种结构参数不同退采位置下盘残留损失矿量占分段回采矿量比例的计算，来试图回答上述几个问题。计算方法及公式仍采用前述下盘矿石残留矿量及残留矿量占分段矿量比例等系列公式（式（2-2）~式（2-10））进行计算。表3-1 为某矿山两种结构参数条件下不同退采位置的下盘理论矿石损失率，表中 a_0、a_1、a_2、a_3 分别代表退采位置为回采水平下盘边界、$1/3$ 下盘三角矿体、$2/3$ 下盘三角矿体以及全部下盘三角矿体（也即上分段回采进路底板与矿体下盘交界处）等四个不同退采位置。

表 3-1　两种结构参数条件下不同退采位置的下盘理论矿石损失率

结构参数	结构参数 $H \times B \times L = 10\text{m} \times 10\text{m} \times 1.8\text{m}$，进路尺寸 $b \times h = 3\text{m} \times 3\text{m}$				结构参数 $H \times B \times L = 15\text{m} \times 15\text{m} \times 2\text{m}$，进路尺寸 $b \times h = 4\text{m} \times 3\text{m}$			
退采位置	a_0	a_1	a_2	a_3	a_0	a_1	a_2	a_3
理论下盘损失率/%	39.76	26.86	17.01	10.21	56.89	38.07	23.9	14.38

注：矿体（水平）厚度 $L = 35\text{m}$，矿体倾角 $\alpha = 35°$，边孔角 $\beta = 45°$。

分析上表数据，可以得出如下结论：

（1）缓倾斜中厚矿体条件下，下盘残留矿量占分段回采矿量的 40%~60% 左右；随着结构参数的加大或矿体倾角变缓，这个比例还将显著增加。因此，倾斜及缓倾斜矿体下盘残留矿量的回收十分关键。

（2）当下盘只退采到下盘三角矿体的 1/3 处即 a_1 位置时，下盘的理论损失率在 26%~38% 左右；应该说，多数矿山会选择继续退采。

（3）若是退采到下盘三角矿体的 2/3 处即 a_2 位置时，下盘的理论损失率在 17%~24% 左右。据估算，目前大多数生产矿山按照边界品位法确定的退采位置大致就在这个位置。如前所述，一些矿山甚至简单将下盘最终退采位置确定在矿岩各占一半的位置即下盘三角矿体的 1/2，此时的下盘损失矿量至少在 25%。

（4）当全部退采下盘三角矿体即退采到 a_3 位置时，下盘的理论损失率降至 10%~14% 左右，回收率较 a_2 位置可提高 8~10 个百分点，但采出矿石贫化率可能会因下部废石层加大而显著上升。不过，鉴于从 a_2 退采到 a_3 位置采出矿石增加的只是钻孔、爆破、出矿、提运及选矿等费用，在矿产品价格较高的情况下，增加回收产生的收益一般情况下会远大于增加的支出。因此，一般来说，缓倾斜矿体包括缓倾斜中厚矿体都可以继续退采至上分段回采巷道与矿体交界处，实现矿石的充分回收。若能在下盘退采过程中矿岩实现"分采分运"，则加大退采范围、增加矿石回收的经济效益会更加显著。

（5）当退采到 a_3 位置后，下部崩落废石层高度已经达到分段高度，因而退采的对象将全部为上分段的转移矿量。理论分析和实验研究都表明，由于分段下部崩落废石层过高，放矿过程中下盘和正面废石的大量涌入，有可能导致放出的矿石品位始终低于经济上无利可图的截止品位的情况出现，再继续退采已无意义。可以认为，a_3 位置以后或者说下盘三角矿体范围以外的下盘残留矿量是难以通过现有的无底柱分段崩落法采矿系统进行有效回收。

根据计算，这部分难于回收的下盘残留矿量约占分段回采矿量的 10%。换句话说，在现有无底柱分段崩落法的情况下，缓倾斜中厚矿体下盘至少约有 10% 的分段回采矿量将无法得到有效回收而成为永久损失。值得注意的是，即便是 10% 左右的回采矿量损失在矿体下盘，对于整个矿山来讲损失都是相当巨大，设法回收这部分矿量仍具有重要的价值。

　　需要指出的是，虽然在无底柱分段崩落法结构下这部分下盘残留矿量无法有效回收，但倾斜特别是缓倾斜中厚矿体条件却使得下盘损失矿量位于下分段回采崩落区以外，具有再次回收的条件。因此，完全可以参照急倾斜矿体最末分段转移矿量回收的方法，在上分段下盘进路间柱中或间柱以下掘进辅助回采进路，直接从分段上部进行回采。这可以有效避开下部的废石阻隔，提高矿石回收质量和数量。进路间柱中采用辅助进路回收下盘残留矿石问题将在下面作进一步讨论。

3.4　下盘残留矿石辅助进路回收技术

　　如前所述，在倾斜及缓倾斜中厚矿体条件下，即便是退采了全部的下盘三角矿体范围的残留矿石，也还有约 10% 的分段矿量无法通过下盘切岩开采的方式进行有效回收。若是下盘退采范围未能覆盖全部的下盘三角矿体范围，则可能会有 15% ~ 20% 以上的分段矿量损失在下盘。可以说，这部分损失在下盘的残留矿石能否回收以及回收效果如何，在很大程度上决定着整个无底柱分段崩落法的矿石回收效果。

　　既然这部分下盘残留矿石不能在无底柱分段崩落法采矿系统下得到有效而经济的回收，就必须跳出无底柱分段崩落法的开采系统而另辟蹊径。因此，参照厚大急倾斜矿体无底柱分段崩落法最末分段进路间柱的回收方法，在回采分段下盘进路向间柱中掘进辅助回采进路，用浅孔或中深孔落矿方式在间柱中直接对下盘残留矿石进行回采。这可以有效避开下部的废石阻隔，提高矿石回收质量和数量。其实，辅助进路回收下盘残留矿石的方法、设备及工艺系统，与矿山正常的无底柱分段崩落法采矿系统基本类似，不会对矿山的生产系统带来明显不利影响。图 3-1 为几种利用辅助回采进路回收下盘残留矿石方案示意图。

　　考虑到桃形矿柱尺寸有限且受爆破影响稳定性较差，从回采水平向间柱掘辅助进路的方案通常只能以小进路方式进行回采（见图 3-1（a）），其缺点是效率低、安全性差。因此，为增加辅助回采巷道的稳定性并提高回采效率，可以考虑将辅助进路从回采水平适当下移至间柱之下（见图 3-1（b）），甚至可以考虑从下水平脉外回采进路向上掘进斜坡道至回采水平桃形矿柱低于回采巷道位置，沿桃形矿柱方向掘进正常尺寸的回采进路至崩落区，然后采用扇形上向炮孔充分回收切岩退采无法有效回收的下盘残留矿石（见图 3-1（c））。

　　如果分段下盘退采已经全部覆盖了下盘三角矿体的范围，则可考虑采用图 3-1(a) 方案（即所谓的"小进路回采"方案）补充回收剩余的残留矿石；若是退采范围没有覆盖全部的下盘三角矿体，表明有较多的下盘残留可以回收。此时可以考虑采用图 3-1(b) 或图 3-1(c) 所示的方案进行回收，辅助进路一直可以延伸至崩落区为止。此时的回采进路可以按照正常尺寸的回采进路进行设计和施工，提高辅助进路回收的安全性及生产效率。

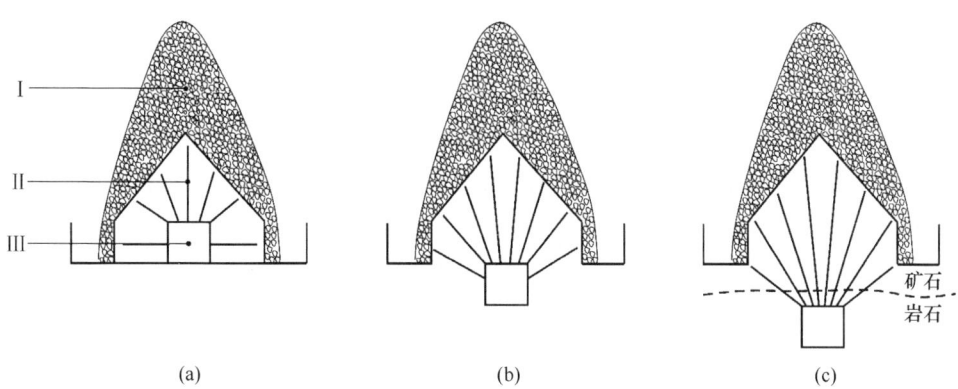

图 3-1 辅助进路回收下盘残留矿石的几种方案
(a) 进路在间柱中；(b) 进路在间柱下；(c) 进路在岩石中
Ⅰ—脊部残留；Ⅱ—炮孔；Ⅲ—辅助回收进路

实践证明，这种下移辅助进路的方式虽然会增加一定的采准掘进量特别是岩石掘进量，但回采效率和回收效果显著提升，采矿的安全性也更有保证，值得考虑。显然，辅助进路回收下盘残留的方法应该成为倾斜特别是缓倾斜中厚矿体无底柱分段崩落法矿山实现矿产资源充分回收的重要补充手段。

3.5 合理下盘退采范围及下盘残留矿石回收方法的确定

通过以上分析可以看出，倾斜及缓倾斜矿体条件下无底柱分段崩落法的下盘矿石残留不能仅局限于无底柱分段崩落法来考虑回收方法，应该依据有效回收矿石资源的原则最大限度回收矿石，实现矿产资源开采经济效益最大化。也就是说，下盘残留的回收除了需要考虑无底柱分段崩落法系统下的合理退采范围，同时还需要考虑退采范围外的残留矿石的回收方法问题。一旦最终的退采范围确定下来，退采范围内的残留矿石在无底柱分段崩落法系统内用切岩退采方式进行回收；而退采范围以外的矿石，则可采用在下盘开掘辅助回采进路的方式进路回收，实现矿石资源的充分有效回收以及资源开采效益最大化。也就是说，对于倾斜及缓倾斜矿体的下盘残留矿石，可以考虑采用"下盘切岩开采 + 辅助进路回收"的方法进行充分有效回收。

显然，倾斜及缓倾斜矿体无底柱分段崩落法的下盘合理退采范围的确定原则不再是单纯依据所谓的经济效益最大原则按照边界品位法或边际盈亏平衡法来确定，而是依据矿石充分有效回收的原则采用一种综合的方法进行确定，即在利用无底柱分段崩落法高效回收退采范围内下盘残留矿石的同时，采取适当方式充分有效回收退采范围以外的残留矿石。应该说，能够在整体上实现矿石资源的充分有效回收，也就实现了开采经济效益最大。正是基于上述考虑，这里提出如下一种新的下盘退采范围确定方法及下盘残留的回收方法，具体操作方法是：

首先按照边际盈亏平衡法初步确定一个退采范围，若确定出的最终退采范围超出了下盘三角矿体的范围，则按照充分退采的原则将下盘退采范围确定在矿体下盘边界与上水平回采巷道交界处，即下盘三角矿体范围（图2-8的L_1范围）以内的残留矿石按照充分回收的原则在无底柱分段崩落法系统下通过下部回采巷道进行切岩退采回收；而三角矿体范围以外（图2-8的L_2范围）的上部转移矿量视情况通过上分段进路间柱中的辅助回采进路进行有效回收（见图3-1）。

若确定出的退采范围小于下盘三角矿体的范围，则按照此范围确定最终退采范围，在无底柱分段崩落法系统下通过下部回采巷道回收退采范围内的下盘矿石残留；同时，根据矿山实际情况按照图3-1所示的方案利用辅助回采进路对剩下的下盘残留矿石进行有效回收，确保矿石资源的充分有效回收。

需要说明的是，之所以建议采用与极限盈亏平衡法相结合的方法来初步确定下盘退采范围，主要是考虑到该法实际确定的退采范围较大，可以保证绝大部分下盘残留矿石是利用无底柱分段崩落法进行回收，而利用辅助回采进路回收下盘残留矿石的方法仅作为一种补充。应该说，这种方法确定最终的下盘退采范围，显得更为科学、合理，而且更为简便。同时，矿石可得到最大限度的有效回收，确保开采的经济效益最大化。

当然，对于下盘残留矿石，除了合理确定下盘退采范围实现下盘残留矿石的充分回收，以及采用辅助回采进路对下盘残留矿石进行充分回收外，还可以针对下盘残留矿石的特点从回采工艺及参数上采取适当措施，降低损失贫化。例如，适当加大扇形炮孔边孔角、加大崩矿排距以及实行"分采分运"等技术措施。矿山的生产实践证明，这些技术措施在保证矿石回收、降低贫化方面效果也是十分显著的。

3.6　本章小结

目前按照边界品位法或边际盈亏平衡法确定倾斜及缓倾斜矿体下盘退采范围的方法存在比较严重的缺陷，并在相当程度上造成了缓倾斜矿体条件下无底柱分段崩落法矿山矿石损失贫化严重的问题。实践证明，完全基于经济考虑计算出的退采范围容易出现退采不充分或过度退采两个极端，并在很大程度上造成缓倾斜矿体无底柱分段崩落法矿山损失贫化大问题的出现。因此，确定倾斜及缓倾斜矿体下盘退采范围的方法和原则都必须进行改革，在此基础上，下盘残留矿石的回收方法也需要根据残留矿石的实际情况进行改进和优化。

分析表明，倾斜及缓倾斜矿体条件下确定无底柱分段崩落法下盘合理退采范围应首先遵循保证矿石充分有效回收原则，这也是符合经济效益最大化原则；其次，确定退采范围的方法和计算结果要有较好的可操作性，否则就难以被采用；

第三，确定出的下盘退采范围要避免给生产带来被动，给生产调整留下空间。

需要强调的是，正是因为对现行不合理的下盘退采范围确定原则与方法的质疑，才对下盘残留矿石的回收工艺及方法有了更加深入和全面的认识。特别是在倾斜及缓倾斜矿体下盘矿石残留的回收方法上，不能仅仅局限于无底柱分段崩落法传统的回采巷道切岩退采一种方式，而是可以针对倾斜及缓倾斜矿体无底柱分段崩落法下盘残留矿石的特点采取更加灵活有效的方法进行回收，通过适当位置布置辅助回采进路进行回收就是一种有效而经济的方法。

需要强调的是，这里针对倾斜及缓倾斜矿体提出的下盘退采范围确定方法以及下盘残留矿石的回收方法，并没有完全否定原有的下盘退采范围确定方法，特别是边际盈亏平衡法以及传统的下盘回采进路退采回收方法，而是在原有方法的基础上针对其存在的问题与不足进行了完善和补充，使其更为合理和有效。

当然，从科学角度看，这里针对倾斜及缓倾斜矿体提出的下盘退采范围确定方法以及下盘残留矿石的回收方法，还需要综合计算和比较辅助进路回收下盘残留矿石和利用正常回采进路回收矿石在技术及经济上的优劣，按照效益最大化原则，通过寻找最佳经济平衡点的办法，确定科学合理的下盘退采范围以及辅助进路的回采范围，实现矿石资源回收最大化和经济效益最大化。也就是说，这里提出的下盘退采范围的确定方法以及下盘残留矿石的回收方法，仍有进一步优化和完善的必要。

其实，由于下盘三角矿体的回采是可以实行所谓的"分采分运"，虽说是矿岩混采，但放矿过程并不是完全的矿岩混出，采出矿石的价值并不是矿岩完全混出状态下的急剧下降。因此，从简化生产管理以及充分回收矿石资源的角度考虑，缓倾斜中厚矿体下盘退采范围完全可以简单确定为全部的下盘三角矿体范围（即图 2-8 的 L_1 范围）。至于三角矿体范围以外的部分下盘残留矿石（图 2-8 的 L_2 范围），可以视情况（矿石价格、可采矿石量以及辅助进路工程量等）决定是否有必要在上分段采取进路间柱中辅助进路的方法进行回收。

可以相信，通过对目前倾斜及缓倾斜矿体矿山不合理的下盘退采范围确定方法及回收方法的改进，矿石损失贫化严重、开采技术经济效益差等问题可以得到有效解决。事实上，四川锦宁矿业有限公司大顶山矿区目前已经采用了这个方法，并取得了显著的技术与经济效益，相关情况将在应用案例中进行介绍。

参 考 文 献

[1] 李元辉，孙豁然，刘炜，等 . 矿体下盘岩石最佳开掘高度的确定 [J]. 东北大学学报（自然科学版），2004，25（12）：1187～1190.

[2] 南斗魁 . 切岩回采下盘三角矿带 [J]. 金属矿山，1992，21（1）：18～20.

[3] 王喜兵. 无底柱分段崩落法在邯邢矿山的应用实践 [J]. 金属矿山，1999，25（6）：11~13.

[4] 王湘桂，曾翙，钟刚. 下盘切岩工艺在四川泸沽铁矿的应用 [J]. 金属矿山，2003，32（5）：4~6.

4 复杂矿体条件无底柱分段崩落法合理回采工艺及降低矿石损失贫化技术措施

4.1 概述

相对于急倾斜厚大矿体条件来讲，倾斜特别是缓倾斜中厚矿体条件对于无底柱分段崩落法的应用属于极端复杂和困难的应用条件，不仅上下盘三角矿体回采及回收具有相当的特殊性，中间部位的矿石回采与回收条件也与厚大急倾斜矿体差别很大；此外，倾斜特别是缓倾斜矿体还有一个上盘持续补充放顶以补充废石覆盖层和释放采场地压的问题。正是因这些特殊性的存在以及缺乏有效的应对措施，目前生产矿山的矿石回收指标也是最差的状况。因而，解决倾斜特别是缓倾斜中厚矿体条件无底柱分段崩落法合理回采工艺及降低矿石损失贫化的技术措施问题，既是难点，也是重点。

应该说，在无贫化放矿理论及无贫化放矿方式提出之前，人们对于无底柱分段崩落法连续性回采的特性以及各回采单元之间（包括了步距与步距之间、进路与进路之间以及分段与分段之间）矿石回采与回收方面的有益联系与影响（主要指分段矿石残留具有的"上面丢、下面捡"特点以及步距矿石残留具有的"前面留、后面收"特点），没有一个全面、准确的认识，更没有充分利用各回采单元之间的有益联系和影响，矿石回收指标不理想问题特别是矿石贫化严重问题长期得不到解决。而当无贫化放矿方式提出特别是无贫化放矿理论建立之后，人们对无底柱分段崩落法连续性回采的特性以及各回采单元之间的有益联系与影响有了全面、充分的认识，回采单元之间的有益联系与影响得到了较好的利用，厚大急倾斜矿体无底柱分段崩落法矿石回收指标不理想问题特别是矿石贫化严重问题得到了较好的解决。

对于倾斜及缓倾斜中厚矿体无底柱分段崩落法来讲，影响其矿石回收效果的主要因素是其不同于厚大急倾斜矿体的矿体形态及产状。分析表明，倾斜特别是缓倾斜中厚矿体条件下，无底柱分段崩落法各回采单元之间的有益联系和影响受到了严重的破坏和削弱，从而无法获得比较理想的矿石回收效果。因此，解决这个问题的方法或思路，可以从探讨在倾斜及缓倾斜中厚矿体条件下是否有可能修复或重建无底柱分段崩落法各回采单元之间的有益联系和影响进行考虑。

4.2　"垂直分区、组合放矿"无底柱分段崩落法技术方案

在倾斜及缓倾斜中厚矿体条件下，虽然无底柱分段崩落法各回采单元之间的有益联系和影响受到了较为严重的破坏和削弱，但上下盘三角矿体回采、分段转移矿量及下盘残留矿石回收，以及上盘围岩补充放顶和地压有效管理等之间的相互关联却依然存在并对矿石的回收效果联合产生影响。单独考虑其中一个方面的问题，很难真正解决倾斜特别是缓倾斜中厚矿体无底柱分段崩落法矿石有效回收问题，必须考虑改善倾斜及缓倾斜中厚矿体矿石回收效果的综合解决方案。

为适应倾斜及缓倾斜中厚矿体无底柱分段崩落法上下盘三角矿体的回采、分段转移矿量的回收以及脊部残留矿石的回收，同时解决及时放顶与下盘覆岩损失的及时补充问题，根据无底柱分段崩落法特殊崩落矿岩移动规律以及覆岩冒落规律，对于垂直走向布置进路的倾斜及缓倾斜中厚矿体条件的无底柱分段崩落法，我们提出了一种新型的开采技术方案，即所谓的"垂直分区、组合放矿"的无底柱分段崩落法技术方案，并针对该方案进行了相关的理论及实验研究，其根本目的是为倾斜特别是缓倾斜中厚矿体的无底柱分段崩落法经济、高效开采找到一个综合性的解决方案。

4.2.1　"垂直分区、组合放矿"回采方案主要技术特征

"垂直分区、组合放矿"无底柱分段崩落法技术方案的主要技术特征是：垂直分区、组合放矿；及时补充放顶减压、下盘残留全覆盖。从技术角度讲，该方案主要是针对倾斜特别是缓倾斜中厚矿体这一特殊的开采技术条件，从改善矿石回收、加强放矿管理和强化矿石充分有效回收方面进行考虑的。

所谓"垂直分区"，是指视矿体倾角及厚度的不同，人为地在垂直方向上划分成2个或2个以上的放矿分段（如图4-1所示的Ⅰ、Ⅱ、Ⅲ回采区块），为交错布置的回采进路回收转移矿量和各种残留矿石的再次回收创造良好条件。

而"组合放矿"则是根据崩落范围内矿石与废石的形态、上下分段之间转移矿量以及残留矿量的多少，将不同水平但在垂直方向处于同一位置的矿段分别设置为：上分段靠近上盘的松动放矿与卸压区段（Ⅰ），本分段中间部位低贫化放矿区段（Ⅱ），以及下分段下盘侧的"分采分运＋截止品位放矿"区段（Ⅲ）。

也就是说，在垂直分区的回采范围内，各回采分段按照不同的开采条件、矿石回收条件以及采矿所担负的任务不同，采用不同的回采工艺（参数）和不同的放矿方式，尽可能创造和利用无底柱分段崩落法连续的回采空间所具有的残留矿石"前面留、后面收"以及"上面丢、下面捡"的特点，改善矿石回收效果。

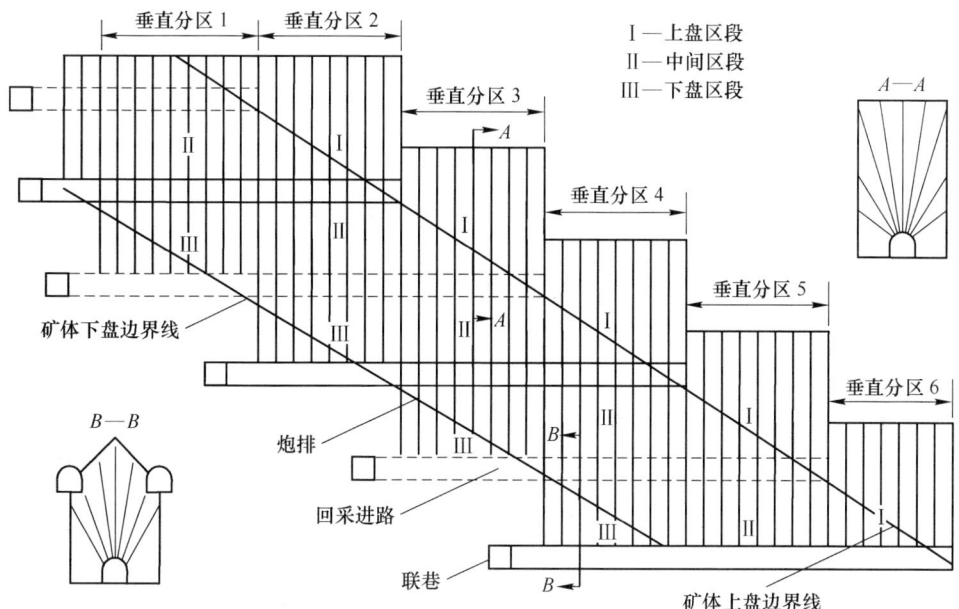

图 4-1 缓倾斜中厚矿体"垂直分区、组合放矿"回采方案示意图

显然，在"垂直分区"的回采范围内，实行的是一种所谓的"组合放矿"方式。

具体来说，对于垂直分区的最上部分段（通常为上盘三角矿体范围，属于矿岩混采），其主要目的是要崩落上盘矿体及围岩，实现放顶并形成下分段的覆盖层；同时为中间矿段（相邻垂直分段）的侧向松散矿岩体挤压爆破创造条件，采出矿石不是主要目的。故主要采用松动放矿的方式进行控制放矿，放出矿岩量一般为步距崩落矿岩量的30%左右，必要时也需要实行纯废石的"分采分运"。对于垂直分区的中间分段，基本上不存在矿岩混采的问题，崩落矿石以及上部的基本残留矿石都具有比较良好的回收条件，故可采用低贫化放矿方式，有效降低矿石贫化；在对于垂直分区最下部的回采分段，由于残留矿石不再具有再次回收机会，需要采用"截止品位"放矿方式及时充分回收矿；同时，对于纯废石放出阶段的废石，实行矿石与废石的"分采分运"，避免或减少不必要的矿石贫化。

事实上，从同一个回采分段水平看，同样分别存在三个组合放矿区段，即靠近上盘的松动放矿与卸压区段、中间部位的低贫化放矿区段以及靠近下盘的"分采分运+截止品位放矿"区段。这样，同一回采分段通过在不同的矿段采用不同的放矿方式（组合放矿）以取得更好的矿石回收效果。从这个角度看，针对倾斜及缓倾斜中厚矿体条件提出的"垂直分区、组合放矿"无底柱分段崩落法方案，事实上也是一种"水平分区、组合放矿"回采方案。当然，称之为"垂直分区、组合放矿"方案，更能体现出前述重建和利用上下分段之间放矿过程有益影响的用意。

所谓"及时补充放顶减压"，是指在分段进路中通过有计划地强制崩落位于上盘三角矿体中的部分顶板围岩，及时释放因回采范围扩大而引起的应力集中，减少地压活动对回采巷道及回采工作本身的不利影响，同时形成足够的覆盖岩层。此项技术措施主要是针对目前许多倾斜特别是缓倾斜矿体矿山补充放顶不及时、崩落范围未有明确的技术规范等问题提出的，其主要目的是及时释放地压，实现地压的有效管理。此项工作实际上是通过首先回采分段位于上盘三角矿体来完成的。

所谓"下盘残留全覆盖"，是指通过在下盘围岩中开凿正常回收进路，全面覆盖分段下盘三角矿体范围的残留矿石，最终实现下盘残留矿石的充分回收。提出此项技术措施主要是基于前述下盘合理退采范围的讨论，以及针对多数倾斜及缓倾斜中厚矿体条件的矿山目前在下盘残留矿石回收不充分、下盘切岩范围缺乏明确的技术规范或难以实际操作等问题提出的，其主要目的是要实现矿石的充分回收。此项工作实际上是通过完全回采下盘三角矿体来完成的。

需要说明的是，"垂直分区"的主要目的之一是合理确定具有不同开采及回收条件的矿块范围，特别是分段上下盘三角矿体的开采范围的划分最为关键。由于实际矿体的形态、厚度以及倾角等变化较大，垂直分区回采区块的范围（大小）以及分段数都可能不一样。下面以四川锦宁矿业大顶山矿区 2.5 剖面线矿体（注：2540m 以上分段高度为 10m，2540m 以下分段高度为 15m）为例（见图 4-2）来进行说明。

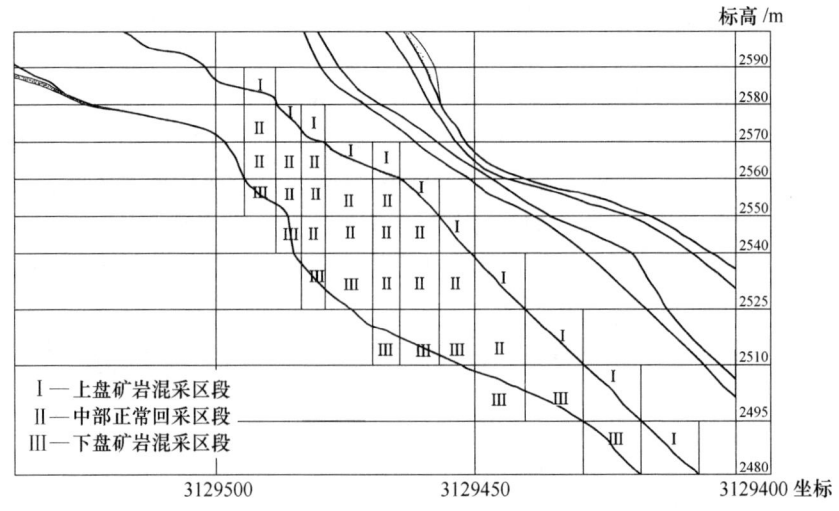

图 4-2 大顶山矿区 2.5 线剖面"垂直分区"回采区块划分示例

（1）当矿体水平厚度（L）大于分段高度（H）与矿体倾角（α）正切的比值，即 $L > H/\tan\alpha$ 时，垂直分区内将会有 3~5 个甚至更多的放矿分段。由于中间分段没有矿岩混采问题，可采用低贫化放矿方式；而上下两个分段属于矿岩混采分段，分别需要采取"松动放矿"和"截止品位 + 分采分运"出矿方式。

（2）当 $L \leq H/\tan\alpha$ 时，此时垂直区段内将只有上下两个放矿分段，每一分段矿石都只能以矿岩混采形式进行回采，分别需要采用"松动放矿"（上盘区块）和"截止品位 + 分采分运"（下盘区块）的方式进行回采。

4.2.2 "垂直分区、组合放矿"回采方案拟解决的主要问题

概括来说，通过"垂直分区、组合放矿"无底柱分段崩落法技术方案，可有效解决以下问题：

（1）上下盘三角矿体的有效回收；

（2）脊部残留及下盘残留矿石的有效回收；

（3）及时放顶并形成回采巷道前端初始覆岩；

（4）释放分段回采在上盘形成的采场应力；

（5）避免上下盘不必要的"超采"或"欠采"。

4.2.3 "垂直分区、组合放矿"实施方案

针对倾斜及缓倾斜中厚矿体提出的"垂直分段、组合放矿"无底柱分段崩落法的具体实施方案是：

（1）首先，以上下分段回采进路与矿体上盘边界交界处垂直划线，划定上盘退采起始位置以及上盘三角矿体回采范围；若有必要，可以适当加大回采巷道在上盘围岩中的长度，使上盘围岩崩落后，下分段的回采巷道基本上能在卸压的范围内，实现所谓的"卸压开采"。

（2）上盘松动放矿与卸压回采区块（图4-1的区块Ⅰ）采用矩形面扇形炮孔布置（图4-1的 A—A 剖面），切割立槽也开凿为矩形，同时要保证切割槽有足够的高度，确保足够的爆破自由面及补偿空间；同时，上盘区段爆破采用较小的边孔角（一般为30°~35°），使相邻回采巷道上部崩落空间的及时贯通，确保上覆围岩的及时冒落，转移并释放地压，保证下部回采巷道的安全，降低巷道的支护等级。

（3）"松动放矿"主要指上盘三角矿体前面几个步距崩矿量较少的情况，此时需要保证步距的放出量不低于步距崩矿（岩）量1/3，确保崩落矿岩的充分松散。若在低贫化情况下步距出矿量已经达到了步距崩落矿岩量的1/3以上，就可以提前进入低贫化放矿阶段，为降低贫化和矿石的有效回收创造有利条件。

（4）分段中间的低贫化放矿区块（图4-1的区块Ⅱ）炮孔需根据实际的崩

矿范围（形态）布置扇形炮孔，边孔角提高到 45° 左右。扇形炮孔爆破后放出矿石采用低贫化放矿方式，即当出矿工作面明显出现废石时即可停止出矿，具体的截止废石混入率一般可控制在 10% ~ 15% 。

（5）以上下分段回采进路与矿体下盘边界的交界处垂直划线，划定下盘三角矿体范围（图 4-1 的区块Ⅲ）。下盘三角矿体采用"分采分运 + 截止品位"放矿方式为充分回收矿石，除纯废石放出需要按照"分采分运"的方式进行管理外，矿石放出需要采用截止品位放矿方式，具体的截止废石混入率一般可控制在 70% ~ 80% 左右。

（6）研究表明，在下盘三角矿体部分增大放矿步距，还有利于被下部废石截断的上部矿石的有效回收，减少岩石混入量。因此，为减少不必要的贫化和增加矿石回收，对于靠近下盘的区块Ⅲ，可以采取提高边孔角（由 45° 提高到60° ~ 65°）、增大崩矿步距（由 1.5 ~ 1.8m 逐步提高到 2.0 ~ 4.0m，亦可采取一次崩 2 排的方式进行）等技术措施，以减少不必要的脊部矿石残留以及端部正面残留。不过，增大崩矿步距应在切岩达到一定高度时开始考虑，否则容易造成过大的正面损失。

（7）由图 4-1 不难看出，超出回采巷道与矿体下盘边界交界点继续退采，除少量的桃形矿柱外，步距崩落的基本是废石，继续退采有可能采出的全部是低于截止品位的废石。而在下盘交界点之前停止退采，将有一定数量的下盘三角矿体矿量及其相应的脊部残留矿石不能有效回收。因此，对于缓倾斜中厚矿体条件来讲，在能够实行放出废石"分采分运"的情况下，直接由回采巷道与矿体下盘边界交界点划定退采边界是比较合理而且简便的方法。而退采边界以外的下盘残留矿石，若需要进行回收，则只能通过前述辅助进路的方式进行回收。

4.2.4 "垂直分区、组合放矿"无底柱分段崩落法方案的主要优点

对于倾斜及缓倾斜矿体的无底柱分段崩落法来讲，采用"垂直分区、组合放矿"方案的主要优点可以归结为：

（1）倾斜及缓倾斜中厚矿体采取"垂直分区"的方式可以清楚而准确划分出具有不同开采条件的矿块范围，一是为不同矿石回采及回收方式的使用创造条件，采矿针对性更强；二是为分段的残留矿石人为创造了再次回收机会，矿石回收效果更佳。

（2）利用上盘区段的松动放矿与卸压作用，在及时回收上盘三角矿体的同时，实现及时的放顶、释放压力并形成回采巷道前段初始覆岩，及时补充上分段在下盘损失的覆岩，避免出现冲击地压。

（3）利用中间区段的低贫化放矿，有效降低矿石贫化并为下分段充分回收转段矿量形成良好的矿石残留体。

（4）在下盘三角矿体采用"分采分运＋截止品位放矿"，及时充分回收上面分段转移矿量（脊部残留、端部残留）及本分段崩落矿量，不会造成矿石的积压。

（5）通过对回采矿段实行"垂直分区"，利用不同分段下盘回采巷道的"无缝对接"，实现对缓倾斜矿体下盘矿石残留的全覆盖，最大限度减少了下盘矿石损失。

（6）以每一个分段回采巷道与矿体下盘交界点垂直划线，即可确定每个区段的范围以及下盘岩石中回采巷道长度（切岩范围），分段回采的上盘边界则以回采巷道上盘矿体边界为线，无须逐一计算和单独确定每一个分段上下盘的切岩长度（这在实际操作中几乎无法实现），不仅大大简化了实际操作难度，还可以有效避免上下盘回采范围的"超采"或"欠采"，从而确保矿石资源的充分有效回收。

4.3 "垂直分区、组合放矿"回采方案实验研究

为验证倾斜及缓倾斜中厚矿体条件下"垂直分区、组合放矿"无底柱分段崩落法技术方案的可行性及有效性，结合四川锦宁矿业大顶山矿区的具体情况，进行了一系列的物理模型实验，试图以最接近实际的物理模型实验，研究倾斜及缓倾斜中厚矿体无底柱分段崩落法下盘残留矿石的回收过程以及矿岩移动规律，为矿山选择合理的结构参数及开采工艺提供可靠的依据。

4.3.1 实验模型及实验方案设计

（1）模型结构：采用"单分间、多分区"组合立体模型；矿体倾角 40°，矿体垂直厚度按 16m 设计；设置 3 个垂直分区，每个垂直分区内共 3 个分段，每分段 1～2 条进路、每条进路 4 个步距。由于相邻两个垂直区段内有 2 个分段属于共同的分段，模型实际共设置了 5 个回采分段。为便于观察实验现象，模型主体材料采用了有机玻璃（如图4-3所示），模型比例为 1：100。实验矿石（来自锦宁矿业大顶山矿区）松散体重 2.8g/cm³，粒度为 3～10mm；实验岩石（白云石）松散体重 1.6g/cm³，粒度为 5～15mm。

（2）结构参数：10m×10m×2m，边孔角统一为 45°。

（3）放矿方式与放矿参数：实验放矿采用组合放矿方式；上盘三角矿体采用松动放矿（步距矿量的 1/3 左右）、中间部位矿体采用低贫化放矿（截止岩石体积混入率暂定为 24%，截止贫化率为 21%，对应放矿截止品位 40%，矿石地质品位 46%，下同。）以及下盘三角矿体的截止品位放矿（截止岩石体积混入率暂定为 80%，截止贫化率 76%，对应截止放矿品位 12%）。

（4）实验次数：组合放矿方式 2 次。

为对比分析传统截止品位放矿方式的放矿效果，利用该放矿模型还进行了

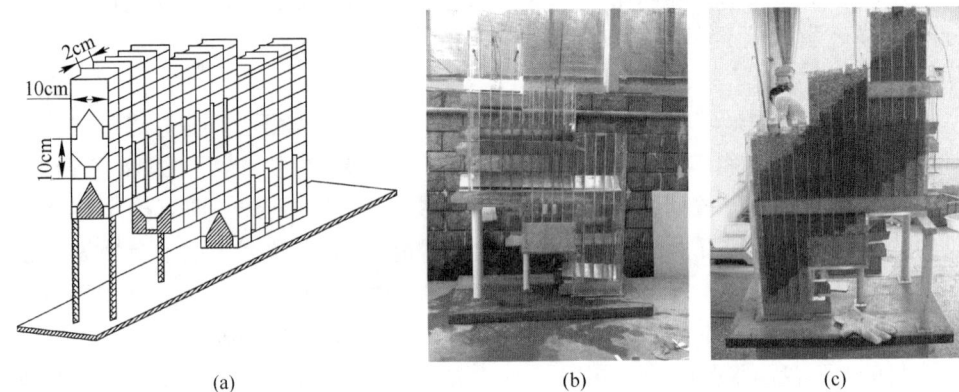

图 4-3　实验模型结构及装料情况

（a）模型结构示意图；（b）模型装料前；（c）模型装料后

1次全部分段所有步距都采用传统截止品位放矿方式的放矿实验。放矿模型与结构参数同上，截止岩石体积混入率暂定为80%，截止贫化率76%，对应截止放矿品位为12%，实验次数设计为1次。

4.3.2　实验过程与实验结果分析

应该说，三个垂直分区的组合放矿模型，其实验效果较单个垂直分区模型更接近实际效果，因此本实验对于矿山的生产具有更好的指导意义。在实验过程中，共进行了1次完全截止品位放矿实验（作为对照）和2次组合放矿实验，其中1次组合放矿（即表4-1的组合放矿方式2）有意识增大了下盘三角矿体部位的贫化，意在考察是否可以通过此举增加矿石回收率。图4-4为实验观察到的缓倾斜中厚矿体无底柱分段崩落法放矿过程中岩界面移动、矿岩混杂以及矿石残留

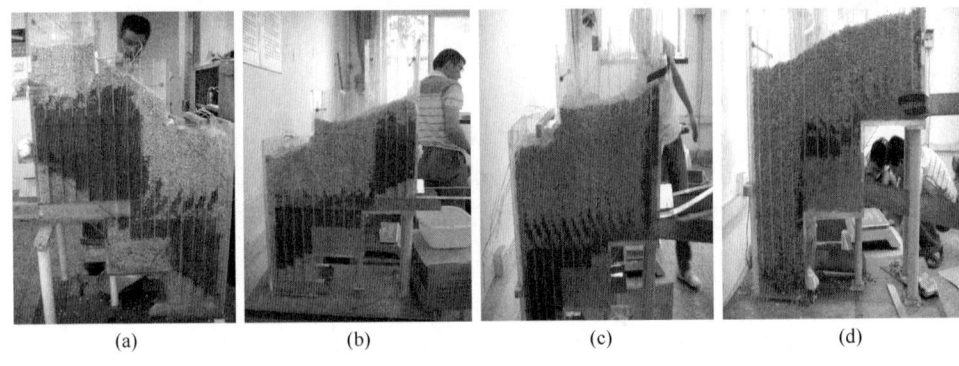

图 4-4　实验放矿情况

（a）～（c）实验中；（d）放矿结束

情况。其中，步距放矿之后留下的正面矿石残留以及靠壁残留非常明显。3次实验放矿获得的主要结果指标见表4-1。

表 4-1 不同回采及放矿方式矿石回收指标统计

回收指标	单分间组合模型（10m×10m×2m）			备注
	截止品位放矿	组合放矿 1	组合放矿 2	
矿石回收率/%	86.3	81.1	84.2	回采下盘三角矿体
岩石混入率/%	31.3	21.6	27.8	矿岩混采指标
岩石混入率/%	29.5	18.2	25.7	分采分运指标
矿石回收率/%	53.9	48.7	50.3	未采下盘三角矿体
岩石混入率/%	26.4	7.7	12.3	未采下盘三角矿体

注：为考察和分析"分采分运"以及下盘三角矿体回采效果对整体回收指标的影响，将是否采用"分采分运"以及下盘三角矿体范围的回收指标进行了单独计算。

分析三次放矿实验结果，可以得出如下一些初步但非常有价值的结论：

（1）再次证明"垂直分区、组合放矿"对于现行的 10m×10m×2m 结构参数是可行的。通过充分回收下盘三角矿体部位矿石和实施"低贫化放矿"，其回收率可达81%～84%左右，而贫化率仅为18%～25%左右，说明倾斜及缓倾斜矿体也可以在可接受的贫化范围内获得较为理想的矿石回收效果。

（2）将倾斜及缓倾斜中厚矿体进行"垂直分区"开采，不论是截止品位放矿还是组合放矿，其矿石回收率都超过了80%，而贫化率为20%～30%左右，基本接近厚大直立矿体的回收效果，充分说明了在倾斜及缓倾斜矿体中采用无底柱分段崩落法实行"垂直分区"开采的重要性和可行性。

（3）与完全的截止品位放矿相比较，组合放矿方式可以在保证矿石充分回收的情况下有效降低贫化。一般来讲，组合放矿的回收率较完全截止品位放矿低2～5个百分点，但其岩石混入率相应降低4～10个百分点。需要强调的是，回收矿石品质的提高，在经济上完全可以抵消损失矿量的价值，因而总体上讲，"垂直分区、组合放矿"方案优于传统截止品位放矿方案。

（4）在矿体上下盘三角矿体部位实施分采分运，岩石混入率可降低约3个百分点，同样证明了倾斜及缓倾斜矿体实施分采分运对于降低贫化的重要性。同时，实验结果证明，组合放矿方式在下盘三角矿体部位适当加大贫化对于增加矿石回收是比较有效的，也是必要的。

（5）实验结果进一步证明下盘三角矿体回采的重要性，约30%以上的矿量是通过回采下盘三角矿体回收的。如果不及时充分回采下盘三角矿体，回收率只能在50%～60%左右。无论再怎样增加回采巷道可见矿体部位的矿石贫化，也不能有效增加回收。这可以很好解释缓倾斜中厚矿体无底柱分段崩落法矿山为什么在贫化率高达 30% ~40% 以上情况下，其矿石回收率仅为 60% 左右的原因了。

(6) 在不统计下盘三角矿体矿石回收指标的情况下，完全的截止品位放矿方式的矿石回收率为 54% 左右，但废石混入率却达到了 26% 以上；与此相对照的是，组合放矿方式的矿石回收率相差不大的情况下（约 50%），废石混入率降至 8% ~12% 左右，还不到截止品位放矿方式的一半。这表明，不加区别地全部采用截止品位放矿方式，并不会显著提高矿石回收率，相反却会导致采出矿石严重贫化。

(7) 实验发现，下盘三角矿体（包括其上部的脊部残留等）的回采出矿过程与以前一般认为的有很大不同。当下盘切岩高度超过 2~4m 时（从回采巷道顶板算起），其出矿过程将不再有纯矿石的出矿过程，出矿呈现"纯岩石→贫化矿石→贫化增加→截止出矿"过程，而非一般认为的"纯岩石→纯矿石→贫化矿石→贫化增加→截止出矿"过程。随着切岩高度的增加，放出矿石贫化程度也会显著增加，结果就可能出现采出矿石品位全部低于截止品位的情况。这也就解释了下盘切岩退采的方法无法有效回收全部的下盘残留矿石的原因。

(8) 实验还发现，倾斜及缓倾斜矿体靠近下盘矿岩交界处的 4~6 排炮孔（即回采巷道与矿体下盘边界交界处前后各 2~3 排炮孔范围），由于其矿石层高度相对较大（完整的脊部残留 + 崩落矿石层），能够放出的矿量较多，生产中应予以特别关注并加强回收。

(9) 实验表明，当分段矿石全部处于矿岩混采状态时，组合放矿方式降低岩石混入的优势难以发挥，矿石回收率指标也不够理想。因此，在分段矿量全部混采情况下，"松动放矿 + 低贫化放矿 + 截止品位放矿"的组合放矿方式就不再适合。然而，对于倾斜及缓倾斜中厚矿体来讲，实行垂直分区开采、及时充分回采下盘三角矿体的技术措施在任何情况下都适合的，是保证矿石充分回收必须采取的技术措施。

综上所述，针对具有不同采矿及矿石回收条件的不同开采部位，采取不同的矿石回采及回收方式是必要的、有效的，而"垂直分区、组合放矿"无底柱分段崩落法方案是一个可行的综合解决方案。

4.4　降低矿石损失贫化的主要技术措施

研究表明，倾斜及缓倾斜中厚矿体条件下，上盘及中间矿段的回采矿量并不大且具有良好的回收条件，真正产生在上盘及中间部位的损失非常少。因此，矿石回收的重点和难点都在矿体下盘。然而一直以来，多数倾斜及缓倾斜中厚矿体无底柱分段崩落法矿山，主要沿用传统的截止品位放矿方式进行放矿，并把出矿的重点放在回采巷道内可见矿体部分，忽视了对下盘残留矿石的充分有效回收，不仅矿石回收率很低，还导致大量无效贫化的产生。可以说，这是倾斜及缓倾斜矿体无底柱分段崩落法矿山采出矿石贫化率高最为重要的原因之一。

针对倾斜及缓倾斜中厚矿体条件下无底柱分段崩落法的特殊性，综合前述"垂直分区、组合放矿"无底柱分段崩落法理论及实验研究结果，这里就倾斜及缓倾斜中厚矿体的无底柱分段崩落法提出以下一些新的生产工艺及降低损失贫化的技术措施。

4.4.1 "垂直分区"回采方案

虽然"垂直分区"回采方案是针对倾斜及缓倾斜中厚矿体无底柱分段崩落法提出的综合解决方案的一部分。但是，"垂直分区"回采方案在某些情况下可以甚至是只能单独使用。例如，对于分段矿体全部处于矿岩混采的情况，"组合放矿"方案没有应用条件，但"垂直分区"回采方案却仍具应用价值。

"垂直分区"回采方案的最大优点是，能够有效解决倾斜及缓倾斜矿体上分段下盘残留不能在下分段有效转移和回收的问题，以及上下盘三角矿体"超采"或"欠采"的问题。下盘退采范围不是所谓的依据经济最优原则确定，而是依据充分有效回收矿石的原则来确定。下盘一直退采到上分段回采进路与矿体下盘边界的交界处，能够实现所谓的"下盘残留全覆盖"，很好地解决了目前下盘回采不充分的问题，可以显著提高采矿方法的矿石回收率。

4.4.2 "组合放矿"方案

对于矿体厚度较大，分段中间部位矿体具有比较正常的矿石回收条件时，在同一分段内根据不同区段的矿石回采回收条件及其作用的不同，在矿体上盘、中间及下盘三个矿段分别采用"松动放矿、低贫化放矿以及截止品位放矿"的组合放矿方式，在保证矿石充分回收的情况下显著降低出矿过程的矿石贫化。

采用"组合放矿"的主要优点是，根据不同的回收条件采用不同的放矿方式，显著减少无效贫化的产生，能够在充分回收矿石的情况下大幅度降低放矿过程中的矿石贫化。"组合放矿方式"不仅可以根据矿山的具体情况单独使用，如果矿体厚度较大，将"垂直分区"回采方案与"组合放矿"方案结合起来使用，矿山降低矿石损失贫化的效果将会更加明显。

4.4.3 辅助进路回收下盘残留矿石

如前所述，在倾斜及缓倾斜中厚矿体条件下，至少约有10%的分段矿量无法通过下盘切岩开采的方式进行有效回收。因此，参照厚大急倾斜矿体无底柱分段崩落法最末分段进路间柱的回收方法，在上分段下盘进路间柱中掘进辅助回采进路，用浅孔或中深孔落矿方式直接从上分段进行回采。这可以有效避开下部的废石阻隔，提高矿石回收质量和数量。同时，辅助回采进路还是回收回采巷道冒落以及悬顶等生产事故造成的损失矿量的有效办法之一。显然，辅助进路回收下盘残留的方法应该成为倾斜特别是缓倾斜矿体无底柱分段崩落法矿山实现矿山资源充分回收的重要补充手段。

4.4.4　合理的切割及爆破参数

应该说，倾斜及缓倾斜中厚矿体条件下切割及扇形中深孔爆破参数的确定，一直沿用的是急倾斜厚大矿体的方法，没有注意到倾斜及缓倾斜中厚矿体条件下的特殊性。经常出现的一个问题是切割槽高度不足导致大面积的悬顶事故出现。同时，没有注意到回采分段不同部位在矿石回采及回收条件的不同，在爆破参数上没有采取针对性的技术措施。可以说，这些问题的存在，严重影响了矿石的回采与回收，是造成矿石回收指标严重恶化的重要原因之一。

如前所述，倾斜特别是缓倾斜中厚矿体条件下，上盘三角矿体与中间及下盘的回采落矿条件是有很大不同的。首先，其上部为没有完全冒落的围岩，其崩矿排面应该是矩形排面，其爆破落矿的条件及爆破参数设计与后续的多边形崩矿排面有相当大的区别。其次，考虑上部覆岩没有完全冒落、爆破夹制现象比较突出的实际情况，矩形崩矿排面高度应超过中间部位及下盘正常爆破时的多边形排面高度。

研究表明，矩形排面的高度一般应达到 1.5～1.8 倍分段高度，才能确保后续中间矿段的崩矿具有足够的补偿空间高度，不至于出现后续扇形炮孔上部拒爆以及悬顶事故频繁发生的现象。同时，切割槽高度及扇形炮孔的长度应与矩形排面的高度相适应。此外，考虑到热液交代型矿床的矿岩接触带多为破碎带的情况，切割槽的位置最好能避开上盘矿岩接触带 3～5m 以上的距离，以免因破碎带内炮孔垮塌影响切割质量及爆破效果。

还有一点需要注意的是，上盘三角矿体负担的矿量虽然不大，但却担负着补充放顶形成覆盖层、及时释放地压并为下面分段矿石回收创造良好条件的重要作用，必须予以高度的重视。为使相邻进路的回采空间尽可能贯通并使顶板尽快冒落，通常需采用较小的边孔角（30°～35°）。而对于下盘三角矿体在下部有废石阻隔的情况下，采用加大放矿步距和边孔角的方法，可以显著降低矿石贫化。因此，作为矿石回收的重点与难点的下盘，在充分退采基础上可以采用适当增加放矿步距、增加边孔角的办法，降低矿石损失贫化。

4.4.5　精细化的采矿及放矿技术管理

由于同一分段不同位置的回采出矿条件有很大的不同，甚至每一个步距的情况都差别很大，一定程度上加大了对采矿及放矿管理的技术要求。为取得良好的矿石回采及回收效果，对倾斜特别是缓倾斜中厚矿体无底柱分段崩落法实施所谓的"精细化采矿及放矿管理"显得十分必要。根据大顶山矿区的经验，倾斜及缓倾斜矿体无底柱分段崩落法矿山采矿及放矿精细化管理主要包括以下几个方面：

（1）不同回采部位具有不同的矿石回采及回收条件，需要采取不同的采矿及放矿管理方式以获得最佳的矿石回采及回收效果。一般来讲，上盘三角矿体范围扇形炮孔需要采用矩形崩矿排面并采用"松动放矿"方式，中间矿段可以采用桃形崩矿排面以及"低贫化放矿"方式，而下盘三角矿体需要采用桃形崩矿排面以及"截止品位放矿"方式。

（2）不同部位（最好是按照步距为单元）的矿石回采及出矿情况要有完整准确的记录，为其他部位的采矿及矿石回收技术方案的制定提供参考依据。

（3）悬顶、立墙、大块以及眉线和炮孔破坏等各种采矿生产事故必须及时处理；事故不处理，后续的采矿不能继续。

（4）扇形中深孔、切割槽的爆破设计必须以采场的实际状况（矿体形态、边界）为依据进行逐排精确设计和施工。

（5）切割槽爆破、扇形中深孔爆破之前必须进行验孔、补孔作业，确保切割槽质量以及扇形中深孔的爆破质量。

（6）设置必要的专门废石溜井，上下盘三角矿体部位的"纯废石"开采严格实行"分采分运"。同时，下盘退采范围应覆盖全部的下盘三角矿体。

4.5 尖灭矿体的回收

尖灭矿体问题在复杂矿体条件矿山较为常见，而尖灭矿体的回采目前也没有一个明确的开采规范，是否需要回收以及如何有效回收生产矿山通常难以决策。图4-5为四川锦宁矿业大顶山矿区针对尖灭矿体采取的回收方案。实践证明，这种仍采用无底柱分段崩落法中深孔进路退采的方式效果很差，回收率极低而贫化率极高。

5416采22号进路线剖面图

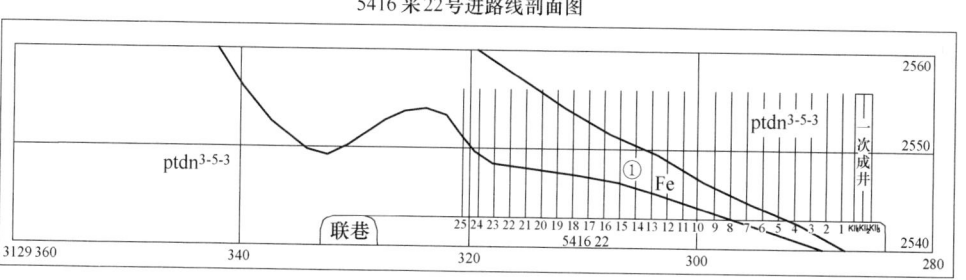

图4-5 大顶山矿区尖灭矿体回采炮孔设计

针对矿山经常出现矿体尖灭段的回采问题，为了解尖灭矿体采用正常无底柱分段崩落法中深孔进路退采方式的矿石回收效果，进行了 3 次放矿模拟实验，分别模拟了两种倾角条件下的回收情况，实验模型及装料情况如图 4-6 所示，模型实验结果如表 4-2 所示。

实验表明：在倾角较缓、厚度较小的尖灭矿段，当仍然采用正常的无底柱分段崩落法中深孔进路退采时，即便是当放出矿石的总岩石混入率超过了 50%，其回收率仍不足 60%。这表明，采用正常的无底柱分段崩落法中深孔进路回采尖灭矿体，矿石回收效果非常差。其实，如果贫化过高，放出矿石基本上就没有什么利用价值了。因此，对于厚度不大、范围较小的尖灭矿段是否值

图 4-6　尖灭矿体放矿实验
模型及装料情况

得回收以及如何回收，值得仔细考虑。如果因矿石价值较高或资源状况比较紧张，尖灭矿段矿石必须回收，那么在矿体中沿走向布置辅助回采进路的回采方式应该是一种比较有效的选择。

表 4-2　尖灭矿体放矿实验数据统计表

模型种类及结构参数	单分间立体模型（15m×13m×2m）	单分间立体模型（15m×13m×2m）	组合模型（15m×13m×2m）	备　注
矿体条件	厚度 5m，倾角 30°	厚度 5m，倾角 30°	厚度 5m，倾角 20°	
矿石回收率/%	56.0	51.7	47.5	充分回采下盘三角矿体
岩石混入率/%	55.4	54.8	46.5	分采分运指标

4.6　本章小结

在倾斜及缓倾斜中厚矿体中采用无底柱分段崩落法进行开采，为寻求一种经济、高效、新型的开采技术方案，提出了"垂直分区、组合放矿"的无底柱分段崩落法技术方案。

（1）经理论及实验证明，针对具有不同采矿及矿石回收条件的不同开采部位，采取不同的矿石回采及回收方式是必要的、有效的，而"垂直分区、组合放矿"无底柱分段崩落法方案是一个可行的综合解决方案。

（2）在倾斜及缓倾斜中厚矿体中，根据矿体倾角及厚度的不同，人为地在垂直方向上划分为 2 个或 2 个以上的放矿分段，即"垂直分区"的方式。研究表

明，采用"垂直分区"的方式，既为不同矿石回采及回收方式的使用创造条件，也为分段的残留矿石人为创造了再次回收机会。

（3）"组合放矿"则是根据崩落范围内矿石与废石的形态以及上下分段之间转移矿量以及残留矿量的多少，采用不同的回采工艺（参数）和不同的放矿方式。在矿体上盘、中间及下盘三个矿段分别采用"松动放矿、低贫化放矿以及截止品位放矿"的组合放矿方式，在保证矿石充分回收的情况下显著降低出矿过程的矿石贫化。

（4）针对倾斜及缓倾斜中厚矿体条件下无底柱分段崩落法的特殊性，提出"垂直分区"回采方案、"组合放矿"方案、辅助进路回收下盘残留矿石、合理的切割及爆破参数、精细化的采矿及放矿技术管理等新的生产工艺及降低损失贫化的技术措施。

（5）因矿石价值较高或资源状况比较紧张，尖灭矿段矿石必须回收时，可矿体中沿走向布置辅助回采进路的回采方式进行尖灭矿体回收。

5 复杂矿体条件无底柱分段崩落法加大结构参数的可行性以及结构参数过渡时矿石回收与矿岩移动规律

5.1 问题的提出

随着采矿设备及技术的不断进步以及出于安全、产能、效益以及成本因素的考虑，无底柱分段崩落法矿山的主要结构参数（主要指分段高度及进路间距）出现逐渐加大的趋势。目前，国内外主要无底柱分段崩落法矿山已经基本上完成了从过去传统 10m 左右的小结构参数方案向 15m 以上的所谓大结构参数方案的转变。应该说，加大无底柱分段崩落法的主要结构参数，在相当程度上提高了矿山的产能、效率，降低了采矿成本，综合技术经济效益十分显著。

一般认为，当矿体开采条件较差特别是当矿体具有倾角比较缓、厚度又不大的所谓复杂矿体条件时，加大采矿方法结构参数将显著影响矿石回收效果，其中分段高度对矿石回收效果的不利影响最为显著。如果结构参数不合理，将直接导致矿石损失贫化的显著增加，严重恶化矿山开采的技术经济效果。因此，对于缓倾斜中厚矿体条件的无底柱分段崩落法矿山，一般倾向于采用 10m × 10m（分段高度×进路间距）左右甚至以下的小结构参数，不宜采用大结构参数方案。

不过，出于产能、效率、成本以及市场需求等因素考虑，即便是在倾斜及缓倾斜中厚矿体条件下的无底柱分段崩落法矿山，也存在加大其主要结构参数的需求。例如，作为具有典型复杂矿体条件的四川锦宁矿业大顶山矿区就打算将原有的 10m × 10m 改为 15m × 12.5m 的结构参数，期望通过加大采矿方法结构参数，实现提高产能和效率、降低采矿成本等目的。

由于在复杂矿体条件下加大无底柱分段崩落法主要结构参数，在矿石回采及回收效果方面都存在着较大的风险，加大采矿方法结构参数的预期效果能否实现，存在很大的不确定性。为此，本章在理论分析及模型实验研究的基础上，结合大顶山矿区的实际矿体条件，对倾斜及缓倾斜中厚矿体条件下加大无底柱分段崩落法结构参数的可行性，以及结构参数加大的情况下保证矿石回收的技术措施等问题进行了比较深入的分析和研究，有关情况总结如下。

5.2 影响矿石回收主要因素分析

根据前述对复杂矿体条件无底柱分段崩落法回采及回收特点分析可以看出，

当垂直走向布置进路的无底柱分段崩落法用于倾斜及缓倾斜中厚矿体条件时，其分段矿石的回采与回收具有明显的区段特征，不同位置的崩落矿石层高度以及崩落矿石与崩落废石的接触状态不断发生变化。在分段矿体上盘三角矿段，崩落矿石位于崩落废石的下部且其高度不断增加；而在分段矿体下盘三角矿段，则情况正好相反，崩落废石位于崩落矿石下部且崩落矿石层的高度不断减小。对于中间矿段，虽然崩落矿石层高度基本不变，但其上部脊部残留高度也有变化。

理论计算及实验结果表明，倾斜及缓倾斜中厚矿体条件下垂直走向布置回采进路的无底柱分段崩落法，其分段上盘及中间矿段负担的回采矿量仅占分段回采矿量的30%~50%左右，大部分分段回采矿量位于矿体下盘三角范围。同时，矿体上盘及中间部位负担的回采矿量直接位于回采巷道的正上方，中间没有崩落废石的阻隔，具有良好的回收条件，在回收上不存在大的问题，实际发生在这个范围的矿石损失很小。而位于矿体下盘范围内的回采矿量（包括脊部残留）会因为下分段回收工程前移以及下盘崩落废石阻隔等原因出现回收困难的问题，容易造成大的损失与贫化。显然，下盘回采矿量占分段回采矿量的比例越大，可能造成的损失就越大。

这表明，下盘回采矿量占分段回采矿量比例的大小，一定程度上反映出倾斜及缓倾斜中厚矿体无底柱分段崩落法可能产生矿石损失大小的趋势。因此，通过研究影响下盘回采矿量占分段回采矿量比例大小影响因素，可以间接了解影响矿石回收效果的因素。图5-1为根据前述理论计算结果（表2-5~表2-8）绘制出的下盘残留矿量占分段回采矿量比例随各种主要影响因素变化曲线图。

由图5-1可见，矿体的赋存条件以及采矿方法结构参数对下盘回采矿量占分段回采矿量比例都有显著的影响。矿体的厚度越小、倾角越缓，下盘回采矿量占分段回采矿量的比例越大，可能造成的损失就越大。在矿体的赋存条件一定情况下，结构参数（包括分段高度和进路间距）的增加，将使下盘范围内回采矿量占分段回采矿量的比例显著增加。在矿体厚度不大、倾角较缓的情况下，下盘范围内回采矿量比例一般都在50%以上。随着结构参数的增加，这个比例还将显著增加至60%~70%以上。也就是说，在倾斜及缓倾斜中厚矿体条件下，较大的采矿方法结构参数可能会造成比较小结构参数更大的矿石损失或贫化。

当然，分段下盘范围回采矿量比例大小，仅仅只反映了可能造成矿石损失的一个趋势，并不表示实际就会损失那么多。这是因为，分段下盘范围残留矿量并非全部都会成为损失矿量。下盘损失矿量大小还直接与下盘退采范围、出矿允许贫化程度以及是否采用了辅助回采进路回收等有关。

此外，倾斜及缓倾斜中厚矿体条件下无底柱分段崩落法结构参数对矿石回收效果的影响，还可以从上下盘三角矿体矿岩混采情况来说明。一般来讲，处于混采状态的三角矿体矿量占分段矿量的比例越大，回采时矿石的回收效果就越差。理

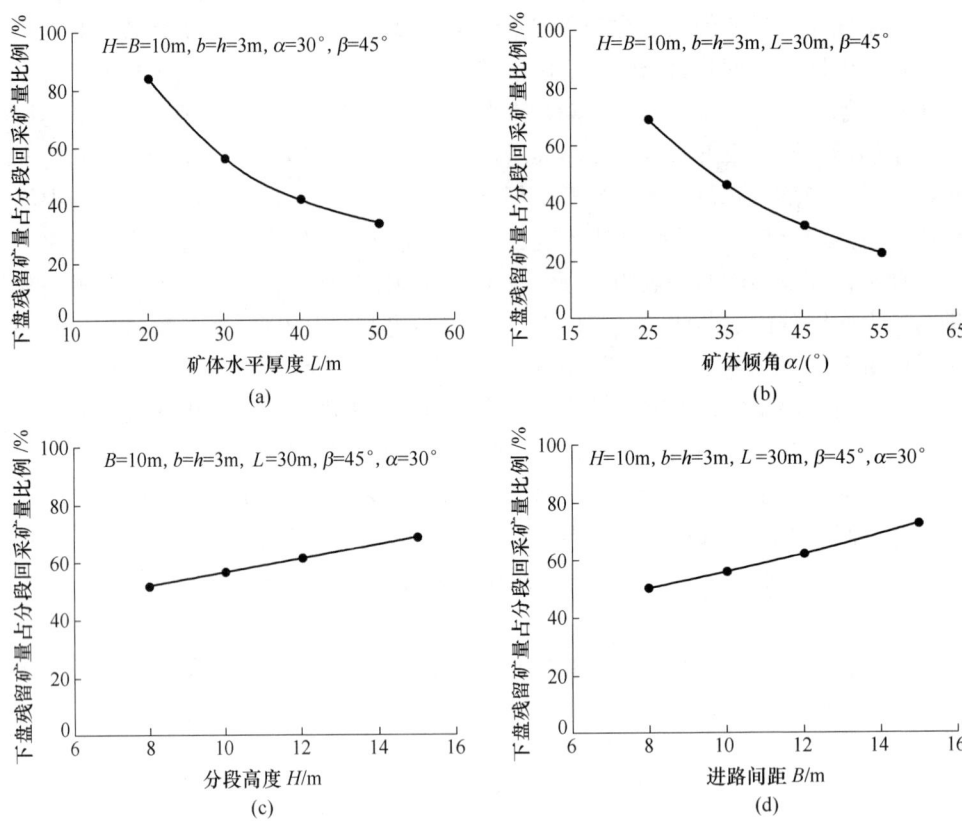

图 5-1   各因素对下盘回采矿量占分段回采矿量比例的影响趋势

(a) 矿体水平厚度的影响；(b) 矿体倾角的影响；(c) 分段高度的影响；(d) 进路间距的影响

β—边孔角；b—进路宽度；h—进路高度

论计算及分析表明，倾斜及缓倾斜中厚矿体无底柱分段崩落法上下盘三角矿体矿岩混采比例主要与矿体倾角、矿体水平厚度以及分段高度有关。当矿体赋存条件一定时，分段高度越大，分段矿岩混采比例就越大，可能造成的损失贫化也就越大。

综上所述，倾斜及缓倾斜中厚矿体条件下，影响无底柱分段崩落法矿石回收效果的主要因素是采矿方法主要结构参数，即分段高度和进路间距。一般来讲，结构参数越大，分段矿岩混采的比例越大，下盘回采矿量占分段矿量的比例也就越大，可能造成的矿石损失及贫化也就越大。不过，这些定性的分析结果，只是表明了加大采矿方法结构参数造成损失贫化的可能性或趋势的加大，并不代表这些损失与贫化实际一定会发生。因此，不能因为加大结构参数有可能造成更大的损失贫化就否定了倾斜及缓倾斜中厚矿体条件加大结构参数的可能性。

深入的分析和研究表明，不论是矿岩混采还是下盘残留矿石回收问题，都有一定的技术措施或手段，可以解决或减少其可能造成的损失与贫化，例如合理确定下盘退采范围、适当加大下盘出矿贫化程度、实施"分采分运"以及采用下盘辅助回采进路回收下盘残留矿石等。实践证明，通过采取适当的技术措施，倾斜及缓倾斜中厚矿体条件的无底柱分段崩落法矿山，也具有加大结构参数的可能性。下面主要通过合理确定下盘退采范围这个技术措施来分析和研究倾斜及缓倾斜中厚矿体无底柱分段崩落法加大结构参数的可行性。

5.3 加大结构参数的可行性分析

根据前述对下盘退采范围的研究可以看出，退采范围越大，出矿允许贫化程度越高，下盘矿石损失就越小。因此，在一定的出矿允许贫化程度下，下盘退采范围大小就成为影响甚至决定倾斜及缓倾斜中厚矿体无底柱分段崩落法矿石回收率高低最为关键的因素。

据了解，目前生产矿山通常采用边界品位法或边际盈亏平衡法确定出倾斜及缓倾斜矿体无底柱分段崩落法下盘退采范围，确定出的退采范围大致在下盘三角矿体 $1/3 \sim 2/3$ 范围，即图 2-8 所示的 $a_1 \sim a_2$ 之间，很少有退采到 a_3 位置的情况。当然，对于倾斜及缓倾斜中厚矿体条件来讲，只退采 a_0 位置的情况也很少见。很显然，退采范围以外的下盘残留矿石如果不采用辅助进路进行回收，将成为下盘永久损失。

如前所述，由于实际发生在矿体上盘及中间部位的损失很小，下盘范围内回采矿量（下盘残留矿量）的回收效果，基本上反映了倾斜及缓倾斜中厚矿体条件下无底柱分段崩落法整体的回收效果。

换句话说，通过比较下盘残留损失的大小，可以判断不同结构参数无底柱分段崩落法在倾斜及缓倾斜中厚矿体条件下的应用效果。前面关于下盘残留矿石量的计算已经推导出下盘残留矿量的计算公式并以四川锦宁矿业大顶山矿区的典型复杂矿体条件（缓倾斜中厚矿体）为例进行了相关的计算。表 5-1 为四川锦宁矿业大顶山矿区几种可能结构参数条件下不同退采位置的下盘理论计算损失率。图 5-2 是根据上述计算结果绘出的曲线图，曲线图更直观地反映出不同结构参数条件下不同退采位置的下盘矿石损失情况。

表 5-1　不同结构参数方案不同退采位置下盘残留矿石理论损失率　　（%）

结构参数方案 ($H \times B$)	下盘退采位置				备注（进路尺寸）
	a_0	a_1	a_2	a_3	
$10m \times 10m$	39.76	26.86	17.01	10.21	$b \times h = 3m \times 3m$
$12m \times 12m$	45.3	29.95	18.47	10.85	$b \times h = 4m \times 3m$
$15m \times 12.5m$	51.43	32.58	18.78	10.02	$b \times h = 4m \times 3m$
$15m \times 15m$	56.89	38.07	23.9	14.38	$b \times h = 4m \times 3m$

注：矿体（水平）厚度 $L = 35m$，矿体倾角 $\alpha = 35°$，边孔角 $\beta = 45°$。

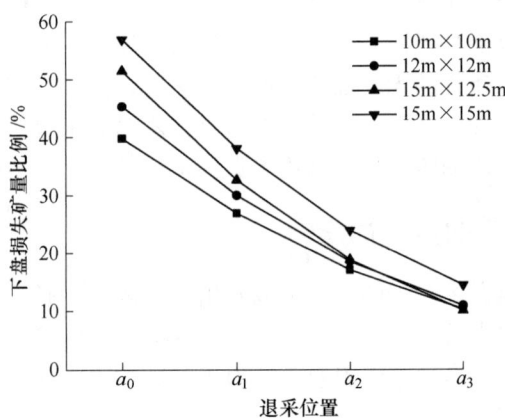

图 5-2　不同结构参数方案不同退采位置的下盘残留矿石理论损失率

分析上述图表，可以得出如下一些结论：

（1）结构参数加大后，特别是当分段高度超过 15m 时，矿体位于下盘的回采矿量（残留矿量）已经超过分段回采矿量的 50% 以上，毫无疑问，大结构参数方案下盘残留矿量的回收更为关键。

（2）在退采的初期，大结构参数方案的下盘损失率明显高于原小结构参数方案。随着退采的进行，各方案下盘损失率差距显著缩小。当退采到上分段回采进路与矿体下盘交界处，即图 2-8 所示 a_3 位置时，除 15m×15m 结构参数方案外，其他几个参数方案损失率相差不大，都在 10% 左右。

（3）当分段高度和进路间距同时加大到 15m 时，不同退采位置的下盘残留损失都明显高于其他参数方案。因此，缓倾斜中厚矿体的主要结构参数（分段高度及进路间距）一般控制在 15m 以内比较合适。

这表明，只要下盘退采充分（下盘退采范围覆盖下盘三角矿体全部），一定范围内加大倾斜及缓倾斜中厚矿体无底柱分段崩落法的结构参数也可以获得与小结构参数方案相近的矿石回收效果。可以说，这从理论上证明了无底柱分段崩落法在倾斜及缓倾斜中厚矿体条件下也具有一定范围内加大结构参数的可行性，为大结构参数方案在倾斜及缓倾斜中厚矿体中的应用提供了重要的理论依据。

当然，从损失的绝对矿量来讲，大结构参数方案损失的矿量还是要多出一些。但是，这部分矿量可以通过前述上分段下盘进路间柱中的辅助回采进路的方式进行有效回收，减少矿石资源的绝对损失量。因此，从充分回收矿产资源以及提高矿山开采的技术经济效益角度来说，利用下盘进路间柱中的辅助回采进路回收下盘残留矿石的方法应该而且必须成为倾斜特别是缓倾斜中厚矿体无底柱分段崩落法矿山采矿方法重要组成部分之一。

5.4 加大结构参数的放矿实验模拟研究

为进一步验证理论分析及计算结果的可靠性，深入研究采矿方法结构参数改变对倾斜及缓倾斜中厚矿体无底柱分段崩落法矿石回收效果的影响以及大结构参数方案在在四川锦宁矿业大顶山矿区矿体条件下应用的可能性，结合矿山的实际情况设计制作了多种结构参数的物理放矿实验模型并进行了系列的物理模拟实验，相关的实验研究情况总结如下。

5.4.1 实验模型及装料

放矿实验模型分为单分间立体模型和单分间多区段组合模型，实验相似比分别为1∶50和1∶100两种；矿体倾角40°，矿体垂直厚度为20m。单分间立体模型在垂直方向共设置三个放矿分段，分别模拟缓倾斜矿体上盘三角矿体（Ⅰ）、中间矿段（Ⅱ）以及下盘三角矿体（Ⅲ）的三个典型矿段的回收情况（见图5-3（a））。根据多次实验结果证实，单分间立体模型的实验结果基本上可以代表单分间多区段组合模型（图5-3(b)）的结果。因此，为减少实验工作量，放矿实验模拟主要采用了单分间立体放矿模型（简称单体模型），模型相似比例为1∶50。

（a）　　　　　　　　　　　（b）

图5-3　实验模型及装料情况

（a）单分间多区段组合实验模型；（b）单分间立体实验模型

根据四川锦宁矿业大顶山矿区的实际情况，采矿方法结构参数（分段高度×进路间距×崩矿步距）共设计了10m×10m×2m、15m×10m×2m、15m×12.5m×2m以及10m×12.5m×2m等四种不同结构参数方案进行放矿实验模拟研究。

实验矿石采用来自大顶山矿区的磁铁矿石，矿石粒度为3~10mm，松散密度为 2.81g/cm^3；废石采用粒度为 5~12mm 的白云岩颗粒，松散密度为 1.67g/cm^3。模型实验共设计了四组实验，截止放矿时工作面废石比例实际控制为 80% 左右。

考虑到倾斜及缓倾斜中厚矿体矿石回收的特殊性，根据前述理论分析的结果，模型实验下盘退采范围确定为上分段回采进路与矿体下盘交界处，即采用所谓的"垂直分区回采"方案，矿石回收实现所谓的"下盘残留全覆盖"；放矿则采用了"所谓的组合放矿"方案，即上盘三角矿体"松动放矿"、中间分段"低贫化放矿"、下盘三角矿体"截止品位放矿"，实现矿石的充分有效回收。实验模型及其装料情况如图 5-3 所示，实验结果列于表 5-2 中。

表 5-2   不同结构参数单分间立体物理模型实验结果

模型种类	单体模型	单体模型	单体模型	单体模型	备　　注
结构参数($H \times B \times L$) /m×m×m	$15 \times 12.5 \times 2$	$10 \times 12.5 \times 2$	$15 \times 10 \times 2$	$10 \times 10 \times 2$	
矿石回收率/%	88.2	82.5	90.8	91.7	充分回采下盘三角矿体
岩石混入率/%	42.5	45.0	41.9	44.6	矿岩混采
岩石混入率/%	40.0	41.0	38.5	40.0	分采分运
矿石回收率/%	43.6	49.3	45.7	66.9	未采下盘三角矿体
岩石混入率/%	28.3	33.7	32.3	29.2	未采下盘三角矿体

5.4.2　实验结果与数据分析

分析表 5-2 中实验数据，可以得出如下一些结论：

（1）在充分回采下盘三角矿体的情况下，15m×12.5m×2m 大结构参数方案的实验回收率超过 88%，与原有 10m×10m×2m 结构参数方案基本相当。这表明，倾斜及缓倾斜中厚矿体条件下大结构参数方案仍可获得较为满意的回收效果。

（2）从回收率指标看，15m×12.5m×2m 参数方案的回收指标优于 10m×12.5m×2m 方案，稍逊于 15m×10m×2m 和 10m×10m×2m 方案，但综合采切及爆破工程量等因素考虑，可以认为大顶山矿区大结构参数方案基本可行。但前提是矿山必须保证大结构参数条件下良好采切工程质量与炮孔质量，确保爆破效果。

（3）随着结构参数的加大，在下盘三角矿体范围回采出的矿石量已经占到总回收矿量的一半以上（约 50%~60%）。这表明，在参数加大的情况下必须更加重视下盘三角矿体的及时充分回收。同时，在上下盘三角矿体部位实行分采分运，可使岩石混入率降低 3~6 个百分点，说明在矿山实施分采分运是十分必要的。

（4）实验发现，能够通过增大放出量而提高回收率的最有效部位是矿体下盘三角矿体部分。在矿体上盘及中间部位增大放出量，多数情况下是无效贫化。不仅不能增加矿石回收，还将显著恶化下分段的矿石回收效果，得不偿失。

（5）在下盘充分退采的情况下，加大分段高度对矿石回收率的不利影响不如人们预期的那样显著。但是，进路间距的增加倒是显著影响了矿石回收效果，矿石损失贫化都有较明显的增加。这个结果可以作这样的解释：进路间距的加大，会显著增加下盘三角矿体范围以外不能正常回收的上分段转移矿量（三角矿锥及脊部残留），从而造成更大的矿石损失与贫化。但分段高度的增加，只会增加矿岩混采矿量的比例，但不能正常回收的矿量并不会明显增加。而矿岩混采问题可以通过充分退采下盘三角矿体以及实行"分采分运"得到有效解决。因此，倾斜及缓倾斜中厚矿体无底柱分段崩落法加大分段高度对矿石回收的不利影响不如加大进路间距显著。

需要说明的是，由于担心倾斜及缓倾斜中厚矿体条件下矿石回收不充分，实验过程中各分段特别是最末分段实际出矿的允许贫化程度都比较大，导致实验最终的废石混入率都接近甚至超过了40%。为进一步了解在较低贫化的情况下大结构参数方案的矿石回收效果，我们又进行了3次补充物理模型实验，分别对目前矿山主要采用的 $10m \times 10m \times 2m$、$15m \times 10m \times 2m$ 结构参数以及即将在四川锦宁矿业大顶山矿区 $2450m$ 水平开始采用的 $15m \times 12.5m \times 2m$ 等三组结构参数在较低贫化情况的放矿效果进行了模拟实验，其中 $10m \times 10m \times 2m$ 参数方案采用了单分间多区段立体组合模型。最末分段仍采用截止品位放矿方式，但截止放矿时出矿口的废石比例由80%降至70%左右，相关实验数据结果统计见表5-3。

表5-3 不同结构参数单分间立体物理模型补充实验结果

模型种类及 结构参数	单分间立体模型 （$15m \times 12.5m \times 2m$）	单分间立体模型 （$15m \times 10m \times 2m$）	单分间多区组合模型 （$10m \times 10m \times 2m$）	备　注
矿石回收率/%	81.2	85.8	85.6	充分回采下盘三角矿体
岩石混入率/%	30.9	33.0	31.3	矿岩混采指标
岩石混入率/%	27.6	30.2	29.5	分采分运指标

补充实验结果表明：

（1）当大结构参数的总岩石混入率从40%以上降低至30%左右时，三种结构参数的矿石回收率仍维持在80%以上，虽然较原来的矿石回收率低5~7个百分点，但对于倾斜及缓倾斜中厚矿体情况来讲，仍是一个可以接受的指标。如果再采用辅助进路回收下盘三角矿体以外的残留矿石，则其回收指标和可以有进一步的提升。

（2）从回收率来看，实验结果仍保持与前面实验结果相同的趋势，即 $10m \times 10m \times 2m$ 结构参数的回收率指标略优于 $15m \times 12.5m \times 2m$，但差距并不显著。如果考虑增加进路间距在减少回采进路等方面带来的效益，$15m \times 12.5m \times 2m$ 结构参数方案总体上应该是优于 $10m \times 10m \times 2m$ 方案。因此，$15m \times 12.5m \times 2m$ 结构参数方案对于大顶山矿区来讲应该是一个可以考虑的方案。

理论及实验研究都表明，无底柱分段崩落法在倾斜及缓倾斜中厚矿体条件下，只要下盘实现充分退采，一定程度加大结构参数仍可以获得比较满意的矿石回收效果。因此，适当加大倾斜及缓倾斜中厚矿体无底柱分段崩落法的主要结构参数基本可行。当然，这是在没有考虑加大结构参数对采矿工艺特别是爆破可能产生的不利影响情况下得出的结论。

5.4.3　实验研究主要结论

（1）理论分析及放矿实验结果都表明，倾斜及缓倾斜矿体条件下的无底柱分段崩落法也有加大结构参数的可能。就锦宁矿业大顶山矿区的开采技术条件来讲，在充分退采下盘的情况下，$15m \times 12.5m \times 2m$ 的大结构参数方案也可以获得与 $10m \times 10m \times 2m$ 小结构参数方案相近的回收效果。因此，$15m \times 12.5m \times 2m$ 大结构参数方案对于大顶山矿区来讲应该是一个可行的方案。

（2）实验放矿的结果较好地验证了理论计算的可靠性，两者不仅在趋势上高度一致，甚至在数值上也有较好的符合度。因此，理论计算可以在一定程度上代替放矿实验来预测不同结构参数条件下的下盘残留损失。但在目前情况下，理论计算还不能对放矿产生的贫化进行较为精确的计算。

（3）在倾斜及缓倾斜矿体条件下，采矿方法结构参数特别是分段高度对矿石回收的影响不如人们过去认为的那样大，相反，进路间距的增加对矿石回收效果的不利影响似乎更为显著一些。同时，只要下盘退采充分，一定范围内的大结构参数方案的矿石回收率不会明显降低。

（4）加大采矿方法结构参数方案的绝对矿石损失量有可能会增加一些，这主要是因为进路间距的增加，一般来讲会增加矿石在下盘的残留损失。这部分增加的损失主要是因为进路间距增加导致下盘残留三角矿锥矿量以及上部脊部残留矿量增加造成，且这部分矿量难于通过增加下盘退采范围得到回收。然而，进路间距的增加，等于是增加了进路间柱的厚度，为利用辅助进路回收间柱中三角矿锥及其上部脊部残留创造了更好的条件，从而可以使这部分矿石得到更加充分的回收。

综上所述，只要针对大结构参数条件采取了适当的技术措施，倾斜及缓倾斜中厚矿体条件下一定范围内加大结构参数方案并不会造成明显过大的矿石损失和贫化。当然，结构参数的增加，必然会对采矿工艺特别是凿岩爆破造成一定的影响，如何确保采切工程以及爆破质量，成为影响大结构参数条件下矿石回收的又一关键因素。

5.5 过渡分段矿石回收与矿岩移动规律

5.5.1 概述

无底柱分段崩落法是一种采场结构极为特殊的采矿方法，其中最为重要的一个特殊性就体现在上下回采分段的回采进路必须严格按照菱形交错方式进行布置。同时，回采巷道的设计与施工质量对矿石回收效果也极为关键。一旦回采进路的质量出现问题，将显著恶化回采时的矿石回收效果，而且难以有效地更正或弥补。因此，必须高度重视回采进路的设计与施工质量，一方面需要确保回采进路的稳定性和完整性，另一方面更要确保上下分段的回采进路严格按照菱形交错方式布置，这是无底柱分段崩落法正常回采及取得良好矿石回收效果的基础和前提。否则，纯矿石放出体的发育将受到极大的限制，贫化过早发生，最终将严重影响矿石的正常回收（如图5-4所示）。一旦上下分段回采进路布置出现偏移或对称布置状态，放矿时纯矿石放出体的发育受到上部覆盖层废石的限制明显变小，贫化较正常交错布置时发生更早，时间更长。同时，更多崩落矿石会成为不规则的采场残留矿石。这些不规则的采场残留矿石与所谓的"放出椭球体"形态极不相符，在下分段也比较难回收，极易出现废石包裹矿石的现象（俗称"包饺子"）。因此，应尽量避免或减少上下分段回采进路偏移或对称布置情况的发生。

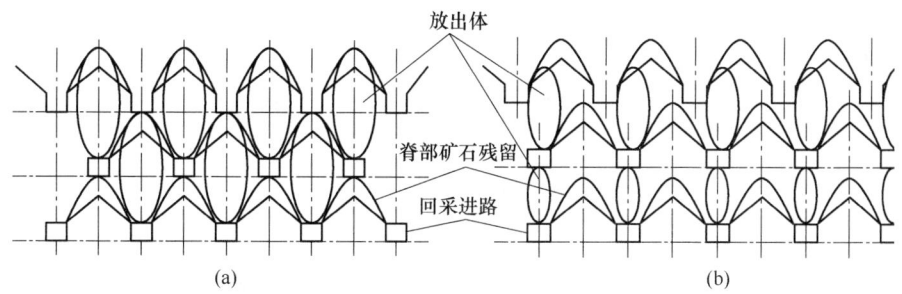

图 5-4 回采进路布置对放出体大小的影响
（a）进路正常交错布置；（b）进路偏移或对称布置

不过，对于一些生产矿山来讲，由于开采条件、设备、产能、效率以及成本等因素的变化，采矿方法结构参数有时需要进行必要的调整。通常，这种结构参数出现变化的分段称之为过渡分段。对于过渡分段来讲，由于开采条件特别是放矿条件的改变，其矿岩移动规律和矿石回收效果都会受到一定程度的影响，其中尤其是进路间距的变化影响最为显著。对于倾斜特别是缓倾斜中厚矿体条件来讲，即便是分段高度的调整，也有可能影响分段矿石回收效果。

以四川锦宁矿业大顶山矿区为例，由于历史的原因，矿区的过渡分段存在两种过渡分段的情况。第一种过渡分段的情况是目前正在进行的分段高度过渡的情况，即从 2540m 水平以下开始分段高度已经从 10m 改为 15m，在 2540～2525 分段之间出现了分段高度过渡的情况。由于分段高度加大，导致部分原本正常回采的矿石变为矿岩混采状态，并且使混采部分崩落矿石下部废石层高度增加，这些都显著加大了矿石损失贫化的风险。应该说，矿石损失贫化的风险主要在矿体下盘的三角地带，需要通过实验研究了解分段高度变化对矿石回收的具体影响以及降低损失贫化的技术措施等。

第二种过渡分段是按照矿山扩能改造设计方案，大顶山矿区将在 2495m 水平开始采用 15m×12.5m 的大结构参数方案，导致第二个过渡分段即进路间距从原来的 10m 间距变为 12.5m 的间距过渡情况的出现。上下分段进路间距的变化，将会导致进路交错布置原则受到破坏，并使分段的转移矿量特别是在难以有效回收的下盘转移矿量显著加大，这些都大大增加了矿石损失贫化的风险，具体的损失贫化情况如何，同样需要通过实验模拟的方式了解进路间距过渡对矿石回收效果的影响以及如何降低可能产生的矿石损失与贫化。

鉴于目前国内外对于过渡分段特别是分段高度过渡时矿岩移动规律及矿石损失贫化指标的影响研究还很不充分，因此，我们结合四川锦宁矿业大顶山矿区的实际情况进行了相关的实验模拟研究，相关情况总结如下。

5.5.2　模型设计与模型实验

为研究过渡分段条件下的矿石回收情况，我们设计制作了分段高度过渡和进路间距过渡两种过渡条件下的实验放矿模型。同时，为更加精确模拟研究这两种条件下的矿石回收效果，模型设计为多分间立体模型，模型比例按照 1：50 设计，矿体厚度 16m，矿体倾角 35°，边孔角 45°，进路尺寸按照 3m×3m 设计。模型设计图如图 5-5 所示。

由于进路间距过渡（10m 过渡到 12.5m）需要 4 条进路才能完成一个循环，故设计采用了 3 个完整分间；而分段高度过渡（10m 过渡到 15m），由于上下分段回采进路交错布置的结构形式没有发生变化，只需要 1 个分间就可满足需要。为全面考察相邻分间之间的影响，这里设计采用了 2 个完整分间。

5.5.3　放矿过程观察与实验数据分析

表 5-4 为过渡分段及不同结构参数条件下实验放矿矿石回收指标统计，图 5-6 为进路间距过渡（10m 过渡到 12.5m）时不同位置进路的出矿回收情况。

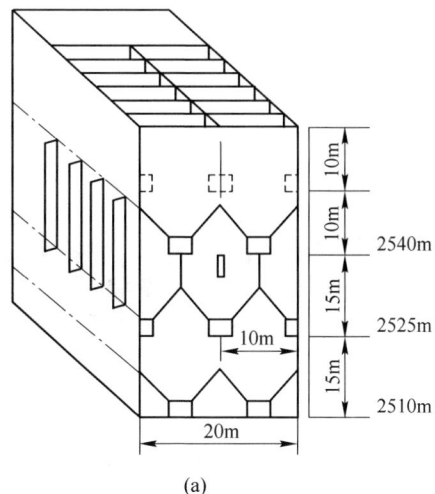

(a)

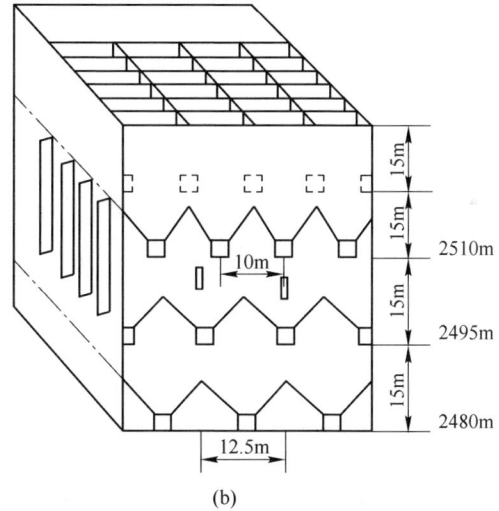

(b)

图 5-5 过渡分段放矿实验模型结构与参数设计示意图

（a）分段高度过渡实验模型；（b）进路间距过渡实验模型

表 5-4 过渡分段及不同结构参数条件下的实验放矿矿石回收指标对比

方 案	原结构 参数方案	现结构 参数方案	扩能设计结构 参数方案	分段高度过渡 方案	进路间距过渡方案
结构参数/m×m×m	10×10×2	15×10×2	15×12.5×2	（10~15）×10×2	15×（10~12.5）×2
模型类别	单体模型	单体模型	单体模型	2 分间立体模型	4 分间立体模型
矿块回收率/%	90.6	88.6	84.4	84.7	80.9
岩石混入率/%	40.0	38.5	39.8	25.3	24.6

(a)　　　　　　　　　　　　　　　　　(b)

图 5-6　上下分段回采进路偏移及重叠时顶部废石混入及脊部残留情况
(a) 进路上下偏移（左 2 号）；(b) 进路上下重叠（右 2 号）

结合实验放矿过程中观察到的现象，对于大结构参数无底柱分段崩落法方案在倾斜及缓倾斜矿体中应用以及过渡分段条件下矿石回收效果等问题做如下分析：

（1）倾斜及缓倾斜矿体条件下分段高度的增加将会对矿石的正常回收造成较大不利影响，主要体现在：1）分段高度增加导致分段矿量混采比例显著增加。据计算，当分段高度从 10m 增加到 15m 时，大顶山矿区的混采比例将会从不到 60% 提升到 80% 以上；2）下盘混采部分崩落矿石下部的废石层高度增加；3）炮孔深度及切割槽高度显著增加，矿山的采切质量及爆破效果可能会降低。这些不利影响都可能导致矿石矿石损失贫化的显著增加。

（2）进路间距对矿石正常回收的不利影响主要体现在：进路间距增加将显著增加转移矿量的比例。据计算，当进路间距从 10m 增加到 12.5m 时，其分段转移矿量占分段矿量的比例将增加 10~15 个百分点。而最能反映出矿石回收效果的下盘残留矿量比例也从原来的 56% 提升至 62%。鉴于倾斜特别是缓倾斜矿体条件下总会有部分下盘转移矿量不能回收，下盘残留矿量比例的增加，极有可能导致矿石损失与贫化的增加。

不过，从放矿实验结果看，只要下盘实现了充分回收，分段高度的增加对矿石回收率影响不如原来预计那样显著。大顶山矿区在采用 15m 分段高度情况下，过渡分段仍可实现与原 10m 段高相近的矿石回收率（废石混入率相当情况下），基本上消除了先前对加大分段高度可能导致矿石损失大幅度增加的担心。

（3）相对于分段高度来讲，加大进路间距对矿石回收的不利影响更为显著。由于间柱宽度的增加，加之部分进路无法实现交错布置，过渡分段在下盘留下矿石脊部残留高度及宽度也显著增加，不能退采回收的下盘三角矿锥矿量也明显增加，直接导致矿石回收率的降低。与分段高度过渡方案相比较，其回收率降低约

4 个百分点。不过，加大进路间距为采用辅助进路回收下盘残留矿石创造了更为有利的条件。若采用间柱中（或间柱下部）辅助进路回采方式，则下盘残留矿石可得到进一步回收。

（4）实验明显观察到非菱形交错布置回采进路对放矿过程及矿石回收效果的影响。首先，从放矿过程看，非菱形交错布置的进路特别是上下重叠的进路，放矿时侧面废石会很快到达出矿口并造成贫化，且过渡分段放矿后形成的脊部残留高度也明显大于一般的脊部残留高度，通常会大于一个分段高度（见图 5-6 (a) 或 (b)）。

（5）分析表 5-4 中数据可以看到，结构参数过渡方案的矿石回收率与正常参数方案并无本质上差距（废石混入率相当情况下），过渡分段对矿石回收的实际影响低于预期。15m×12.5m 大结构参数方案仅有约 3 个百分点回收率的降低，主要是因为在下盘不能回收的转移矿量有所增加。如果配套下盘进路间柱中辅助进路回采，增加的损失是可以避免的。因此，原来估计的过渡分段包括分段高度过渡和进路间距过渡可能会造成矿石大量损失的担心基本上可以解除。

从进路矿石回收情况看，完全交错布置的进路矿石回收率要明显高于偏移或重叠进路。但是，对于偏移进路和重叠进路，其回收率并没有像预期那样重叠进路明显低于偏移进路，而出现了两者相差不大甚至重叠进路回收率高于偏移进路的情况（见图 5-7）。

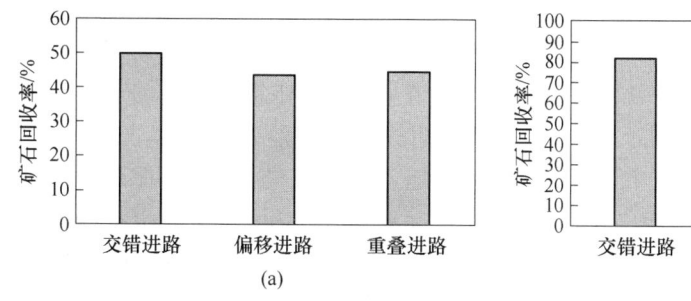
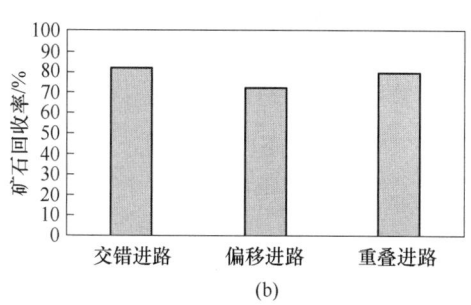

图 5-7　过渡分段不同位置进路的矿石回收情况对比
(a) 进路靠近上盘；(b) 进路靠近下盘

需要说明的是，进路矿石回收率按照进路放出矿量/完整进路矿量×100% 计算。由于模型设计的原因，靠近上盘进路覆盖矿体范围较窄，属于不完整进路，故计算回收率低于靠近下盘进路的回收率，但两者反映出的趋势却是一样的。这种情况可以做如下分析和解释：

由于放矿步距远小于放矿高度，加上未崩落直壁的摩擦阻滞作用，放矿时总是正面废石首先到达出矿口并造成放出矿石的贫化。当移动较为缓慢的上部废石到达出矿口时，正面废石混入比例已经相当高，上部废石混入与否以及混入率的大小对放矿达到截止放矿时刻的贡献并不大。显然，正面废石出现在出矿口的早晚以及混入率的大小，才是决定进路回收效果的关键因素。因此，在上下分段回采进路出现偏移或重叠的情况下，出现两者回收率差别不大甚至出现重叠进路回收率高于偏移进路就不奇怪了。同时，这也在一定程度上解释了在倾斜及缓倾斜中厚矿体条件下，加大分段高度对矿石回收的不利影响弱于加大进路间距的原因。

从这次实验放矿观察及数据统计情况看，在倾斜及缓倾斜矿体中厚矿体条件下，上下分段回采进路在过渡分段不能严格按照菱形交错布置，对矿石回收效果的影响并不如原来预期的那样显著。产生这个现象的原因可以做如下推测及分析：（1）一个更为强大的因素即下盘残留矿石回收的问题在很大程度上掩盖了过渡分段非菱形交错布置进路对矿石回收的影响，分析主要是正面废石混入的影响超过了上部覆岩废石的影响；（2）由于下盘退采充分且在放矿时允许较高的贫化，及时回收了分段矿体可采范围增加的残留矿量，矿石回收是有保证的。

前述分析表明，下盘三角矿体由于崩落矿石下部也存在废石，导致下盘三角矿体的崩落矿石最多可能面临5个方向的废石混入，其中最为主要的是正面废石的混入以及顶部废石的混入。特别是崩落矿石下部废石层高度越大，正面废石混入就越早，混入率也越大，对矿石回收的不利影响也越大。因此，实验放矿还特别观察了下部废石层高度对放矿过程及矿石回收效果的影响。

实验表明，从放矿过程看，由于被下部废石阻隔，上部崩落矿石及其脊部残留矿石在放矿过程中被拉长、变薄。放矿初期将主要是下部崩落废石的放出，随后放出废石中出现少量矿石，开始贫化矿石的放出。若是采用了"分采分运"的技术措施，贫化初期废石主要从前端混入。随着放矿的进行，放出矿石中纯矿石比例越来越大，因而放出矿石的贫化率先是逐步降低，当上部废石也开始出现在放矿口时，放出矿石的贫化率开始逐步升高，直至达到截止品位而停止出矿（见图5-8）。一般来讲，停止出矿时仍将有部分矿石残留在直壁上无法放出，这也是下一步距放矿时初期会出现少量矿石的主要原因（见图5-9（b））。由于这部分矿石量很少，通常只能随放出废石一起被当作废石处理。

此次实验观察并发现的一个重要的现象是，当崩落矿石层下部废石层高度较高时，由于正面废石的持续大量混入，出矿将不会再有纯矿石的放出过程，能够放出的全部都是有废石混入的贫化矿石，只不过是不同的时期放出矿石的贫化程度不同而已。应该说，这个结论与许多人的想象或感觉是很不一样的。

放矿实验表明，如果下部废石层过高（超过分段高度），崩落矿石有可能会被拉得过长、过薄，当矿石到达出矿口时，放出矿石中废石将占绝大部分（如图5-9所示），此时放出矿石品位有可能一直低于截止品位而失去利用价值。因此，

(a)　　　　　　　　　　　　　　(b)

图5-8　下部废石存在对矿岩界面移动及矿石残留的影响

(a) 放矿初期矿岩界面；(b) 截止放矿时的矿石残留

崩落矿石下部的废石层高度不宜过高，一般不应超过分段高度。这也从放矿实验的角度证明了单靠开掘下盘掘岩退采不能有效回收下盘矿石残留。显然，若有必要，回收下盘三角矿体以外的下盘残留矿石的最有效办法是在上分段间柱中掘进辅助进路进行回采。

(a)　　　　　　　　　　　　　　(b)

图5-9　下盘废石层高度超过分段高度时的矿石放出情况

(a) 放矿开始时状态；(b) 矿石到达出矿口状态（中间进路）

需要指出的是，放矿实验只能模拟正常采切及崩落矿岩情况下的矿石回收过程，完全回避了结构参数增加可能对采准、切割、钻孔以及爆破等工艺环节的影响。过渡分段对矿山正常生产及矿石回收效果的严重不利影响的风险是客观存在的，如果切割以及爆破效果不能得到有效的保证，悬顶、大块、立墙或隔墙等生产事故频繁发生的话，要实现矿石的正常充分回收是不现实的。就大顶山矿区实际情况看，即便是在原来 $10m \times 10m \times 2m$ 结构参数条件下，其采切、钻孔、爆破以及出矿管理等一直存在一些比较突出的问题，目前仍在努力克服。显然，在大结构参数条件下，预计矿山将面临更加严峻的挑战。

根据在矿山了解到的情况，目前大顶山矿区的钻孔设备仍采用的风动中深孔凿岩机，其钻孔效率及深度都很有限。加上矿岩比较破碎，炮孔变形、错动、垮塌等现象比较严重，爆破效果受到很大影响；此外，如何形成并保证切割槽的质量仍然是矿山面临的一大难题，切割槽的质量在很大程度上决定了生产爆破的效果。因此，大结构参数方案能否顺利在大顶山矿区实施并取得良好效果，很大程度上取决于矿山的一些基础工作如采切、凿岩、爆破、巷道支护与地压管理以及生产管理等。

5.5.4　实验研究主要结论

实验表明，只要下盘实现了充分回收，退采范围到达了上分段矿岩交界处，分段高度的增加对矿石回收率的不利影响不如预计的那样显著；倾斜及缓倾斜中厚矿体一定范围内加大分段高度，过渡分段仍可实现与较小分段相近的矿石回效果，基本上消除了对加大分段高度以及分段高度过渡可能导致下盘损失大幅度增加的担心。同时，倾斜及缓倾斜中厚矿体条件下进路偏移及重叠对矿石回收的不利影响不如原来预计的那样显著。与分段高度过渡方案相比较，进路间距过渡方案的矿石回收率仅降低约 4 个百分点，过渡分段可能会造成矿石大量损失的担心基本上可以解除。进路间距的增加，为后续利用辅助进路回收下盘残留矿量创造了更为有利的条件。

综合来看，只要下盘退采充分并采用辅助进路回收下盘残留矿石，倾斜及缓倾斜中厚矿体条件下，一定范围内加大结构参数是可行的，且过渡分段对矿石回收指标的不利影响也是可以接受的。

5.6　加大结构参数对开采工艺、矿石回收及生产管理的影响分析

虽然从理论计算分析及实验放矿的角度证明，倾斜及缓倾斜中厚矿体条件的无底柱分段崩落法加大结构参数具有可行性，结构参数过渡的分段也能取得较为满意的矿石回收效果。但这个结论是在没有考虑加大结构参数对回采工艺等方面的不利影响情况下得出的。但是，倾斜特别是缓倾斜矿体条件下加大结构参数对回采工艺的诸多不利影响却是客观的、显著的。而这些不利影响除对矿山正常的生产造成不利影响外，还会直接或间接地影响到矿石的回收效果。

因此，有必要就倾斜及缓倾斜中厚矿体条件下加大结构参数对回采工艺以及

矿石回收的影响进行更为全面深入的分析研究，提出倾斜及缓倾斜矿体条件下大结构参数方案的合理生产工艺及降低矿石损失贫化的技术措施，才能将加大结构参数对矿山生产及矿石回收的不利影响降至最低。

5.6.1 加大结构参数对下盘回采矿量回收的影响

研究表明，倾斜及缓倾斜矿体的下盘矿石残留量主要与矿体倾角及分段高度有直接的关系。矿体倾角越小，分段高度越大，下盘的矿石残留量就越多；同时，上下盘三角矿体范围混采矿量比例也会明显加大。以四川锦宁矿业大顶山大顶山矿区为例，采用 15m×12.5m 的大结构参数方案时，其分段矿量的混采比例将由原来（10m×10m 结构参数方案）不足 60% 增加到 80% 以上；同时，下盘回采矿量的比例也从不足 40% 增加大 51% 以上。显然，对于倾斜及缓倾斜矿体来讲，增加分段高度的最大问题是增加了下盘矿石残留量，导致矿岩混采的比例显著增加，容易造成更大的矿石损失。因此，加大结构参数时需要解决的关键问题是如何减少下盘残留损失。

同样以四川锦宁矿业大顶山矿区为例，当分段高度从 2540m 的 10m 调整为 2525m 的 15m 时，矿岩的混采状态将发生很大的变化（见图 5-10），由此造成矿石损失贫化风险的增加。

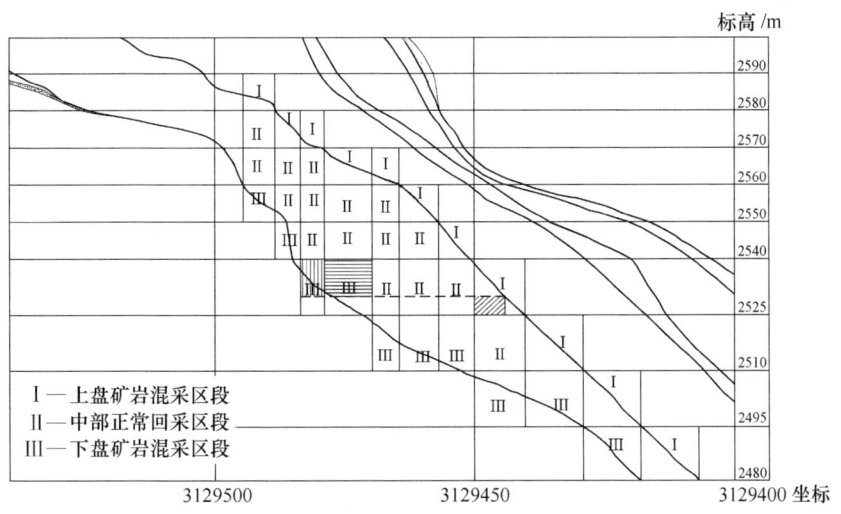

图 5-10　加大结构参数（分段高度）对矿岩混采状态的影响

由图 5-10 可见，加大分段高度后，矿石损失贫化增大的风险主要来自两个方面，一是矿体上下盘原本正常回采的部分矿量成为混采矿量（图 5-10 中斜纹阴影部分）。而对于许多金属矿山来讲，上下盘矿岩接触带通常是破碎带。因为混采矿量的崩落炮孔需要穿越破碎的矿岩接触带，极易出现塌孔或堵孔事故。炮孔破坏不仅严重影响爆破效果，还会导致大块、悬顶、隔墙等生产事故频繁发生，严重影响矿山的正常生产及矿石的正常回收。二是在矿体下盘三角矿体部分，由于分段高度的增加，使下盘回采矿量（图 5-10 中竖纹和横纹阴影部分）下部废石层高度显著增加。下盘废石层高度的增加，将显著增加矿石回收的难度，在同样的回收率情况下需要承受更大的贫化。严重时将可能使部分矿量因过度贫化而无法有效回收，导致矿石损失的增加。

而进路间距的增加，将会导致下盘残留矿量的明显增加，主要是导致下盘不能回收的三角矿锥及其上部脊部残留矿量的增加。如果退采不够充分或者没有采用辅助进路进行回收，都会在一定程度上加大矿石损失。

显然，对于倾斜及缓倾斜中厚矿体条件的无底柱分段崩落法，如果需要加大结构参数，就需要采取必要技术措施，消除或降低因混采矿量比例增加以及下盘残留矿量增加可能导致的矿石损失及贫化风险。

5.6.2　加大结构参数对回采工艺的影响

需要指出的是，无底柱分段崩落法结构参数的增加，还将对回采工艺产生直接或间接的影响并最终影响到矿山的正常生产及矿石的正常回收。根据四川锦宁矿业大顶山矿区情况看，加大结构参数对回采工艺的影响主要表现在以下几个方面：

首先，结构参数的改变，必然影响到爆破设计及施工。分段高度及进路间距的加大，使得扇形或矩形崩矿排面的中心孔的深度从原来的 13 ~ 15m 增加到 18 ~ 20m；同时，由于排面的崩矿面积及崩矿量有较大的增加，扇形孔的炮孔数目、炮孔直径等参数也可能需要调整。

其次，加大结构参数还将间接影响到凿岩效率、炮孔质量、爆破效果以及矿山的正常生产及矿石的正常回收等。大顶山矿区分段高度从 10m 增大到 15m 后，混采比例为 80% 左右，说明绝大部分生产炮孔都将穿越上下盘的矿岩接触带，出现塌孔、堵孔的概率大幅度增加；如果炮孔质量难以得到有效保证，更加频繁的大块、悬顶以及隔墙等生产事故就难以避免，因而矿山的正常生产及矿石的正常回收必然受到严重影响。

第三，加大结构参数意味着切割井和切割槽的尺寸也需要相应加大。就大顶山矿区目前情况看，大结构参数条件下的切割井高度将达到 20m 左右。在原来 10m 分段高度切割槽问题就比较突出的情况下，15m 段高的切割井形成技术及质量将面临更为严峻的挑战。由于切割槽的质量直接关系到爆破效果及生产的正常与否，加大结构参数对切割方法及切割质量的影响必须高度重视。

第四，加大结构参数还有另外一个负面影响，即由于混采比例的显著增加，导致正常回采矿量比例严重偏低以至于无法采用组合放矿等能有效降低贫化技术的措施，加之下盘崩落废石层高度大幅度增加，采出矿石贫化严重问题有可能十分突出。

5.6.3 加大结构参数对矿石回收效果的影响

虽然理论及实验研究证明，倾斜及缓倾斜矿体条件下大结构参数方案是可行的，不会造成过大的矿石损失与贫化。但这必须是在采切、爆破及回采工作质量得到充分保证的基础之上并对下盘回采矿量实现充分回收的情况下才能成立。不可否认的是，加大结构参数对回采工艺特别是切割、爆破等有诸多不利影响，必然直接或间接地影响到矿山的正常生产及矿石的正常回收。虽然加大结构参数后可以采取一些技术措施来减少或消除其对回采工艺的不利影响，但在大顶山矿区目前的技术装备及管理水平情况下，估计至少在实行大结构参数方案的初期，矿山的生产状态及矿石回收效果较正常情况有所降低是难以避免的。

5.6.4 加大结构参数对矿山生产管理的影响

必须强调的是，加大结构参数还会对矿山的生产管理造成一定的不利影响。首先，对于与采切及爆破设计与施工、放矿管理相关的新的技术参数、技术要求及技术规范等，矿山的工程技术人员、管理人员以及现场生产的工人等需要一个了解、熟悉和适应过程，在这个适应过程中就可能出现一些技术或管理的问题，从而影响矿山的正常生产及矿石的回收效果。

5.7 大结构参数条件下降低矿石损失贫化的技术措施

理论分析及实验都证明，倾斜及缓倾斜中厚矿体无底柱分段崩落法加大结构参数后，矿石损失贫化的风险进一步加大。即便是都采用了合理的生产工艺，仍然不能克服因结构参数加大带来的全部问题，矿山的正常生产及矿石的正常回收仍面临巨大的风险。因此，必须针对矿山特殊的生产及管理现状，采取一些额外的技术措施，有效降低其矿石的损失与贫化，提高矿山开采的技术及经济效益。

5.7.1 改革放矿方式，减少无效贫化

应该说，包括大顶山矿区在内的许多倾斜及缓倾斜中厚矿体无底柱分段崩落法矿山，目前贫化率偏高而回收率偏低的主要原因是在分段上盘及中间部分出矿时的无效贫化以及分段下盘回收不充分。研究表明，在矿体的上盘及中间部位，只要爆破效果良好，矿石可以在较低的贫化程度下得到充分回收。显然，目前在分段上盘及中间矿段产生的大量贫化，大部分都是没有回收或回收很少矿石的无

效贫化，这种状况需要改变。分段上盘及中间矿段减少无效贫化比较有效的措施是在条件具备时实施"松动放矿＋低贫化放矿"，并严格实行"分采分运"。

显然，在矿体的上盘及中间部位减少了无效贫化，为作为矿量回收主要部位的下盘三角矿体矿量的充分回收创造了有利条件。在矿体下盘的三角矿体范围内，由于下部崩落废石的存在，使得下盘崩落矿石及其残留矿石的回收十分困难和复杂。结构参数的加大，更加剧了其回收的困难和复杂程度。因此，在下盘三角矿体的回采出矿过程中，需要允许较大的贫化，下盘三角矿体矿量的回收一定要充分。从矿山的实际操作层面看，分段上盘三角矿段及中间矿段步距出矿的总废石混入率控制在 10% ～15% 左右即可。而在矿体下盘三角矿体矿段，步距出矿废石混入率可从 10% ～15% 左右提高至 30% ～50% 左右，分段放矿总废石混入率控制在 25% ～30% 是一个比较合理而可行的选择。

5. 7. 2　提高凿岩设备能力及效率

一般来讲，倾斜及缓倾斜中厚矿体的无底柱分段崩落法矿山的生产规模都不大，所采用的凿岩设备通常为风动凿岩设备，例如大顶山矿区主要采用 YG90 风动凿岩机钻凿扇形炮孔。生产实践表明，YG90 型凿岩机的最佳凿岩深度一般在15m 以内。一旦超过 15m，其凿岩效率急剧下降，炮孔质量（倾角、方向）也难以保证。显然，在大结构参数情况下，矿山凿岩设备的能力严重不足，效率很低，很难保证达到设计的炮孔深度及质量要求。

事实上，由于凿岩效率低下的问题，采区的凿岩工人根本就不愿意钻凿孔深超过 15m 的炮孔，致使矿山普遍出现炮孔深度严重不足的问题。加上炮孔塌孔、堵孔现象也比较普遍，导致大面积悬顶事故的发生，给矿山的正常生产及矿石的正常回收造成严重的不利影响，悬顶、大块等生产事故频发，回收效果很差。可以说，凿岩设备能力不足及凿岩效率低下的问题，目前已经成为制约许多矿山生产最为关键的因素之一。因此，需要高度重视矿山凿岩设备能力不足、效率低的问题，最好的解决办法是及时更新凿岩设备。目前，四川锦宁矿业大顶山矿区采取引进专业凿岩施工队的方式，采用效率高、能力强的液压凿岩台车进行凿岩作业，从根本上解决了矿山目前存在的凿岩能力不足、效率偏低的问题，爆破效果差、悬顶频发等现象得到了根本性的改变。

5. 7. 3　提高炮孔质量防止塌孔与堵孔现象发生

除通过更新凿岩设备来提高炮孔质量外，还必须根据加大结构参数后绝大多数炮孔都可能穿越上下盘矿岩接触带这一特殊情况，采取有效措施，防止穿越破碎带炮孔出现塌孔及堵孔事故。在目前没有有效办法防止堵孔事件的情况下，必须加强验孔、通孔以及补孔的工作，确保爆破顺利进行并取得良好效果。同时，一定范围加大炮孔直径也是防止或减少炮孔塌孔与堵孔的有效措施之一。

5.7.4 更加重视下盘残留矿量的回收

　　如前所述，对于倾斜特别是缓倾斜中厚矿体条件来讲，加大结构参数会导致分段退采到下盘矿岩交界处时下盘的残留矿量增加。由于多数矿山的下盘退采并不充分，损失在下盘的残留矿量至少在15%~25%。即便是退采了全部的下盘三角矿体，仍有约10%的下盘残留矿量无法通过下盘切岩开采回收。对于矿产资源程度十分紧张的矿山来讲，10%的矿量仍是一个不小的资源量。而15m×12.5m参数方案10%的分段矿量损失代表着比原来的10m×10m结构参数多出约60%的绝对矿量损失。同时，由于下盘废石层高度加大，下盘三角矿体矿石回收的难度显著加大，致使大结构参数方案的实际退采距离可能无法到达上分段回采进路与矿体下盘边界的交界处，因而大结构参数方案的损失率可能会高于小结构参数方案。这就意味着更多的矿量损失在矿体下盘。因此，必须更加重视下盘残留矿量的回收。

　　应该说，通过对倾斜及缓倾斜中厚矿体无底柱分段崩落法下盘残留矿石回采及回收特点的研究，我们不仅首先发现了这部分无底柱分段崩落法不能有效回收的下盘残留，而且清楚而精确地分析计算出这部分的位置、形态以及大小，为这部分矿量的有效回收奠定了重要的技术基础。实践证明，通过在上分段间柱中掘进辅助回采进路的方式，完全可以有效回采回收这部分矿量，且回收的矿石质量远高于在下分段通过切岩开采回采出的矿石质量。此外，辅助回采进路还可以用于回收采区因巷道冒落未能回收的进路矿量。因此，辅助进路回采进路下盘间柱矿量应成为保证大结构参数方案矿石充分回收重要的技术措施之一。

5.7.5 减少矿石损失贫化的其他技术措施

　　许多研究者都注意到，对于倾斜及缓倾斜中厚矿体条件的无底柱分段崩落法，在下盘三角矿体范围内适当增加放矿（崩矿）步距可以一定程度改善矿石回收效果（主要是降低贫化），我们的研究也结合四川锦宁矿业大顶山矿区的实际情况，针对倾斜及缓倾斜中厚矿体的情况，采用不同的放矿实验模型进行了相关的实验。

　　实验表明，在原有的10m×10m结构参数条件下，下盘三角矿体部位的放矿步距从2m加大到4m后，可以使岩石混入率降低4~6个百分点，实验数据如表5-5所示。因此，大结构参数情况下也可以在下盘部位采取适当增大放矿步距的办法来降低矿石贫化，具体加大放矿步距的方法可以采取加大崩矿步距或增加崩矿排数等方式实现。

　　研究表明，在下盘三角矿体部分，适当加大扇形炮孔的边孔角，也是降低矿石损失贫化特别是减少岩石混入比较有效的办法。其原因可以大致解释为：加大崩矿步距以及边孔角一般情况下会增加正面矿石残留（损失）和桃形矿柱的矿量。但在缓倾斜中厚矿体条件下，下盘三角矿体范围的正面残留以及桃形矿柱本身都是由下盘废石构成，因而正面残留及桃形矿柱矿石的增加，并不会造成矿石损失的增加。而崩落步距的增加，可以在一定程度上延缓放矿时正面废石出现在放矿口的时间，使上部矿石能够顺利得到回收的同时一定程度降低矿石贫化。

表 5-5   加大下盘放矿步距实验结果

模型种类及结构参数	单分间立体模型（10m × 10m × 2m）	单分间立体模型[①]（10m × 10m × 2m）	组合模型[①]（10m × 10m × 2m）	备　　注
放矿方式	截止品位	截止品位	组合放矿	
矿石回收率/%	90.6	91.3	84.8	充分回采下盘三角矿体
岩石混入率/%	44.6	38.50	32.8	矿岩混采指标
岩石混入率/%	40.0	33.72	25.5	分采分运指标

① 实验时，下盘三角矿体部位放矿步距改为4m（一次放2排）。

就大顶山矿区的情况看，在矿体下盘三角矿体特别是废石层较高（大于5m）的部分，放矿步距可以增加到2.5～4.0m左右，具体可通过增加崩矿步距或增加崩矿排数方法实现。同时，边孔角可以增加到60°～65°，减少对下盘岩石的无效崩落。需要注意的是，若采用增加崩矿步距方式，则扇形炮孔的爆破设计参数也需要进行必要调整，确保爆破效果。

5.8　本章小结

理论及放矿实验研究表明，在倾斜及缓倾斜中厚矿体条件下，只要下盘实现充分退采，大结构参数无底柱分段崩落法也可以获得比较满意的矿石回收效果。因此，适当加大倾斜及缓倾斜中厚矿体无底柱分段崩落法的主要结构参数也是可行的。

同时，只要下盘退采范围到达了上分段矿岩交界处，倾斜及缓倾斜中厚矿体无底柱分段崩落法一定范围内加大分段高度及进路间距，过渡分段仍可实现与较小分段高度及进路间距相近的矿石回收效果，基本上可以消除分段高度过渡及进路间距过渡可能导致下盘损失大幅度增加的担心。也就是说，只要下盘退采充分并采用辅助进路回收下盘残留矿石，倾斜及缓倾斜中厚矿体条件下无底柱分段崩落法一定范围内加大结构参数是可行的，且过渡分段对矿石回收效果的不利影响也是可以接受的。

综合来看，只要针对大结构参数条件采取了适当的技术措施，倾斜及缓倾斜中厚矿体条件下无底柱分段崩落法一定程度加大结构参数并不会造成过大的矿石损失和贫化，大结构参数方案仍具有较好的可行性。当然，结构参数的增加，必然会对采矿工艺特别是凿岩爆破造成一定的影响，如何确保采切工程以及爆破质量，成为影响大结构参数条件下矿石回收的关键因素，必须予以高度重视。同时，特别对于缓倾斜中厚矿体来讲，无底柱分段崩落法的结构参数特别是分段高度的增加也不能超过一定限度，建议一般不要超过 15m。否则，即便是退采到上分段回采巷道与矿体下盘交界处或以内，也会出现因下盘崩落废石层过高导致上部矿石无法有效回收的情况，此时下盘残留矿石就很难得到充分回收，毕竟采用辅助进路回收下盘残留矿石的代价是很大的。

6 破碎难采矿体无底柱分段崩落法 回采巷道支护技术

6.1 概述

无底柱分段崩落法的显著特点之一就是在回采巷道（又称为回采进路）中完成主要的采矿作业，即凿岩、爆破、通风、铲运等。因此，回采巷道的稳定与否不但影响到矿块生产能力及经济效益，而且直接影响到整个采矿的生产与安全。尤其是对于存在破碎难采矿体条件下的无底柱分段崩落法来讲，所有的回采巷道和联络巷道通常需要进行喷锚网联合支护，才能基本维持巷道的稳定与完整。据了解，具有破碎矿体条件的无底柱分段崩落法矿山，其回采巷道的掘进与支护成本一般占到其采矿成本的1/3左右甚至更高。过高的掘进及支护成本，不仅在很大程度上影响了采矿的技术经济效益，也在相当程度上限制了无底柱分段崩落法采矿法的推广应用。

以四川锦宁矿业大顶山矿区无底柱分段崩落法回采巷道支护情况为例，由于其地质条件复杂、矿岩松软碎裂、原始地应力高、地压显现剧烈，使回采进路和联络巷道遭到严重破坏，造成一系列严重的问题，如：矿石损失贫化严重，资源回收率低；长期无法正常生产，矿山产量低，与设计规模差距大，经济效益差；作业不安全，事故频发；生产系统遭到破坏，合理回采顺序被打乱。2012~2013年间，大顶山矿区的回采进路及联巷破坏严重，回采进路的悬顶、炮孔眉线破坏没有及时处理，在这近两年的时间里，整个生产中段的回采巷道消耗非常快，到第三年初全矿就没有可以用的回采进路了，此时下个中段的回采进路又没有准备出来，最后全矿处于"无矿可采"的状态。

显然，应用无底柱分段崩落法进行回采，尤其是回采巷道处于不良工程地质条件下的矿体（如破碎松软的难采矿体）时，采场巷道稳定性一直是制约生产效率提高的重大技术难题。可以说，生产期间保持采场巷道稳定是无底柱分段崩落法成功应用的关键所在。同时，无底柱分段崩落法回采巷道的支护又具有普遍性与特殊性的统一。普遍性是一般矿山巷道支护的共性，即要求巷道支护经济、安全、简便；而特殊性就是：(1) 回采巷道存在时间较短，一般在6~12个月左右；(2) 回采巷道的存在具有临时性，因此在作支护设计时不希望它太坚固，只要求它在服务期间能保障安全生产即可；(3) 中深孔爆破落矿后，不能产生太多的杂物，否则既影响铲运机的出矿效率，也影响矿石的品质。因此，无底柱分段崩落法回采巷道的掘进、支护与维护上就是如何平衡"安全"与"经济"之间的关系。

应该说，目前矿山普遍采用的锚杆＋钢筋网＋喷射混凝土的传统支护方法，存在支护成本偏高、支护工序复杂、效率低下等缺陷，急需改革矿山现有的回采巷道支护方式。为此，西南科技大学联合锦宁矿业设立专门项目试验并逐步推广使用"喷射混凝土＋管缝式锚杆＋高强柔性 TECCO 金属网"的支护方式。实践证明，新的支护方式不仅显著改善了支护效果，降低了支护成本，提高了支护效率，为矿山的正常生产、矿石的正常回收及经济效益的提高做出了积极贡献。作为典型破碎矿体条件的大顶山矿区，其在回采进路支护技术及工艺方面的探索，对于类似矿山具有较好的借鉴意义。

作为复杂矿体条件之一的破碎矿体条件无底柱分段崩落法采矿理论及技术研究的一部分，作者将西南科技大学项目组结合实际矿山支护技术及工艺的改进试验研究，对破碎矿体无底柱分段回采进路支护问题进行的理论及现场试验研究的情况进行了整理和总结并列入本书中，作为复杂矿体条件无底柱分段崩落法采矿理论及实践的补充，主要内容包括：回采巷道周围地压活动规律、支护的经典理论与现代支护技术、支护参数的优化设计与数值分析、支护施工工艺的制定和支护结构的应力应变监测以及支护效果评价等，相关内容将在下述几节中详细介绍。

6.2　回采巷道周围地压活动规律

为了更好设计回采巷道的支护方式，首先要了解与掌握无底柱分段崩落法回采巷道周围地压显现特征及其活动规律，尤其是破碎难采矿体条件下的围岩地压活动情况。地下矿岩体被开挖以后，破坏了原始的应力平衡状态，引起岩体内部的应力重新分布，并通过应力转移、集中和释放来寻求新的平衡。若重新分布后的应力没有超过岩体的极限承载能力，采场巷道围岩会自行平衡，处于稳定状态。否则，采场巷道围岩将发生破坏，而且这种情况将持续到岩体内部再次形成新的应力平衡为止。这种因采矿活动而在采场巷道围岩中和支护结构上形成的力，叫作采动应力（又称地压或矿山压力），这也是矿山巷道与交通隧道、水利水电隧洞等地下工程所不同的地方。因此，回采巷道围岩的应力分布不仅取决于原岩应力，而且还受采动应力的影响，是二者应力叠加的结果。

巷道受到采矿作业影响时，巷道由静压巷道转变为动压巷道，在强烈的支承压力下，产生大面积破坏，这时的围岩变形破坏规律完全不同于单个静压巷道时的情况。按照松动圈理论，受到采动影响后，同一水平同一岩层的巷道松动圈增大，当巷道处于深部时，这种现象更加复杂[1]。受到采动影响后，应力集中系数明显增大，与静压巷道相比，巷道变形量占整个变形期间比重增大，接近2/3；当巷道处于软弱岩层，或深部岩层时，这种情况更加明显，比重甚至超过85%[2]。

在采动应力作用下，会引起各种力学现象，如岩体的变形、微观或宏观破坏，岩层移动，炮孔变形、破坏，回采巷道底鼓、片帮、冒顶、断面收缩，支护结构破坏以及采场垮落等。这些由于采动应力作用使采场巷道围岩和支护结构产生的种种力学现象称为地压显现。对于无底柱分段崩落法来说，其地压显现多为回采巷道与炮孔的破坏，图 6-1 为四川锦宁矿业大顶矿区 2465m 水平回采进路中的支护结构与炮孔的破坏情况。

(a)　　　　　　　　　　　　　　　(b)

图 6-1　回采巷道与炮孔的破坏情况

(a) 回采巷道的破坏；(b) 炮孔的破坏

根据现场观测资料表明[3]，沿回采进路轴向方向，周围岩体中应力变化呈现如图 6-2 所示规律，在进路工作面附近形成应力降低区和应力升高区，通过现场大量观测都发现这一规律。玉石洼铁矿回采进路距工作面 0～10m 范围内为应力降低区，10～15m 范围内为应力升高区，15m 以外不受采动影响；小官庄铁矿西区分别为 0～15m、15～25m 和 25m 外；梅山铁矿分别为 0～10m 和 10～20m 和

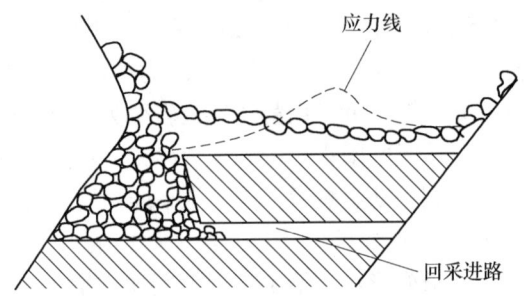

图 6-2　沿进路轴线方向进路顶板中应力分布图[3]

20m外。另外，回采进路周边各个部位的应力分布也是有较大的差异，图 6-3 为不同回采顺序时进路周边应力分布情况，如图所示，在拱角、墙角处应力值最高，巷道帮的中点次之，顶板中点处最小[4]。

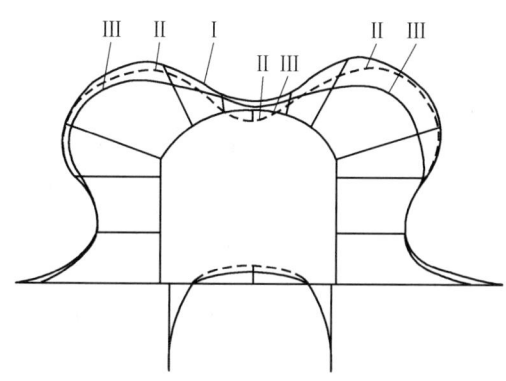

图 6-3　不同回采顺序进路周边应力分布图[4]

此外，矿体下盘的压力大小也存在有明显的分区[3]。当矿山开采深度大于 300～400m 时，在回采工作影响范围内，位于下盘岩石中靠矿体的沿脉运输巷道遭到破坏较为严重，这是因为下盘岩体不仅受崩落矿岩的重力作用，而且还要承受上盘活动棱柱体经崩落矿岩传递到下盘的压力，会发生应力集中现象，如图 6-4 所示。因此这种情况下，应将沿脉巷道布置在离下盘矿体稍远的地方，以避开应力集中的区域。

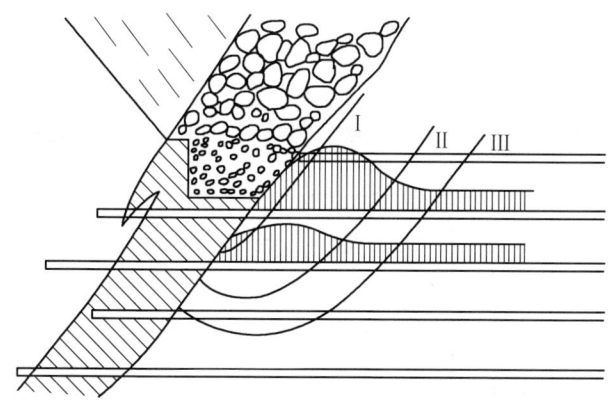

图 6-4　下盘岩体应力集中图[3]

Ⅰ—应力升高区；Ⅱ—接近正常应力区；Ⅲ—正常应力区

综上所述，无底柱分段崩落法采场巷道所处不同的部位，其所受的应力状态都是有较大的差异。因此，在进行回采巷道的支护设计与运营期间的巷道维护管理时，要根据其周围的地压分布规律进行区别对待，从而达到回采巷道的稳定安全与经济合理之间的平衡。

6.3 破碎难采矿体回采巷道主要支护理论及支护材料

6.3.1 回采巷道主要支护理论

回采巷道的支护理论方面，与一般矿山巷道是相同的。巷道在掘进之前，围岩处于一个相对平衡稳定的应力场中，当巷道开挖掘进之后，围岩原有的应力平衡状态遭到破坏，围岩应力会重新分布直至建立起新的应力平衡状态，在此期间，围岩会从三向受力状态转变为双向受力甚至单向受力状态，大大降低了围岩的强度，从而容易引起巷道的变形和破坏。针对巷道的变形破坏，20世纪60年代末，奥地利学者 Robcewicz 等人利用围岩塑性分析的成果，提出了喷锚支护的计算原理。在我国，20世纪70年代末以来，围岩压力理论和喷锚支护计算有了较大发展，不少单位还提出了各种新的计算公式，将我国巷道喷锚网支护技术水平又提高了一大步[5]。

一些比较经典的巷道锚杆支护理论，如悬吊理论、组合拱理论、组合梁理论、松动圈理论、最大水平应力理论等，这些理论都分别从各自的角度阐述了锚杆在巷道支护体系中所起到的作用和支护机理。近些年来，部分学者通过对喷锚网注联合支护结构与巷道围岩之间的相互作用关系进行研究，又提出了围岩强度强化理论、仿植物根系固土力学机制等一些新的理论。下面就再简要回顾一下这些支护理论。

（1）悬吊理论。悬吊理论认为，锚杆支护主要作用是把巷道顶板较为软弱的岩层悬吊于其上方的稳固岩层之中，以此使软弱岩层的稳定性得到增强。尤其是对于高应力巷道，由于围岩较为破碎、岩石强度较低，巷道掘进之后，在应力重新分布和调整的过程中，巷道顶板部位岩层极易出现破裂区域，此时锚杆的作用就是将破裂区域内的岩体悬吊于巷道深部的基岩之上，其基本原理如图6-5所示。

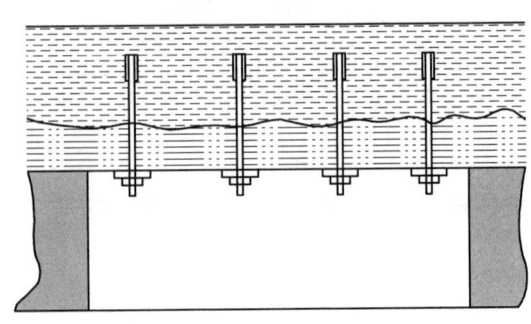

图 6-5   锚杆的悬吊作用原理示意图[6]

（2）组合拱理论。组合拱理论认为，将预应力锚杆安置于巷道破碎区的围岩当中时，锚杆两端将会形成锥形分布的压应力，这时对巷道周边布置锚杆群后，当锚杆间距足够小，则各锚杆间形成的锥形压应力区域将会产生交错的作用，继而于岩体中形成一个应力分布均匀的区域，该区域称之为承压拱，它可以承受来自其上部岩体的径向荷载。承压拱内的岩石受到来自径向和切向的作用力，处于三向受力状态，承压拱提高了围岩强度和锚杆的支撑能力，其原理如图6-6所示。

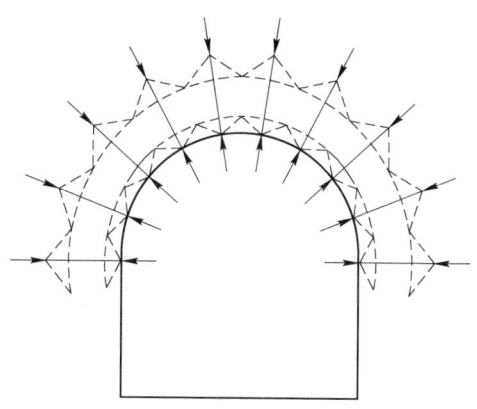

图6-6　锚杆形成的组合拱原理示意图

（3）组合梁理论。如果在具备若干分层的顶板中布置锚杆，则各岩层就被锚杆连接在了一起，岩层和锚杆则共同形成了组合梁，使整个岩层共同发生形变，这会显著增加顶板岩层的抗弯强度与刚度。此时锚杆起到两个方面的作用：一是锚杆的锚固力增加了顶板各个岩层之间的摩擦力，有效地阻止了岩层沿层面滑移；二是锚杆本身的杆体增加了顶板各个岩层之间的抗剪强度，防止了岩层间的水平错动。图6-7为组合梁形成前后及其挠度示意图。

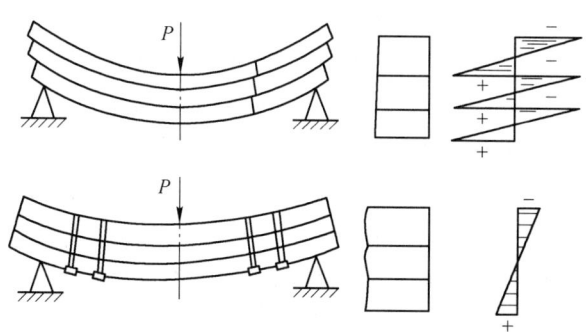

图6-7　组合梁形成前后及其挠度示意图[6]

（4）围岩强度强化理论。围岩强度强化理论表明，对巷道围岩系统地布置锚杆之后，锚杆会对围岩的径向施加约束力，从而有效地提高岩体的内聚力和弹性模量，围岩的应力状态得到改善，其整体强度得到进一步提高，巷道顶板下沉和两帮收敛均得到有效的控制，同时能阻止围岩松动圈范围和塑性区范围向深部岩层继续扩大，从而维持巷道的稳定、可靠。

（5）最大水平应力理论。通常情况下矿山中岩层的水平应力比垂直应力大，具有较为明显的方向性，它是决定巷道顶底板稳定性的重要因素，最大水平应力通常为最小水平应力的 1.5 ~ 2.5 倍。受最大水平应力的影响，巷道顶底板岩层容易受到剪切力作用而发生变形、破坏，出现松动、错动或膨胀的现象，此时锚杆的作用是分别阻止垂直和平行于轴向的岩层受剪切力影响而发生的错动和膨胀。因而需要具有大强度、大刚度、大抗剪力的锚杆，才能起到防止巷道围岩变形破坏的作用。

（6）仿植物根系固土机制的巷道耦合支护原理。对植物根系固土力学效应研究比较系统的先驱模型是 Wu 和 Waldron 模型[7]，其首先形成了根系固土的理论基础，即根系加筋土理论与根系锚固理论的 Wu 氏模型[8]。该模型以摩尔 – 库伦强度理论（Coulomb-Mohr）为基础，其表达式为[7~9]：

$$\tau = c + \sigma \tan\varphi + C_R \qquad (6\text{-}1)$$

式中，τ 为岩土的剪切破坏强度；c 为岩土的黏聚力；σ 为岩土的正压力；φ 为岩土的内摩擦角；C_R 为根黏聚力。

从式（6-1）可知，抗剪强度的增量主要取决于根黏聚力 C_R。它也是植物根系的加筋土理论与锚固理论衍生而来的，因为根系可看作是天然的加筋材料，根 – 土复合体可以看作是加筋土[5,7,8]。对于仿植物根系固土力学机制的巷道支护来说，可以将锚网注的联合支护及其巷道围岩视为锚 – 岩复合体，由锚网支护结构和围岩共同组成统一整体，其抗剪强度一定程度受锚网支护结构特性与围岩性质的两个方面影响，如图 6-8 所示。由此，根黏聚力 C_R 可由下式计算：

$$C_R = k_1 k_b C_b + k_2 k_m C_m + k_3 k_g C_g \qquad (6\text{-}2)$$

式中，k_1、k_2、k_3 分别为锚杆、金属网、注浆体等在围岩复合体所占的权重系数；k_b 为锚杆抗剪强度折减系数，其与锚杆布置的密度、锚杆是否垂直巷道壁面、锚头插入基岩的深度等因素有关；k_m 为金属网抗剪强度折减系数，其与金属网所用钢筋直径、网格大小、金属网是否密贴巷道壁面以及网与网之间的联结方式等因素有关；k_g 为注浆体抗剪强度折减系数，其与注浆量的大小、浆液在围岩中的扩散半径与分散程度等因素有关；C_b 为锚杆的抗拉强度；C_m 为金属网的抗剪切强度；C_g 为注浆体的抗剪切强度。

上述简要从经典到现代巷道支护理论做了一个回顾，其实这些理论都还在不断发展与完善，尤其借助现场监测技术与计算机技术的支撑，对传统巷道支护理论进行完善、改进与创新，并不断提出新的巷道支护理论，这都说明巷道支护技术方兴未艾。

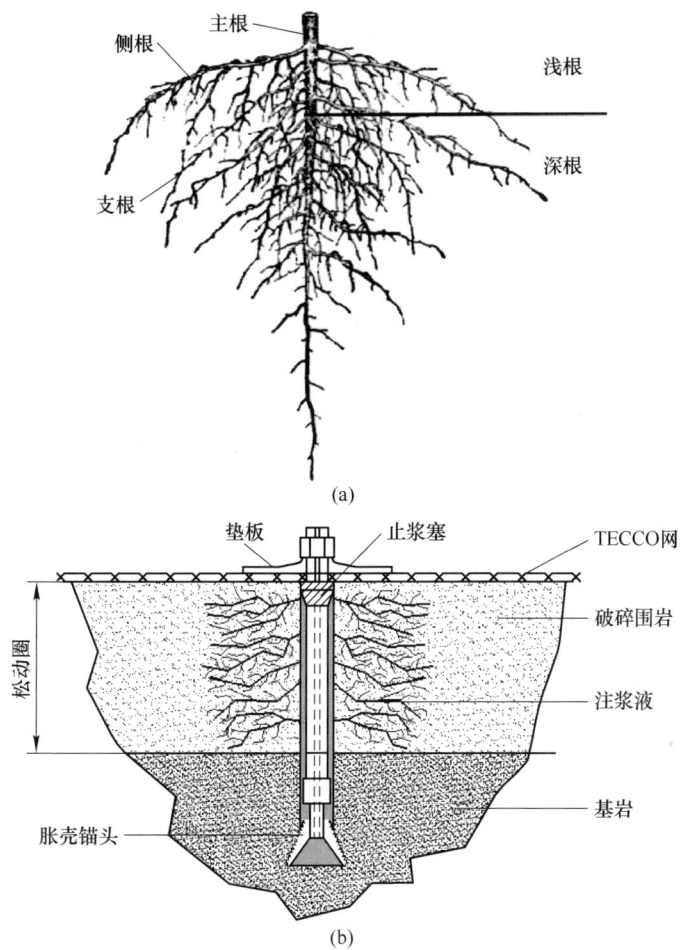

图 6-8 植物根系及巷道耦合支护原理示意图

（a）植物根系示意图；（b）巷道耦合支护原理示意图

6.3.2 回采巷道主要支护技术及材料

在支护理论的指导下，回采巷道的支护技术及材料也是突飞猛进。结合当前较为常用的喷锚网技术，这里简要分析其中施工工艺的改进、新技术及新材料的应用情况。

6.3.2.1 喷射混凝土支护作用分析

难采矿体的环境条件都是比较复杂的，其回采巷道围岩破碎松软，这时喷射混凝土层可以及时地封闭被开挖的围岩表面，防止围岩风化、水解，并给围岩表面以抗力和剪力。同时，充填表面凹穴或浅表的节理裂隙，使裂隙分割的岩块层面粘连在一起，以减小应力集中，防止围岩强度恶化，提高巷道围岩强度，且具有一定的柔性，适应围岩在一定范围内的初期变形，从而改善了围岩的受力状态[5]。此外，喷混凝土层还有分配外力的作用，即通过喷层把外力传给锚杆、金属网和钢拱架等。

对于喷射混凝土层支护作用分析，可以从其力学性质、变形机理和耐久性三个方面进行分析。

(1) 喷射混凝土层的力学性质[10]。喷射混凝土的力学性质直接影响巷道的支护效果，其主要力学特性包括抗压强度、抗拉强度、弯拉强度、抗剪强度和黏结强度等，其中抗压强度与黏结强度是评定其质量的最重要的两个强度指标。

1) 喷射混凝土的抗压强度。喷射混凝土在高速喷射时，其拌合物受到压力和速度的连续冲击，使混凝土连续得到压密，因而无须振捣也有较高的抗压强度。其强度发展的特点为[11]：早期强度明显提高，1h 即有强度，8h 强度可达 2.00MPa，1d 强度达到 6~15MPa。

2) 喷射混凝土的黏结强度。喷射混凝土黏结强度包括抗拉黏结强度和抗剪黏结强度。为了使喷射混凝土与基层（岩石、旧混凝土）共同工作，其黏结强度非常重要，喷射混凝土黏结强度与基层化学成分、粗糙程度、结晶状态、界面润湿、养护情况等有关。经验表明，喷射混凝土的围岩黏结强度可以达到 10~20MPa。

(2) 喷射混凝土层的变形机理[11]。

1) 收缩变形。喷射混凝土的硬化过程常伴随着体积变化，最大的变形是当喷射混凝土在大气中或湿度不足的介质中硬化时所产生的体积减小。这种变形被称为喷射混凝土的收缩。国内外的资料都表明，喷射混凝土在水中或潮湿条件下硬化时，其体积可能不会减小，在一些情况下甚至其体积稍有膨胀。同普通混凝土一样，喷射混凝土的收缩也是由其硬化过程中的物理化学反应以及混凝土的湿度变化引起的。喷射混凝土的收缩变形主要包括干缩和热缩，干缩主要由水灰比决定，较高的含水量会出现较大的收缩，而粗集料则能限制收缩的发展。因此，采用尺寸较大与级配良好的粗集料，可以减少收缩。热缩是由水泥水化过程中的热升值所决定的。采用水泥含量高、速凝剂含量高或采用速凝快硬水泥的喷射混凝土热缩较大。厚层结构比含热量少的薄层结构热缩要大。许多因素影响着喷射混凝土的收缩值，主要因素有速凝剂和养护条件。

2) 徐变变形。喷射混凝土的徐变变形是其在恒定荷载长期作用下变形随时间增长的性能。一般认为，徐变变形取决于水泥石的塑性变形及混凝土基本组成材料的状态。影响混凝土徐变的因素比影响收缩的因素还多，并且多数因素无论对徐变还是对收缩都是类似的。例如，水泥品种与用量、水灰比、粗骨料的种类、混凝土的密实度、加荷龄期，周围介质及混凝土本身的温湿度及混凝土的相对应力值均影响混凝土的徐变变形。

喷层变形与承载能力之间的关系试验表明，喷层的受力变形分为三个阶段，如图 6-9 所示，第一阶段为黏结阶段，第二阶段为挠曲阶段，第三阶段为薄壳效应阶段。另外，喷层厚度不应太大，太大则支护的柔度变小，从而能招致更大的形变压力，而且也不经济。喷层厚度也不可太小，太薄的喷层其本身的强度就难以保证，更谈不上控制围岩[12]。

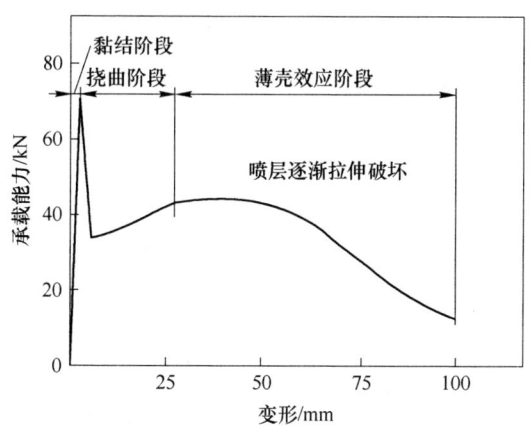

图 6-9　喷层混凝土变形曲线[10]

（3）喷射混凝土层的耐久性[11]。

1）抗渗性。喷射混凝土的抗渗性主要取决于孔隙率和孔隙结构。喷射混凝土的水泥用量高，水灰比小，砂率高，使用集料粒径也较小，因而喷射混凝土的抗渗性能较好。但应注意的是，如喷射混凝土配合比不当，水灰比控制不好，施工中回弹较大，受喷面上有渗水等，喷射混凝土就会难以达到稳定的抗渗指标。

2）抗冻性。喷射混凝土的抗冻性是指在饱和水状态下抵抗反复冻结和融化的性质。一般情况下，喷射混凝土的抗冻性能均较好。这是因为在施工喷射过程中，混凝土拌合物会自动带入一定量的空气，空气含量一般在 2.5% ～5.3% 左右，且气泡一般呈独立非贯通状态，因而可以减少水的冻结压力对混凝土的破坏。坚硬的骨料、较小的水灰比、较多的空气含量和适宜的气泡组织等，都有利于提高喷射混凝土的抗冻性。相反，采用软弱的、多孔易吸水的骨料，密实性差的或混入回弹料并出现蜂窝、夹层及养护不当而造成早期脱水的喷射混凝土，都不可能具有良好的抗冻性。

6.3.2.2　锚杆的支护作用

对于难采矿体无底柱分段崩落法回采巷道支护，目前常用的锚杆主要有精轧螺纹钢筋 $\phi18 ～22mm$ 的砂浆锚杆、$\phi40mm$ 的管缝式锚杆和 $\phi22 ～28mm$ 中空注浆锚杆等。而砂浆与管缝式锚杆已经有很多学者进行了很好的分析研究，这里重点对能够提供预应力的涨壳式中空注浆锚杆进行较为深入的分析。图6-10为在某镍矿1110m水平巷道支护试验所用的 ϕ25mm 涨壳式中空注浆锚杆结构示意图和涨壳锚头，而表6-1为试验所用的中空锚杆与矿山目前所用砂浆锚杆的力学性能测试结果，由表可知中空注浆锚杆不论在拉断力还是抗拉强度上都优于砂浆锚杆。

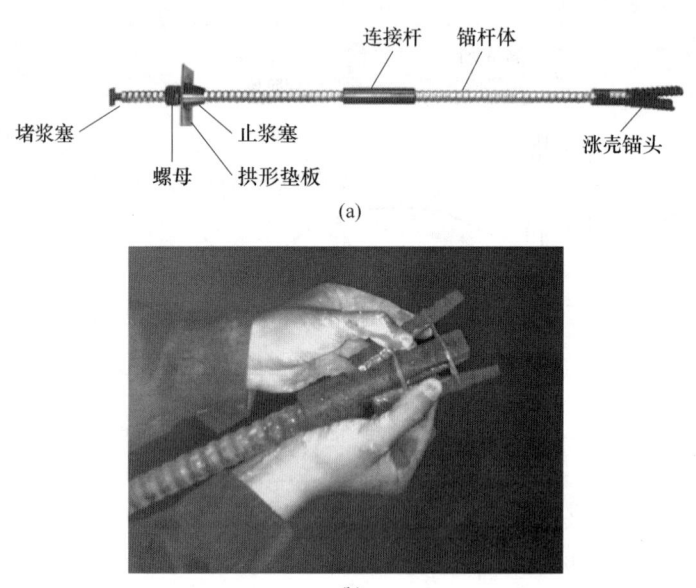

图 6-10　涨壳式中空注浆锚杆结构示意图和涨壳锚头
（a）涨壳式中空注浆锚杆结构示意图；（b）提供预应力的涨壳锚头

表 6-1　两种锚杆拉伸试验数据对比

锚 杆	试 验 数 据			
	最大拉断力/kN	最小拉断力/kN	平均拉断力/kN	最小抗拉强度/MPa
ϕ25mm 中空注浆锚杆	217.63	215.46	216.51	686.18
ϕ18mm 螺纹钢砂浆锚杆	148.34	146.25	147.42	575.02

　　为了进一步深入分析涨壳式中空注浆锚杆的支护作用，先看看其横截面结构示意模型（图6-11）：最内层为中空注浆锚杆里面的注浆体，向外的那层为锚杆杆体，再往外层为锚杆外的浆液体，最外层为围岩。中空锚杆的内层注浆体、外层注浆体和中空锚杆杆体等构成了锚固体。锚杆在未加预应力之前是不受力的，加上预应力之后，锚杆杆体被拉长，受到向外的拉力作用，这个拉力就是预应力。

　　中空注浆锚杆与传统砂浆（或树脂）锚杆的支护工艺相比有着极大的改进。传统砂浆（或树脂）锚杆是在安装时必须在钻孔中加入锚固剂，使锚杆杆体与

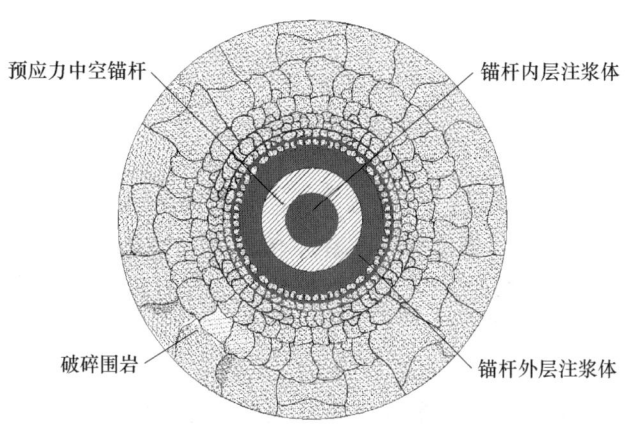

图 6-11 中空注浆锚杆横截面放大示意图

孔壁间的空隙用锚固剂填充,当其凝结、硬化后,杆体就沿全长锚固在围岩中。它是通过锚固剂硬化后所产生的岩壁与杆体之间的黏结力来抵抗围岩变形的。这种工艺由于锚固剂凝固后不够密实,造成锚固剂、钻孔以及锚杆黏结力弱小,锚杆容易被拔出来,由此造成整个锚固系统的失效。而预应力中空注浆锚杆能够最大限度地保证浆体充填饱满、密实,浆液可在较高的注浆压力下渗入钻孔周围岩体裂隙中,浆液凝固后控制的范围要比传统的锚杆大了许多,锚杆、注浆体以及孔壁之间的黏结力也有了很大的提高,并且通过给围岩施加的预应力还立刻限定围岩的变形,由此整个巷道的支护效果较传统锚杆支护的效果有了很大的改善。下面就涨壳式中空注浆锚杆的支护机理及其影响因素进行深入分析。

A 锚固体受力变形分析[13~15]

如图 6-11 所示,将中空锚杆杆体与内外注浆体组合成一体后,统称为锚固体。假定锚固体与围岩体之间的剪应力与剪切位移呈线性增加关系,由此,张喜涛、苏华友等人建立了预应力中空注浆锚杆的力学模型[13],推导出锚固体受力平衡条件下的力学平衡微分方程,求解出荷载传递的函数关系式,通过分析得到了中空注浆锚杆结构受力情况,并以此指导现场的支护试验。

在公式建立过程中,将围岩、注浆体、锚杆的接触简化为弹簧连接,并假定锚固体微段上的内力以及锚固体与围岩体之间的相对位移是线性关系,则在距锚固段始端 o 点相距为 x 的锚固体上,单位长度受到的剪力用剪力集度 q 表示[14],如图 6-12 所示。则有关系式为:

$$q = -k_s w(x) \qquad (6-3)$$

式中,q 为锚固体上单位长度的剪力集度,kN/mm;$w(x)$ 为 x 点围岩体和微元段锚固体由于剪切滑移所发生的位移,mm;k_s 为围岩体与锚固体界面上的剪切模量，它是由单元的剪切位移所产生的剪力。本模型中剪切模量 k_s 应该包含四部分，即由锚杆外层注浆体变形引起的部分、锚杆内层注浆体变形引起的部分、锚杆变形引起的部分和由围岩变形引起的部分，其表达式为[15]：

$$\frac{1}{k_s} = \frac{1}{K_1} + \frac{1}{K_2} + \frac{1}{K_3} + \frac{1}{K_4} \tag{6-4}$$

式中，K_1 为围岩的剪切模量；K_2 为锚杆外注浆体的剪切模量；K_3 为预应力中空注浆锚杆的剪切模量；K_4 为锚杆内层注浆体的剪切模量。因为锚杆内层的注浆体起到的作用主要是充填的效果，可以把锚杆和锚杆内层的注浆体看成一个整体，即式（6-4）可简化为：

$$k_s = K_1 K_2 K_3 / (K_2 K_3 + K_1 K_3 + K_1 K_2) \tag{6-5}$$

其中，K_1、K_2 分别仍为围岩的剪切模量和锚杆外注浆体的剪切模量；K_3 为锚杆和锚杆内注浆体的剪切模量，简化为锚杆的剪切模量。

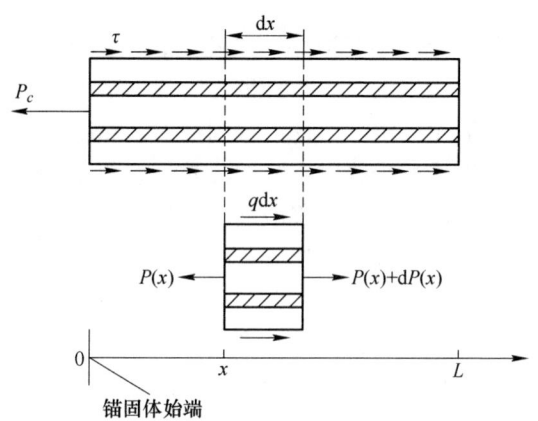

图 6-12　锚固体微元段受力分析简图

如图 6-12 所示，依据锚固体微元段静力平衡得出：

$$q = -\frac{\mathrm{d}P(x)}{\mathrm{d}x} \tag{6-6}$$

同时有：

$$q = 2\pi r \tau(x) \tag{6-7}$$

由式（6-6）、式（6-7）得：

$$\mathrm{d}P(x) = -2\pi r \tau(x)\,\mathrm{d}x \tag{6-8}$$

联立式（6-3）和式（6-8）可得

$$\frac{\mathrm{d}P(x)}{\mathrm{d}x} = k_s w(x) \tag{6-9}$$

距锚固段始端间隔为 x 处围岩体与锚固体的轴向应变和相对位移 $w(x)$ 的关系为：

$$\frac{\mathrm{d}w(x)}{\mathrm{d}x} = \varepsilon_x = \frac{P(x)}{E_a A_a} \tag{6-10}$$

式中，ε_x 为锚固体始端间隔 x 处锚固体的轴向应变；A_a 为锚固体的横截面积，即

$$A_a = A_b + A_g + A_c$$

A_b、A_g、A_c 分别为锚杆、锚杆外层和锚杆内层浆液的横截面积；E_a 为锚固体的等效弹性模量，且

$$E_a = (E_b A_b + E_g A_g + E_c A_c)/A_a$$

E_b、E_g、E_c 分别为锚杆、锚杆外注浆体和锚杆内注浆体的弹性模量。由于中空注浆锚杆内的浆液主要是作为密实锚杆的质料，因此 E_a 可简写为：

$$E_a = (E_b A_b + E_g A_g)/A_a \tag{6-11}$$

联立式（6-10）和式（6-11），经由过程移项，并对式（6-10）求导，可得：

$$\frac{\mathrm{d}^2 P(x)}{\mathrm{d}x^2} = \frac{k_s}{E_a A_a} P(x) \tag{6-12}$$

令 $\alpha^2 = \dfrac{k_s}{E_a A_a}$，解式（6-12）得：

$$P(x) = C_1 \mathrm{e}^{\alpha x} + C_2 \mathrm{e}^{-\alpha x}$$

当 $x = 0$ 时　　　　$P(x) = C_1 + C_2 = P_c$

当 $x = l$ 时　　　　$P(x) = C_1 \mathrm{e}^{\alpha l} + C_2 \mathrm{e}^{-\alpha l} = 0$

可以得出：

$$C_1 = \frac{P_c}{1 - \mathrm{e}^{2\alpha l}}, \; C_2 = \frac{P_c}{1 - \mathrm{e}^{-2\alpha l}}$$

因而，锚固体的轴向荷载、剪力集度和剪应力的表达式为：

$$P(x) = \frac{P_c}{1 - \mathrm{e}^{2\alpha l}} \mathrm{e}^{\alpha x} + \frac{P_c}{1 - \mathrm{e}^{-2\alpha l}} \mathrm{e}^{-\alpha x} \tag{6-13}$$

$$q(x) = -\left(\alpha \frac{P_c}{1 - \mathrm{e}^{2\alpha l}} \mathrm{e}^{\alpha x} - \alpha \frac{P_c}{1 - \mathrm{e}^{-2\alpha l}} \mathrm{e}^{-\alpha x} \right) \tag{6-14}$$

$$\tau(x) = \frac{-\left(\alpha \dfrac{P_c}{1 - \mathrm{e}^{2\alpha l}} \mathrm{e}^{\alpha x} - \alpha \dfrac{P_c}{1 - \mathrm{e}^{-2\alpha l}} \mathrm{e}^{-\alpha x} \right)}{2\pi r} \tag{6-15}$$

式中，P_c 为锚固体始端所承受的轴向荷载。

根据应力叠加原理，锚杆在岩石未变形之前，给围岩施加了压应力，在围岩变形之后，预应力存在且没有发生变化。因此由于锚杆的压应力导致围岩给锚杆施加的反作用力、锚固体的轴向荷载和界面剪应力构成了相互作用的平衡力。因此得出轴向荷载的表达式为：

$$P'(x) = \frac{P_c}{1 - e^{2\alpha l}}e^{\alpha x} + \frac{P_c}{1 - e^{-2\alpha l}}e^{-\alpha x} + C \qquad (6\text{-}16)$$

式中，C 为给中空注浆锚杆施加的预应力。因为剪应力是围岩变形之后才出现的，而预应力是给锚杆施加之后一直存在的，因此给锚杆施加的预应力对锚固体所受到的剪应力没有影响。

B 实例分析

某矿山巷道支护使用涨壳式预应力中空注浆锚杆的现场操作工序流程为：筹备施工→孔位放样→凿岩机钻孔→钻孔清空→插杆并涨开锚头→安装止浆塞→挂网→安装锚垫板→施加预应力→注浆。所使用的预应力中空注浆锚杆参数如表 6-2 所示。

表 6-2 预应力中空注浆锚杆主要物理力学参数

锚杆参数	长度/mm	直径/mm	剪切模量/GPa	预应力/kN	弹性模量/GPa
数 值	2600	25.5	10	100	200

现场的锚杆注浆完成后，选取几个点的锚杆进行拉拔试验，所测得锚杆拉拔力为 200kN，即取 $P_c = 200$kN。现假定：围岩的 $K_1 = 5$GPa，外侧注浆体 $K_2 = 6$GPa，锚杆 $K_3 = 10$GPa，锚固体的弹性模量为 240GPa，锚杆长度 $l = 2.6$m，$P_c = 200$kN，锚固体半径 $r = 20$mm，预应力 $C = 100$kN，假设锚杆外露长度为 0.2m，根据上述参数可得 $k_s = 2.1$，$\alpha = 2.6$。由此，可对锚固体进行如下受力分析。

按照锚固体轴向载荷、界面剪应力的计算公式可以得出锚固体的轴向载荷和剪应力的分布曲线如图 6-13 和图 6-14 所示。

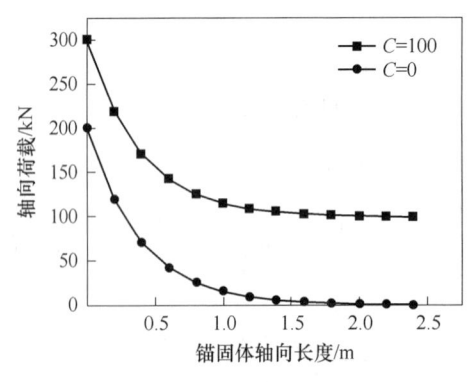

图 6-13 锚固体轴向荷载函数分布曲线   图 6-14 锚固体界面上剪力分布曲线

从图 6-13 和图 6-14 中可以得出：无论是否给锚杆施加预应力，锚固体的轴向荷载和剪应力类似于同一函数关系——双曲线函数。图 6-13 中有预应力的为预应力锚杆，没有施加预应力的为传统锚杆。是否施加预应力对于锚杆或者锚固体的剪应力没有影响。给锚杆施加了预应力之后，接近锚固段底部，即在 $x =$

1.3m 左右的时候，锚固体轴向荷载几乎都为 100kN，其中这 100kN 的力是锚杆施加的预应力。没有给锚杆施加预应力时，接近锚固段底部，即在 $x = 1.3$ m 左右的时候，锚固体轴向荷载几乎都为 0，剪应力也几乎趋向于 0。就是说锚固体的轴向载荷和剪应力并非是沿锚杆轴向呈均匀分布的，在距锚固段始端 1.3m 处的锚固段内承担其主要的轴向荷载力和剪力。由此可以得出，不断地增大锚杆长度并不能达到很好加强锚固效果的功效。

C　锚固剂的作用

锚固剂的主要作用是将钻孔孔壁围岩与杆体黏结在一起，使锚杆发挥支护作用。同时，锚固剂也具有一定的抗剪与抗拉能力，与锚杆共同加固围岩。对于涨壳式中空注浆锚杆，此处的锚固剂就是改性后的水泥浆，而且是全长锚固，与目前矿山所用的水泥药卷作为锚固剂的砂浆锚杆相比较，前者锚固剂发挥的作用远远大于后者锚固剂发挥的作用。如根据现场测试的两种锚杆的抗拔力换算成黏锚力，则有涨壳式中空注浆锚杆的黏锚力为 156kN 以上，而砂浆锚杆的黏锚力仅为 32kN[1]。当然对于涨壳式中空注浆锚杆还应该扣除涨壳锚头所提供的预应力部分，由于其计算过程较为复杂，这里就不进行详述了。总之，水泥药卷不能充分发挥作用的原因主要是锚杆钻孔偏小、孔内塌孔、堵塞等问题，很难将其填满锚杆孔。与此同时，水泥药卷是依靠人工在水中进行浸泡，浸泡时间凭借工人的经验，过长与过短都不利于水泥药卷黏结力的发挥。因此，造成砂浆锚杆的黏锚力较低。

6.3.2.3　金属网的作用分析

自从美国首次将钢筋网作为配筋用于预制混凝土中[16]以来，关于锚网支护体系中金属网的开发、应用距今已有 70 多年的历史。一般认为，金属网可以用来维护锚杆间的围岩，兜住巷道壁面与顶板上松动小岩块掉落等。其实，金属网的作用远不止这些，特别是在破碎高应力的难采矿体回采巷道围岩支护中，金属网可以加强喷层的整体性，提高其抗拉、抗弯与抗剪能力。金属网还是保证锚杆发挥锚固效应的护表构件，能保证浅部围岩的结构完整性，改变浅部围岩的应力状态等，因此其支护作用不容小觑。比如马丁、卢洋龙[17]曾对 TECCO 网＋管缝式锚杆支护进行研究，其研究结果表明：这种支护方式能取得良好的支护效果，其顶板沉降量在支护完成 20 天后趋于稳定，有效改善施工作业环境，同时也有良好的经济效益，其总工程费与原有支护方案相比下降了 20%。图 6-15 为金属网作用示意图，由图可知有金属网的情况下，虽然巷道表面围岩已破坏，但没有松散、垮落，一样可作为传力介质，使巷道深部围岩仍处于三向应力状态，提高岩体的残余强度，显著减小围岩松散、破碎区范围，同时也保证了锚杆的锚固效果。

下面仅就目前常用的正方形钢筋网与性能优良的 TECCO 网进行较为深入的受力分析研究[18]。

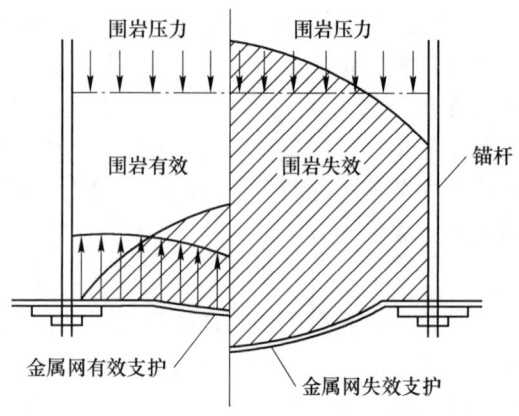

图 6-15 金属网作用示意图[10]

A 钢筋网单元受力分析

目前矿山常用的钢筋网是按一定间距将纵向钢筋和横向钢筋十字交叉焊接而制成的金属网，如图 6-16 所示。选取钢筋网相邻两网孔间的一根钢筋 *ABC* 为研究对象，如图 6-17 所示。在研究对象中点 *B* 处垂直施加外力 *F*，此时网筋处于受拉、受扭、受剪等复杂应力状态。为简化研究，假设研究对象在外力 *F* 作用下仅处于受拉状态，且钢筋网的焊接点为刚节点。故研究对象在外力 *F* 的作用下发生伸长变形，随着变形量的持续增加，网筋承受的拉应力逐渐增大，当应力超过网筋的强度极限时网筋将断裂。设在网筋断裂时的极限单位重量承载能力为 *f*，*f* 值越大，表明网的承载能力越强，钢筋的利用率越高。受力分析如图 6-18 所示。

图 6-16 现场巷道支护情况局部图

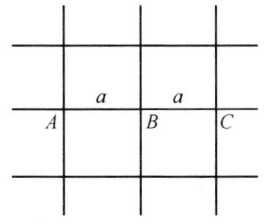

图 6-17 钢筋网简图

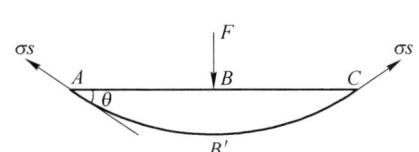

图 6-18 钢筋网受力分析图

平衡方程：

$$F = 2\sigma s\sin\theta \tag{6-17}$$

受力变形后钢筋网的转角：

$$\cos\theta = \frac{E\pi d^4}{32\sigma s a^2} \tag{6-18}$$

ABC 单元的重量：

$$G = rv = 2rsa \tag{6-19}$$

联立式（6-17）~式（6-19）得极限单位重量承载能力：

$$f_G = \frac{\sqrt{64a^4\sigma^2 - E^2 d^4}}{8ra^3} \tag{6-20}$$

式中，σ 为网筋的抗拉强度；s 为网筋的截面积；θ 为受力变形夹角；E 为网筋的弹性模量；a 为网孔尺寸；r 为网筋的容重；d 为网筋的直径。

由式（6-20）可知：钢筋网单位重量的承载能力与网筋的容重成反比，而与网筋的抗拉强度呈正比。由此可知，为提高钢筋网的护表能力，不是选择越重的钢筋越好，而是选择强度越高的钢筋越能提高钢筋网的支护效果。在钢材已知的情况下，网孔的尺寸越大，钢筋单位重量的承载能力越小，即钢筋网的承载能力越小，钢筋的利用率越低。而网孔的尺寸过小，喷射混凝土时，混凝土的反弹率极高，而且不能将金属网后壁填满，围岩容易在填空区因未及时得到有效支护而出现薄弱处，进而使得整个巷道沿填空区发生破坏。因此喷锚网支护中，合理的金属网物理力学性质及网孔尺寸是保证整个支护体系发挥效用的重要影响因素。

B TECCO 网单元受力分析

TECCO 网是由高强钢丝轻度挠曲而成的三维链状菱形金属网，见图 6-19。选取同一直线上相邻三节点范围内的网丝 PEJ 段为研究单元，见图 6-20。在中点 E 处垂直施加外力 F，研究对象在外力 F 的作用下处于受拉、受剪等复杂应力状态，为简化研究，假设研究对象在外力 F 作用下仅处于受拉状态，且金属网节点为铰节点。故在外力 F 作用下，TECCO 网拐角处的网丝先被拉直，随后发生伸长变形。随着变形量的不断增加，网丝的应力不断增大，当网丝承受的应力超过其强度极限时网丝将被拉断，分析该研究对象在网丝断裂时的极限单位重量承载能力 f，f 越大，表明 TECCO 网的极限承载能力越大，网丝的强度利用率越高，其受力分析见图6-21。

图 6-19　现场巷道 TECCO 网支护情况局部图

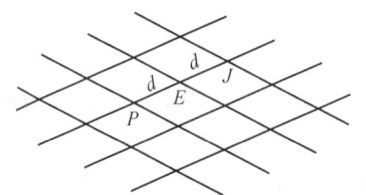

图 6-20　TECCO 网简图

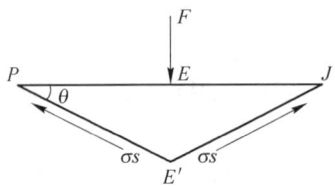

图 6-21　TECCO 网受力分析图

平衡方程：

$$F = 2\sigma s \sin\theta \tag{6-21}$$

物理方程：

$$\varepsilon = \frac{\sigma}{E} = \frac{\Delta d}{d + kd} \tag{6-22}$$

受力变形后网丝的伸长量：

$$\Delta d = \frac{d}{\cos\theta} - d - kd \tag{6-23}$$

PEJ 单元的重量：

$$G = rv = 2rs(d + kd) \tag{6-24}$$

联立式（6-21）~式（6-24）得单位重量承载能力：

$$f_{\mathrm{T}} = \frac{F}{G} = \frac{\sigma \sqrt{(1+k)^2(\sigma+E)^2 - E^2}}{rd(1+k)^2(\sigma+E)} \tag{6-25}$$

式中，σ 为网丝的抗拉强度；s 为网丝的截面积；θ 为受力变形夹角；E 为网丝的弹性模量；d 为菱形网边长；r 为网丝的容重；k 为网丝的延率。

由式（6-25）可知：TECCO 网单位重量的承载能力同网丝的延率成反比，即网丝受力后先将扭曲呈三维状态的网丝张紧，然后再发生伸长变形，因此网丝的延率越大，网丝受力后发生的变形越小，网丝的单位重量承载能力越小。菱形网单位重量承载能力与网丝容重成反比，而与网丝的抗拉强度成正比，因此选择 TECCO 网时要选抗拉强度大而非重量大的网丝，通过扭曲编制呈三维菱形结构。网孔尺寸越大，钢筋的单位重量承载能力越小，即钢筋的利用率越低，但网孔尺寸过小，喷射混凝土的反弹率增高，造成 TECCO 网后填空区比较多，总体支护效果不好。总之，合理的力学特征及网孔尺寸是保证 TECCO 网护表作用得以顺利实施的关键因素。

图 6-22 TECCO 网钢丝拉伸试验

C 支护网原材料对比试验

矿山原采用钢筋网的钢筋与 TECCO 网的钢丝做拉伸对比试验，如图 6-22 所示。分别做六组，试验结果如表 6-3 所示。

表 6-3 支护网钢筋和钢丝拉伸试验数据

名 称	试 验 数 据			
	最大拉断力/kN	最小拉断力/kN	平均拉断力/kN	最小抗拉强度/MPa
TECCO 网的钢丝	12.27	11.6	11.95	1641.9
钢筋网的钢筋	16.05	15.67	15.795	472.5

由表中的数据可以看出，TECCO 网的钢丝拉断力略小于钢筋，其抗拉强度却是钢筋的 3 倍多。由此，也证明了 TECCO 网的实际支护效果优于传统的钢筋网。

D 实例分析

矿山原用的金属网是直径为 6.5mm 的光圆焊接钢筋网，相邻网片间采用一般的人工勾接方式进行联结，如图 6-16 所示。通过现场调查表明：金属网很容易在联网处发生破坏，围岩将沿联网处垮落挤入巷道，这不仅使得整个支护体系的支护效果得不到充分发挥，而且为巷道的稳定、安全生产带来极大的隐患。为提高支护效果就必须增强联网强度，或者改变金属网的类型。下面将根据金属网单元的受力分析来对比分析钢筋网与 TECCO 网的支护效果，两种金属网的力学参数见表 6-4。

表 6-4   两种金属网的力学参数

金属网类型	直径 /mm	网孔尺寸 /mm	极限强度标准值 /N·mm^{-2}	弹性模量 /N·mm^{-2}	延率 /%	容重 /kg·mm^{-3}
钢筋网	6.5	150×150	420	2.10×10^5	—	7.85×10^{-6}
TECCO 网	3.0	140×80	1770	2.10×10^5	5	7.85×10^{-6}

将钢筋网和 TECCO 网的力学参数分别代入式（6-20）和式（6-25），得出钢筋网和 TECCO 网的单位重量的承载能力分别为：

$$\begin{cases} f_G = \dfrac{\sqrt{64 \times 150^4 \times 420^2 - 6.5^4 \times (2.1 \times 10^5)^2}}{7.85 \times 10^{-6} \times 8 \times 150^3} = 356.7 \times 10^3 \text{N/kg} \\[3mm] f_T = \dfrac{1770\sqrt{(1+0.05)^2 \times (1770 + 2.1 \times 10^5)^2 - 2.1^2 \times 10^{10}}}{7.85 \times 7.85 \times 10^{-6} \times 80 \times (1+0.05)^2 \times (1770 + 2.1 \times 10^5)} = 880.65 \times 10^3 \text{N/kg} \end{cases}$$

$$(6\text{-}26)$$

由计算结果可知，TECCO 网单位重量的承载能力是钢筋网的单位重量承载能力的 2.5 倍，即 TECCO 网比钢筋网利用率更高、承载能力更大，更能有效控制围岩的变形破坏。TECCO 网链状连接的结构特征使得金属网能更好地吸收、传递载荷，并将作用在其上载荷通过锚杆传到深部稳定岩层中，充分利用围岩的自承能力。

6.3.2.4   注浆加固作用分析

对于特别破碎和复杂地质条件的巷道围岩，在喷锚网支护的基础上，再辅以注浆加固是目前较为可靠的技术措施之一。注浆加固是将注浆与锚固有机结合的联合支护方式，有三种施工方式：一是在锚网之前先进行预注浆；二是先钻进成孔，而后注浆锚固；三是随钻进随锚固。第一种是单独的注浆系统，第三种是钻杆既是锚杆又是注浆管的三者合一，因此这两种注浆施工方式的成本都是比较高的，一般矿山不采用。而第二种是以中空锚杆为注浆管，其施工难度小、注浆成本低，为一般矿山所采用。下面就结合具体矿山巷道现场的注浆试验，讨论注浆加固机理、注浆材料的改性以及注浆加固参数的确定。

A   注浆加固机理

与单纯的锚杆支护相比，注浆与锚杆相结合可以更好地改善锚杆的受力状态，及时向围岩提供支护阻力。在破碎围岩中进行锚杆支护时，锚杆不易在破碎围岩中找到坚固的着力点，发挥不了锚杆的支护作用。但如果在破碎围岩内部以中空锚杆为注浆管进行了注浆，浆液通过渗透或压入的方式进入到破碎围岩裂隙或空隙中，将破碎围岩黏成一体，锚杆就有了坚实的着力点，同时浆液黏结锚杆与破碎围岩，将原来只在端部起作用的锚杆变成在整个锚杆范围都可以起锚固作用的全长锚杆,转变后的充浆锚杆与破碎围岩能形成可靠的组合拱,大大加强了围岩的自承能力。此外,灌注改性的水泥浆液在高压下迅速扩散到破碎围岩的节理裂隙之中,凝固后成为具有一定强度的充填材料,这种充填材料类似植物发达密布的侧根与支根,将松散或破碎的围岩紧紧包裹在一起,而形成锚-岩复合体,大大增强了破碎围岩的抗剪强度,实现破碎围岩自稳能力的快速提升。因此,锚固与注浆加固相结合后,锚杆加固圈与注浆加固圈都能及时承载外荷载,在二者重叠的部分承载力得到加强,可以更好地控制围岩变形,大大提高破碎围岩的支护效果,保障破碎巷道围岩的稳定与安全。

综上所述,可将注浆加固的原理归纳为如下几点:

(1)植物根系固土力学效应。植物根系固结岩土体的力学原理已经被广泛应用于各类工程边坡的治理与泥石流灾害的防止方面,图6-23为植物根系固结边坡的照片。仿植物根系固土的力学机制,探讨深部高应力破碎围岩回采巷道支护的根系固结土力学原理。如图6-24所示,松

植物根系
固结边坡

图6-23 植物根系固结土体边坡

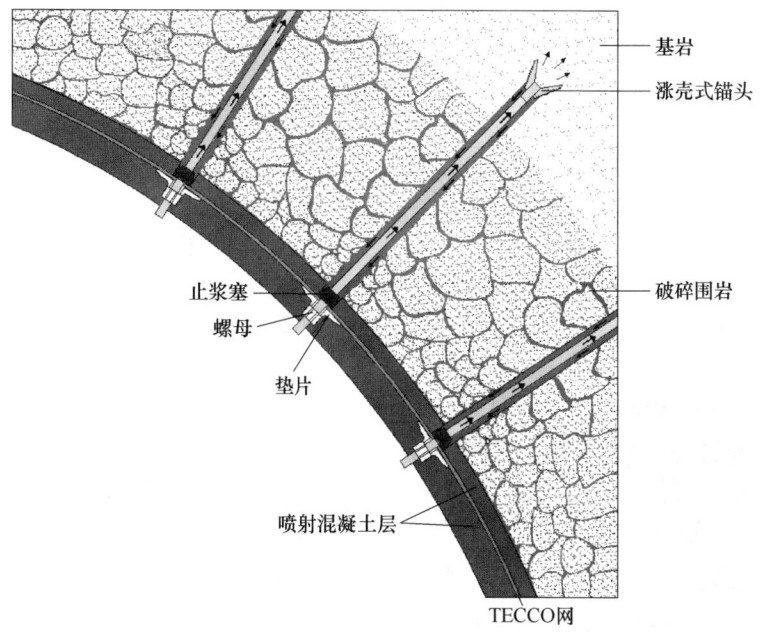

基岩

涨壳式锚头

破碎围岩

止浆塞
螺母
垫片

喷射混凝土层

TECCO网

图6-24 巷道支护仿植物根系固土力学机制的原理示意图

散破碎围岩经涨壳式中空锚杆注浆后,金属网的作用类似于植物浅根,浅根将岩土体变成类似的加筋复合材料;将锚杆的作用视为植物的深根,将浅层破碎的岩体层锚固到稳定的基岩上;而随机分布的注浆则相当于植物根系中发达密布的侧根与支根,发挥水平牵引作用,将松散破碎的围岩包裹在一起,形成较为紧密的承力层,显著提高了破碎围岩回采巷道的支护效果。

(2)减小巷道围岩松动圈[1]。松动圈是随着围岩的应力重新分布而产生的,松动圈的大小反映了巷道支护的难易程度,松动圈越大,巷道支护越困难。松动圈的半径 L 发展与地应力 P 和围岩强度 R 存在关系:$L = f(P, R)$,地应力一定时,围岩强度越大,松动圈半径越小。前述分析认为注浆后增加了围岩的强度,从而减小了松动圈半径,降低了巷道的支护难度。

(3)注浆增加了锚杆的耦合度。在某镍矿 1110m 水平西分段道进行注浆支护试验所采用的涨壳式中空锚杆如图 6-25 所示。其主要参数为外径 28mm,壁厚 5.5mm,长度 2600mm,钻孔直径 42mm;锚杆端部采用机械式涨壳进行锚固,旋转杆体使涨壳张开压实围岩,通过张拉设备提供 100kN 以上的预应力。在安装好锚网后,通过中空杆体空腔注浆,锚尾处的止浆塞和托板可有效防止浆液外溢,保证了浆液的饱满度。在注浆压力为 4MPa 左右的情况下,高压浆液除了渗透到锚杆周围松散破碎的围岩之中外,浆液也充满了空心的杆体及钻孔。如此就形成了钢管混凝土(相对于空心的杆体来说)和钢筋混凝土(相对于钻孔内锚杆来说),如图 6-26 所示。于是涨壳式中空锚杆达到了内强外粗的效果,实现了锚杆的强度和刚度的耦合,也实现了支护结构的耦合。

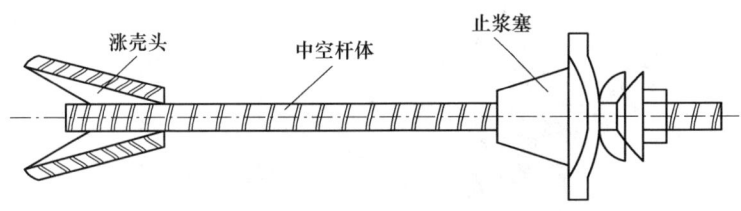

图 6-25　中空预应力注浆锚杆结构示意图

(4)转变围岩破坏机制的作用[1]。从断裂力学的角度分析,连续介质存在裂隙时,在加载过程中裂隙周围将会出现强烈的应力集中,应力集中达到一定程度引起介质破坏。通过高压注浆作用,可以将浆液灌注到松散破碎的围岩中,甚至注入到封闭裂隙,将裂隙闭合粘实,降低了围岩裂隙的集中程度。同时,裂隙面的充填闭合也提高了岩体的弹性模量和强度,也使围岩中较大裂隙附近的岩体由原来的二向受力状态,在裂隙被充填粘实后变为三向应力状态,提高了围岩的整体强度。

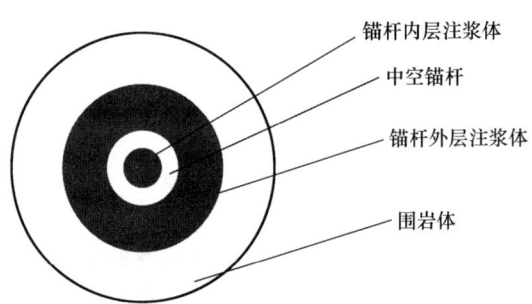

图 6-26 锚固体和围岩体横截面示意图

B 注浆材料的改性

a 注浆材料分类

目前地下注浆工程中所使用注浆材料主要有高分子材料和水泥无机材料两大类[19]。

（1）高分子注浆材料。高分子化学类材料主要有硅酸钠水溶液类、脲醛树脂类、聚氨酯类有机材料等。该类材料的优点是析水率小、稳定性好、黏度低、可注性强、凝结时间可控，但此类材料成本较高、耐久性较差、胶结强度低又对环境有污染，且施工工艺复杂。因此，此类材料很少在一般巷道的支护中使用，只是在极其破碎围岩巷道的超前加固中偶尔使用。目前，化学材料正向着酸性水玻璃材料、高强木质素材料等方向应用与发展。

（2）水泥无机注浆材料。水泥类无机注浆材料的优点主要是：原料广、花费低、无毒、耐久性好、结石强度高。但此类材料析水率较高、凝结速度慢、注入性差、稳定性也不好。因此对水泥类无机注浆材料的研究主要集中在改善浆材性能方面，比如向水泥浆中添加各种外加剂以此来改善浆液性能，使其向工程所需要的结果发展。

b 水泥注浆材料的改性

这方面可以用一个工程实例来加以说明，图 6-27 为改性水泥浆液可注性试验模拟装置示意图，其包括输送浆液和模拟裂隙装置两部分。输送的浆液装置包括注浆泵、压力表和高压注浆管三部分。模拟裂隙的装置由前端截止阀、注浆箱和后端截止阀组成，前端截止阀的作用是阻止浆液回流，并保持注浆后注浆箱内气压稳定。图中注浆箱由 50cm×40cm×0.6cm、50cm×30cm×0.6cm 和 40cm×30cm×0.6cm 的钢板焊接而成，箱体上部边缘焊接了 4cm×50cm×0.6cm 和 4cm×40cm×0.6cm 的钢板并打有间距和大小相同的孔，孔径为 1cm。顶部盖子是尺寸为 58cm×48cm×0.6cm 的钢板，盖子上也分布着跟上部边缘吻合的孔。试验时盖子与箱体用密封胶粘住后用 10mm×25mm 的整套螺丝进行密封，该注浆箱具有良好的密封性和耐压性。后端截止阀是为防止注浆时浆液外流和排水之用，实物图如图 6-28 所示。

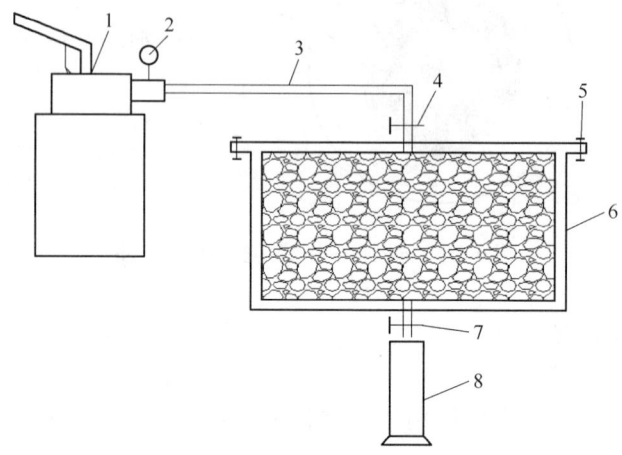

图 6-27　注浆模拟装置示意图

1—注浆泵；2—压力表；3—注浆管；4—前端截止阀；5—螺丝；

6—注浆箱；7—后端截止阀；8—量筒

图 6-28　注浆模拟装置实物图

水泥改性试验所用的外加剂为一种土黄色固体粉末，其主要化学组成如表 6-5 所示。根据试验结果，当外加剂为 5% 时，水灰比为 0.5 ~ 0.6，可获得最佳的注浆效果。此配比既能满足比净水泥浆更小的浆液表观黏度，又有一定的流动度增量，在保持凝结时间适中、析水率不太大的情况下，还能达到与净水泥浆持平的抗压强度。

表6-5 外加剂主要化学组成表

成分	SO_3	CaO	SiO_2	Al_2O_3	K_2O	Fe_2O_3	Na_2O
w/%	41.55	31.75	12.83	8.77	1.57	1.45	0.45

在获得水泥注浆改性室内试验结果的基础上，又进行了现场的注浆试验。现场试验地点为某镍矿1110m水平西分段道，此处围岩破碎，构造应力大，原来所采用的普通砂浆锚杆双层钢筋网支护方式效果不佳。现场支护试验除使用预应力中空注浆锚杆、高强柔性TECCO网和喷射混凝土方式进行联合支护外，还配合了注浆支护，以此加固破碎围岩，提高巷道围岩的整体性，增强围岩自稳能力，降低巷道后期的返修率。图6-29为在某镍矿破碎巷道所进行的注浆试验情况，注浆材料为42.5普通硅酸盐水泥，根据室内研究所配制的水灰比为0.5~0.6，外加剂掺量为5%时，稠度28~30s。注浆时先检查注浆设备，配置注浆液，然后连接注浆管，准备工作完成后进行注浆，注浆压力约为地下静水压力的2~3倍，瞬时压力不得大于5~6MPa，浆液从钻孔或者围岩表面溢出时或者注浆压力达到5~6MPa时停止注浆，注浆完成后及时清洗注浆设备。

(a) (b)

图6-29 现场注浆试验情况图

(a) 注浆管与中空锚杆的连接；(b) 现场用的注浆机

C 注浆参数的确定

通过中空锚杆对破碎围岩进行注浆的实质是岩体渗透注浆，它是指浆液在基本不改变岩体原本构造和体积的情况下，以相对较小的注浆压力作用，对岩体的裂隙和空隙进行填充并排挤出其中存在的水和气体的过程。因此，下列注浆主要参数都是针对上述的岩体渗透注浆[19]。

（1）注浆压力。注浆压力是浆液在围岩中扩散的动力，它直接影响注浆加固质量和效果。注浆压力受岩层条件、注浆方式和注浆材料等因素的影响和制约。注浆压力的选择应注意压力过高会引起劈裂注浆，很可能在注浆过程中导致围岩表面片帮冒顶等破坏。如压力过小浆液难以向四周围岩中扩散。因此，正确选择注浆压力及合理运用注浆压力是注浆成败的关键。对水泥浆液加固，一般在 2MPa 左右。某镍矿 1110m 水平西分段道试验段的注浆压力为 4MPa 左右。

（2）注浆扩散半径。通过中空锚杆的端部，改性的水泥浆液渗透到岩体的裂隙和空隙之中，其渗透路径是很曲折而复杂的。目前，普遍认可的岩体渗透注浆理论有球形扩散理论、柱形扩散理论和袖套管法理论三种。无论是采用哪种扩散理论，都不可回避这样一个事实：浆液在巷道围岩裂隙中的扩散是不规则的，它受到很多因素的影响，如它是随着岩层渗透系数、裂隙宽度、注浆压力、注浆时间的增加而增大，而随着浆液浓度和黏度的增加而减小。一般以调节注浆压力、浆液注入量和浓度等参数来控制浆液扩散范围的大小，一般要求其扩散半径在 0.8 ~ 1.0m 以上。某镍矿 1110m 水平西分段道试验段的注浆半径普遍是 1m 以上。

（3）注浆量。围岩裂隙的发育状况是影响注浆难易程度的重要因素之一。由于围岩裂隙发育、松动范围的不均匀性和围岩岩性的差异，围岩吸浆量差别较大，所以每一根注浆锚杆的注浆量是不同的，为了有效地加固破碎围岩达到一定的扩散半径，又节省注浆材料和注浆时间，在某镍矿 1110m 水平西分段道试验段的注浆量是以注浆锚杆周围一定范围有浆液渗出巷道壁面为参照。

（4）注浆时间。为了防止注浆在围岩裂隙孔隙发育的巷道内浆液泄漏，注浆时在控制注浆压力和注浆量的同时，还要控制注浆所持续的时间，注浆时间不宜过长。裂隙、孔隙、层位不发育的围岩，吸浆速度较慢，浆液扩散较困难，为了提高注浆效果，必须在提高注浆压力的同时适当延长注浆时间。

（5）注浆孔的布置。注浆孔的孔间距主要由渗透半径决定。浆液的渗透半径与岩石性质、破坏状态、注浆压力、浆液性质及稀稠程度等因素有关。它的变化范围很大，所以主要还是由实地试验的数据作依据。用于巷道稳定的加固性注浆，由于眼浅，压力低，所以孔眼距一般在 2 ~ 3m 以内。注浆孔的眼距应使两个注浆孔的渗透范围有一定交叉，所以应比 2 倍渗透半径小。

6.4 破碎难采矿体无底柱分段崩落法回采巷道支护设计优化与数值模拟计算

回采巷道开挖后出现的围岩压力按照应用较广的分法，分为松动压力、变形压力、膨胀压力和冲击压力[5]。对于无底柱分段崩落法的回采巷道来说，围岩压力主要是松动压力与变形压力的作用。结合回采巷道所存在的时间短、支护结构具有"临时性"的特点，需要进行支护优化设计及相应的数值模拟计算分析。

6.4.1 回采巷道支护设计优化

对于难采而复杂地质环境条件下的矿体，崩落法下的回采进路采用喷锚网注联合支护是一种较为先进的支护方式。该方式在国外同类型矿山的支护中应用较为广泛，而国内相关支护案例较少，因而具有广阔的发展前景。喷锚网注联合支护方法并非是各种支护构件的简单叠加，而是充分发挥锚杆、柔性网及注浆加固等的关联支护能力，从而最大限度发挥巷道围岩自稳能力，保证回采巷道的稳定安全，实现崩落法安全、高效、低成本采矿的总体目标。喷锚网注支护与传统的喷锚网支护相比，由于不进行第二喷混凝土，大大减少了砂浆用料，减少施工费用，也减少繁重的人工喷浆作业，大大降低了工人的劳动强度。同时，喷锚网注支护的工艺简单、方便、快捷，基本不再进行后期的返修。

6.4.1.1 管缝式锚杆支护设计优化

对于使用不同种类的锚杆和不同的回采进路断面尺寸，其支护设计优化方法会有差异，这里结合四川锦宁矿业公司大顶山矿区的实际情况，对所使用的管缝式锚杆进行参数优化设计[20]。

A 管缝式锚杆长度

管缝式锚杆是一种全长锚固、主动加固围岩的常用锚杆，它主体部分是一根纵向开缝的高强度钢管，当安装于比管径稍小的钻孔时，可立即在全长范围内对孔壁施加径向压力和阻止围岩下滑的摩擦力，加上锚杆托盘托板的承托力，从而使围岩处于三向受力状态，实现岩层加固。在爆破振动作用下，后期锚固力有明显增大，当围岩发生显著位移时，锚杆并不失去其支护抗力。管缝式锚杆的材质有 Q235、16Mn、20MnSi。管缝锚杆的主要技术特点：（1）原料采用高强合金带钢；（2）安装最简单；（3）无须锚固剂；（4）锚杆与岩体的摩擦力大；（5）具有较高的抗剪、抗拉强度；（6）配有高强托盘，托盘受力均匀。图 6-30 为管缝式锚杆的实物图与结构示意图。

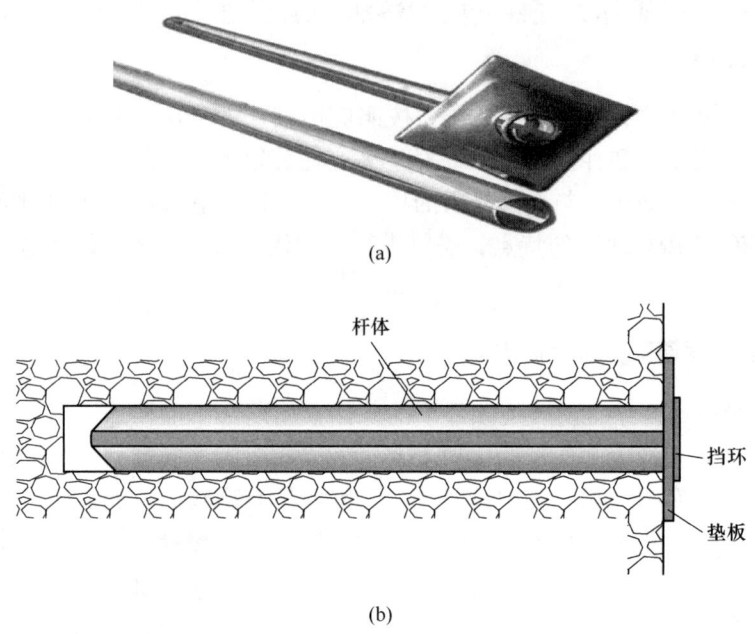

(a)

(b)

图 6-30　管缝式锚杆实物与结构示意图

（a）管缝式锚杆实物图；（b）管缝式锚杆结构示意图

管缝式锚杆长度设计如下：

$$L = L_1 + L_2 + L_3 \tag{6-27}$$

式中，L 为锚杆长度；L_1 为锚杆外露长度，取 0.1m；L_2 为锚固段长度，取 0.2 ~ 0.3m；L_3 为锚杆的有效长度，要求大于巷道不稳定岩层厚度，根据围岩松动圈测试实验，取 1.5m。

由此可知：$L = L_1 + L_2 + L_3 = 0.1\text{m} + (0.2 \sim 0.3)\text{m} + 1.5\text{m} = 1.8 \sim 1.9\text{m}$。

B　管缝式锚杆间排距

根据悬吊理论可知，每根锚杆悬吊的岩石重量确定，即锚杆悬吊的岩石重量等于锚杆的锚固力，即：

$$Q = K L_3 S_1 S_c \gamma \tag{6-28}$$

式中，S_1、S_c 为锚杆间、排距；Q 为锚固力，由拉拔试验测定，取 60kN；K 为锚杆安全系数，一般取 $K = 1.5 \sim 2$；γ 为岩石体积力，取 23kN。

通常锚杆按等间距排列，即 $S_1 = S_c$，则有：

$$S_1 = S_c = \sqrt{\dfrac{Q}{K L_3 \gamma}} \tag{6-29}$$

计算可得：

$$S_1 = S_c = \sqrt{\frac{60}{(1.5 \sim 2) \times 1.5 \times 23}} = 0.97 \sim 1.13\text{m}$$

6.4.1.2 金属网的设计优化

目前矿山所采用的金属网一般为直径6.5mm的点焊钢筋网,这种金属网最大的优点是材料来源广、容易加工,且生产成本较低,但这种网在实际应用过程中也存在致命的缺点:在较大地应力的作用下容易散架,网片之间的搭接存在不牢固等问题,如图6-31所示。因此,在现场的试验中,选择了一种柔性好、强度高、质量轻的新型TECCO网。同时还有专门联结用的锁扣,网与网之间的联结非常方便,且牢固可靠,整体效果优良,图6-32为TECCO网的局部及其专用的联结锁扣。

图 6-31 钢筋网片间搭接不牢固

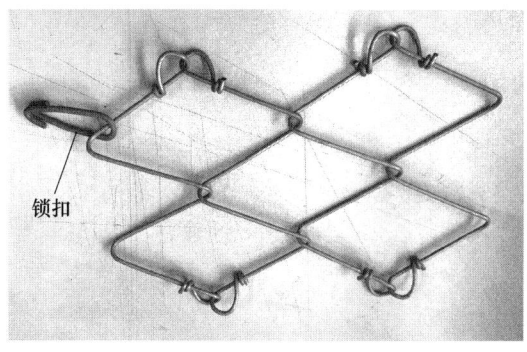

图 6-32 TECCO网和联结用的锁扣

TECCO 网与锚杆支护是针对高应力回采巷道由于破裂变形而产生的变形不协调部位，通过锚杆—金属网的耦合支护而使其变形协调，控制巷道围岩的进一步变形破坏。管缝式锚杆作为机械式摩擦锚杆，能够增大锚固区围岩强度，有助于增强裂隙岩体整体性，形成加固带。同时，管缝式锚杆的楔固作用使锚杆与围岩接触得更好，从而大幅减少或防止了围岩沿不连续面的移动。

铺设 TECCO 网能够抵抗锚杆间破碎岩块的碎胀压力，防止锚杆之间松散岩块的掉落，预防由于锚杆间岩块掉落而引起围岩的局部冒落。敷设 TECCO 网时，必须将网和围岩贴严，如在超挖处敷设网，网后有空洞时，必须在超挖处补打锚杆，将网压紧岩面，或预先喷砂浆或混凝土填平空洞。TECCO 网必须敷设均匀，使用专用联结锁扣或在接头处重叠 15cm 左右。

本次现场试验所采用的金属网是网孔为 140mm × 80mm 的菱形高强度 TECCO 网，钢丝直径为 3.0mm，抗拉强度 1770MPa。TECCO 格栅所使用的高强度钢丝是通过一种特殊钢材的原材料加工技术，即多工序拖曳精加工工艺生产而成。金属网的钢丝表面非常坚硬而且具有很高的抗变形能力，具有杰出的易拉伸性，不易发脆和断裂。当钢丝格栅跨越锋利而坚硬的岩石边缘张拉安装时，钢丝不易受到损伤。此外网与网之间的联结牢固，整体效果优良。

6.4.2 回采巷道管缝式锚杆与 TECCO 网支护数值模拟分析

FLAC^{3D}（three dimensional fast lagrangian analysis of continua）是由美国 Itasca 公司开发的一种利用显式有限差分方法求解岩土、采矿工程中力学问题的三维连续介质程序，主要用于模拟土、岩或其他材料的非线性力学行为，可以解决众多有限元程序难以模拟的复杂工程问题，例如大变形、大应变、非线性及非稳定系统等问题。

6.4.2.1 计算模型建立与参数确定

A 数值计算方案

锦宁矿业公司大顶山矿区无底柱分段崩落法回采巷道支护主要是喷锚 + 筋条支护，以及喷锚 + 筋条 + 钢支架联合支护形式等。试验新的喷锚网支护方式中，主要是采用管缝式锚杆 + TECCO 网，锚杆排距 1m，其支护方案如图 6-33 所示。

B 数值计算模型

大顶山矿区回采巷道断面为 2.8m × 2.8m，采用 1.8m 长管缝锚杆与 TECCO 金属网进行支护。数值计算模型尺寸选为宽 28m，高 28m。为了便于计算，减少

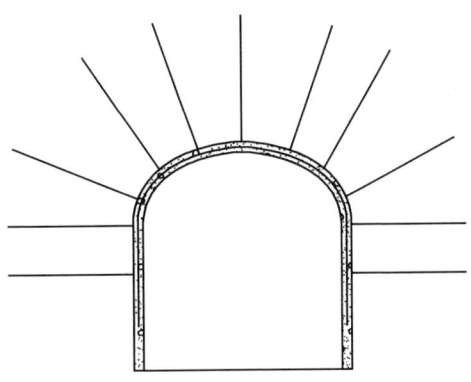

图 6-33 管缝式锚杆 + TECCO 网支护示意图

网格数量，在巷道轴向取 10m 长进行模拟分析。网格划分共计 36815 个节点，32776 个单元。建立的网格化数值计算模型如图 6-34 所示。

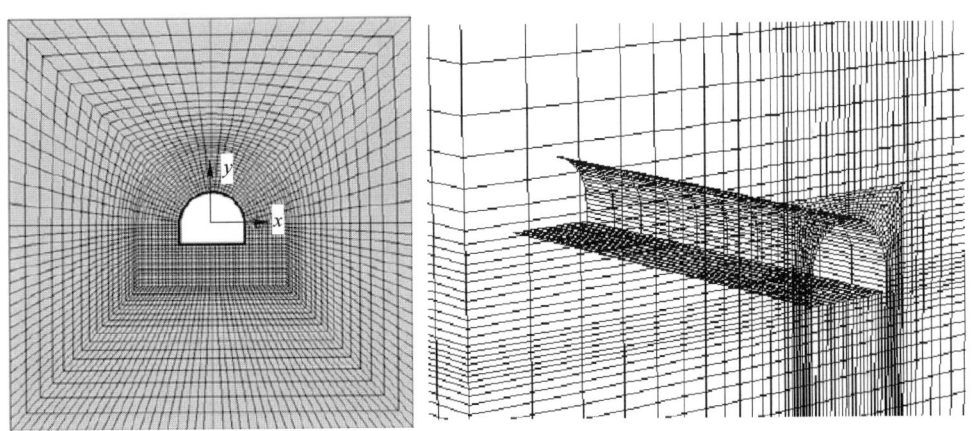

图 6-34 数值计算模型图

模型采用莫尔-库仑屈服准则：

$$f_s = (\sigma_1 - \sigma_3) - 2c\cos\varphi - (\sigma_1 + \sigma_3)\sin\varphi \qquad (6\text{-}30)$$

式中，σ_1、σ_3 分别是最大和最小主应力；c、φ 分别为岩体的黏聚力和内摩擦角。当 $f_s < 0$ 时，岩体将发生剪切破坏。

结合矿山原有支护方式和现场的试验情况，建立如下支护条件的巷道数值模型：

模型 1，矿山原有的喷锚 + 筋条支护方式，简称喷锚支护。

模型 2，锚杆 + TECCO 网支护方式，简称锚网支护。

C　计算参数选取

（1）边界条件和初始条件。计算过程中，在模型前后和左右边界，采用零位移边界条件，在模型的上表面施加岩体的自重应力作为上部应力边界条件，初始条件只考虑自重应力场。

（2）结构单元的选取。在数值模拟计算模型中，利用 FLAC^{3D}内置的结构单元桩单元（cable）来模拟巷道围岩支护中的管缝式锚杆。锚杆计算参数见表6-6。

（3）岩体参数选取。大顶山矿区回采巷道布置在矿体之中，因此在巷道数值模拟中可以将计算模型简化为磁铁矿一种岩体类型。主要岩体材料参数见表6-7。

表6-6　锚杆计算参数

参数类型	锚杆抗拉强度 /MPa	弹性模量 E/GPa	泊松比 ν	直径 d/mm	长度 L/m
管缝式锚杆	450	200	0.25	38	1.8

表6-7　主要岩体材料参数

岩体类型	R_c /MPa	R_t /MPa	C /MPa	ϕ /(°)	E /GPa	μ	K /GPa	G /GPa	r /t·m^{-3}
磁铁矿	89.4	90.5	6	37	51.3	0.34	18.75	10.7	3.9

（4）模型监测点的布置。为了检测在不同计算方案下，巷道的变形特征和应力状态，计算过程中均在相同的位置设置监测点，来监测开挖以及开挖支护后的位移变化情况。设置的监测点如图6-35所示。建立的锚杆单元模型如图6-36所示。

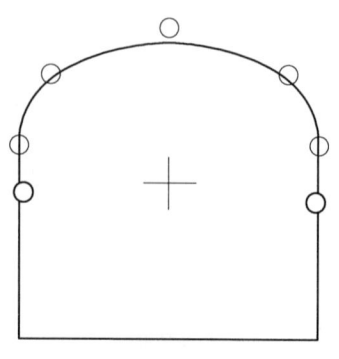

图6-35　测点位置示意图

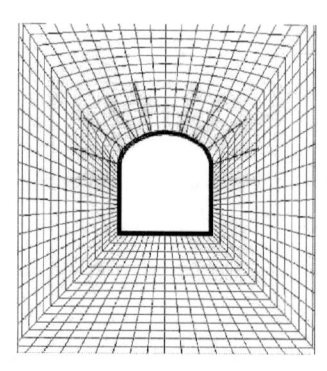

图6-36　数值模型

6.4.2.2　数值模拟结果分析

A　喷锚支护计算结果

a　围岩塑性区分布

喷锚支护后巷道围岩的塑性区分布如图6-37所示。从图中可以看出,巷道拱顶部位围岩屈服出现的塑性区较小,巷道两帮出现较大范围的塑性区,且有一定的延伸。巷道底板的中部没有出现塑性区,但巷道两侧帮脚处有较大范围的围岩屈服情况,且塑性区有一定的延伸。

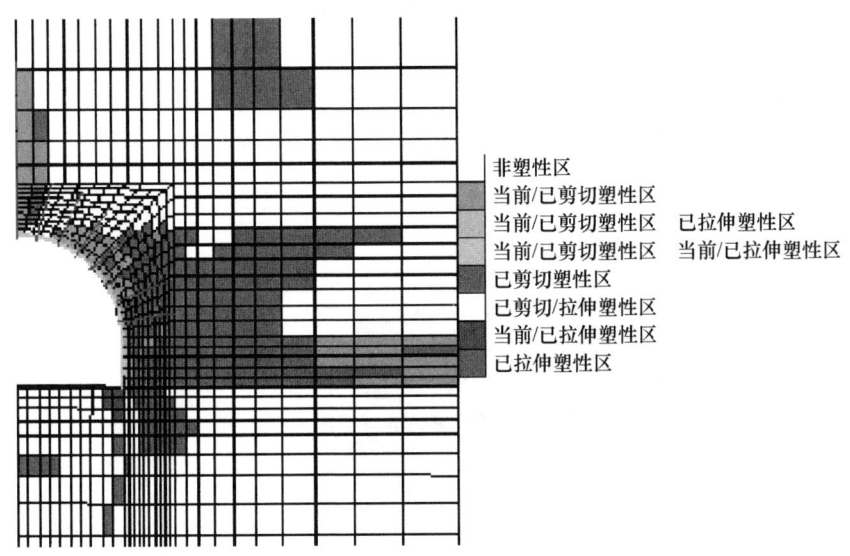

图6-37　喷锚支护后巷道围岩塑性区分布

b　垂向应力分布

FLAC³ᴰ模拟开挖后巷道的垂向应力分布特征如图6-38所示。从图中可以看到,喷锚支护后,围岩的最大垂向应力为24MPa,分布在巷道靠近底角处。巷道的底板部位出现一定范围的拉应力区域,但拉应力数值较小,约为0.3MPa。

喷锚支护后巷道垂直位移分布如图6-39所示,巷道顶板最大的垂直位移约为5.4mm。

B　锚网支护计算结果

a　围岩塑性区分布

锚网支护后巷道围岩的塑性区分布如图6-40所示。从图中可以看出,锚网支护后巷道塑性区分布的特征与喷锚支护大致相同。巷道拱顶部位没有出现大范围的塑性区,而在巷道两帮部位,塑性区分布范围较广,且有一定的延伸。巷道

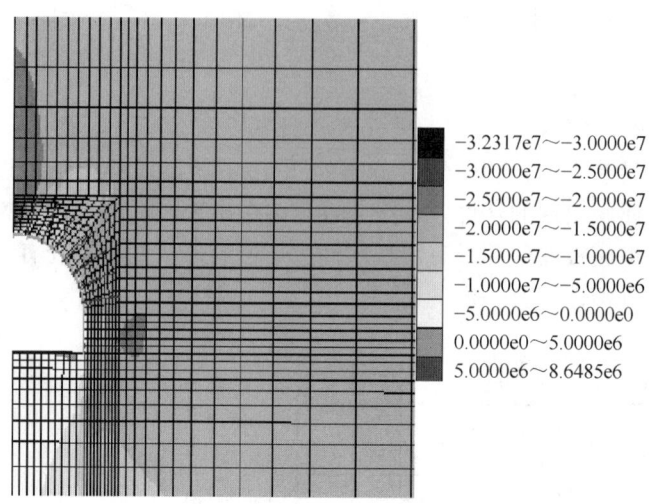

图6-38   喷锚支护后巷道围岩垂直应力分布云图位移分布（单位：Pa）

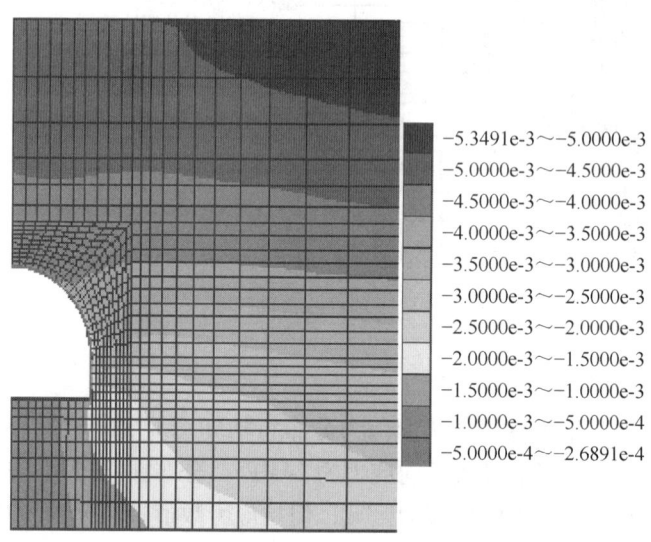

图6-39   喷锚支护巷道围岩垂直位移分布云图（单位：m）

底板的中部没有出现塑性区，但巷道两侧帮脚处有较大范围的围岩屈服情况，且塑性区有一定的延伸。

　　b   垂向应力分布

　　采用锚网支护后，巷道的垂向应力分布特征如图6-41所示。从图中可以看到，巷道围岩的最大垂向应力为25MPa，分布在巷道靠近底角处。巷道的顶板部

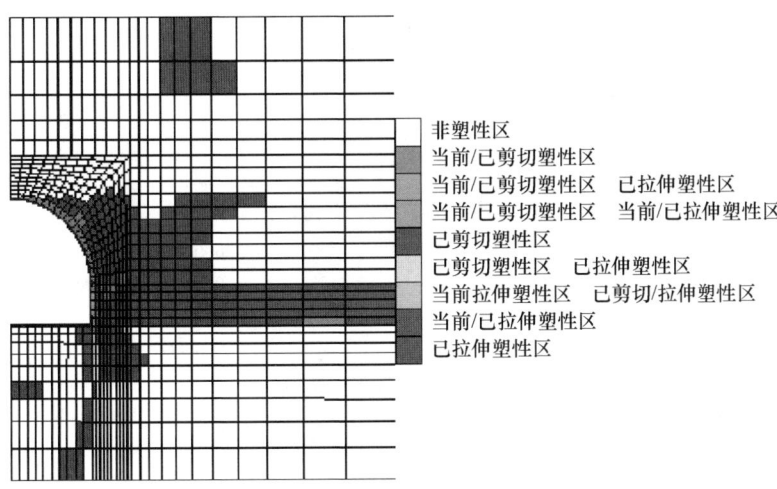

图 6-40　锚杆 + TECCO 网支护后巷道围岩塑性区分布（单位：Pa）

非塑性区
当前/已剪切塑性区
当前/已剪切塑性区　已拉伸塑性区
当前/已剪切塑性区　当前/已拉伸塑性区
已剪切塑性区
已剪切塑性区　已拉伸塑性区
当前拉伸塑性区　已剪切/拉伸塑性区
当前/已拉伸塑性区
已拉伸塑性区

位出现一定范围的拉应力区域，但拉应力分布范围很小。巷道底板也出现拉应力区域，拉应力数值约为 0.23MPa。

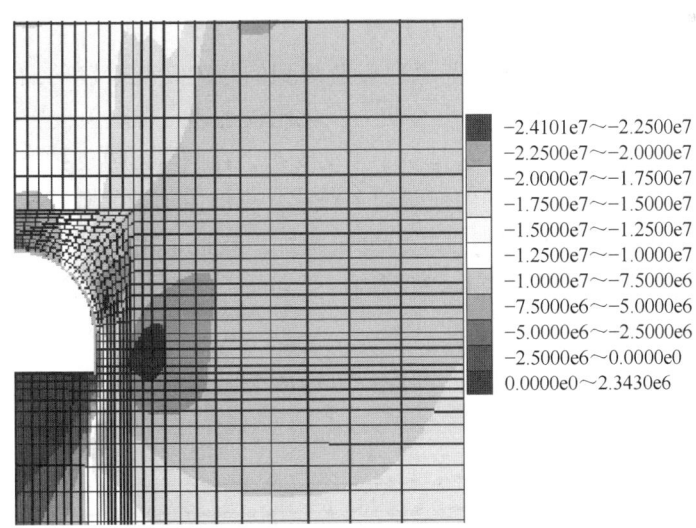

$-2.4101e7{\sim}-2.2500e7$
$-2.2500e7{\sim}-2.0000e7$
$-2.0000e7{\sim}-1.7500e7$
$-1.7500e7{\sim}-1.5000e7$
$-1.5000e7{\sim}-1.2500e7$
$-1.2500e7{\sim}-1.0000e7$
$-1.0000e7{\sim}-7.5000e6$
$-7.5000e6{\sim}-5.0000e6$
$-5.0000e6{\sim}-2.5000e6$
$-2.5000e6{\sim}0.0000e0$
$0.0000e0{\sim}2.3430e6$

图 6-41　锚杆 + TECCO 网支护后巷道围岩垂向应力分布云图（单位：Pa）

c　位移分布

锚网支护后巷道垂直位移分布如图 6-42 所示，巷道顶板最大的垂直位移约为 6.24mm。

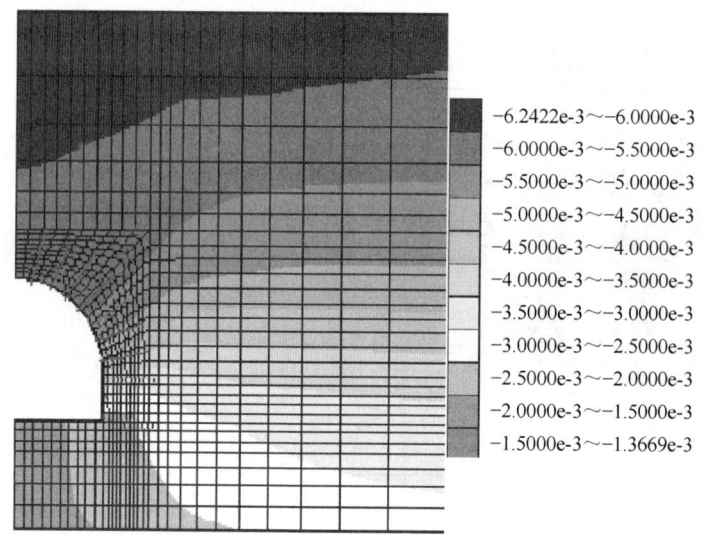

图 6-42　锚杆 + TECCO 网支护巷道围岩垂直位移分布云图（单位：m）

6.4.2.3　计算结果对比分析

A　不同支护方式下垂直应力分布

图 6-43 为两种支护方式在巷道顶板监测到的应力变化绘制的曲线。从图中可知，垂直应力在 1m 范围内，垂直应力变化比较迅速。在距顶板岩面 2m 之后，围岩垂直应力变化趋于平缓。这是由于主动支护，在围岩形成支护体随着岩体整体一起变形，使得垂直应力在内部得到了释放，支护体承受的载荷相对降低。图 6-44 显示出巷道围岩两帮的垂直应力分布特征，巷道采用喷锚支护的垂直应力比锚网支护略小。巷道围岩在 1m 范围内，受到的垂向应力不断增大，超过 0.5m 增幅变缓，在 3.5m 之后趋于稳定。

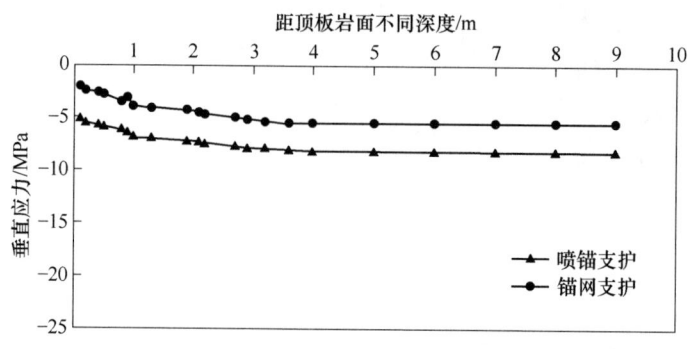

图 6-43　不同支护形式巷道顶板垂直应力分布特征

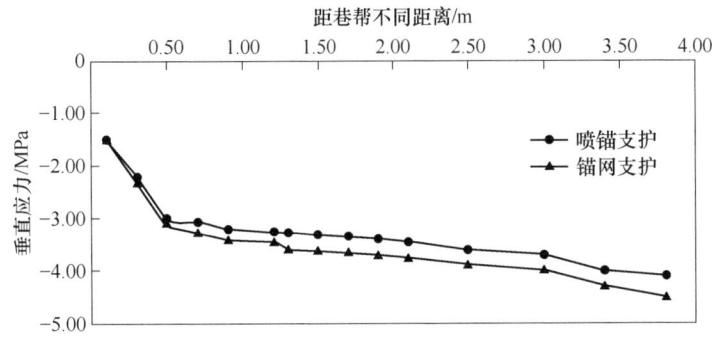

图 6-44 不同支护形式巷道两帮垂直应力分布特征

B 不同支护方式下垂直位移分布

从图 6-45 中可以看出两种支护方式垂直位移量变化比较相近。在距岩面 4m 范围之内，垂直方向的位移由 6mm 逐渐减小至不到 1mm，随着深度增加不断减小。当深度超过 5m 时，垂直方向的位移很小，且趋于稳定。图 6-46 示出了两帮垂直位移变化量，喷锚支护垂直位移量最小，二者都是随着深度的增加垂向位移不断减小，超过 5m 之后，近似趋近于没有垂直方向的位移。

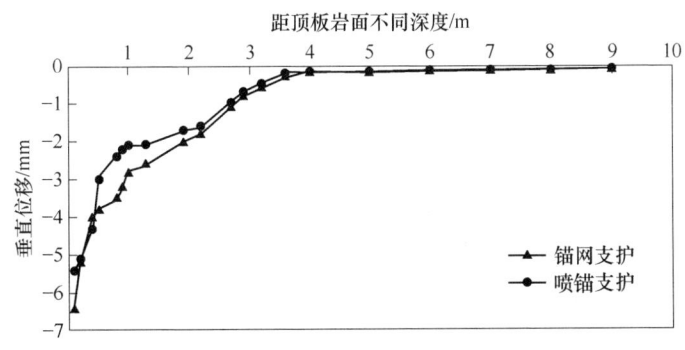

图 6-45 不同支护形式巷道顶板垂直位移分布特征

6.4.2.4 数值模拟结果分析

对锚网和喷锚两种支护方式进行模拟计算，将不同计算条件下的围岩塑性区分布、围岩垂直应力分布和围岩垂直位移分布特征进行整理对比，分析围岩稳定性，主要的结论如下：

（1）从两种支护方式的数值计算结果来看，喷锚支护与锚网支护在巷道两帮以及拱顶处都有一定的塑性区分布。但锚网支护在顶板部位的塑性区面积明显

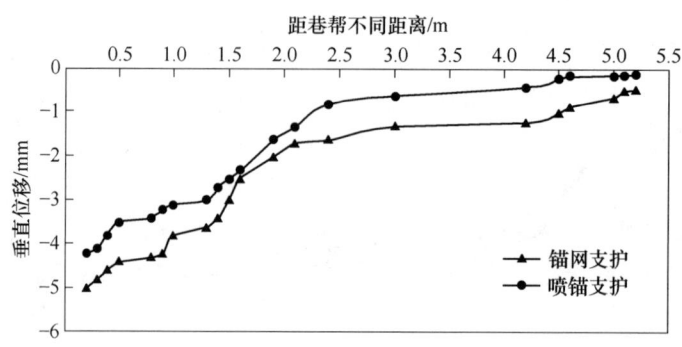

图 6-46   不同支护形式巷道两帮垂直位移分布特征

要比喷锚支护的要小，两帮的塑性区延伸面积也比较小。说明锚杆与高强度的 TECCO 金属网构成一个整体与围岩相互作用，提高围岩自身强度，有效地改善了围岩的屈服状态。在巷道拱顶部位围岩屈服出现的塑性区较小，巷道两帮出现较大范围的塑性区，且有一定的延伸；巷道底板的中部没有出现塑性区，但巷道两侧帮脚处均有较大范围的围岩屈服情况，且塑性区有一定的延伸。由此说明，大顶山矿区开挖后巷道的两帮和帮角破坏最为严重，在支护过程中应该重点注意。

（2）根据巷道垂向应力分布对比图可以看出，锚网支护巷道垂向应力场分布规律与特征和喷锚支护的基本相同。但锚网支护在顶板处垂向应力较小，顶板垂向位移较小。锚网支护应力向围岩深部扩展量大于喷锚支护，有利于将荷载向深部稳固围岩传递，提高了围岩自身的承载能力，改善了支护效果。

（3）喷锚支护和锚网支护的垂向位移对比分析中，喷锚支护的顶板垂向位移略小于锚网支护，支护效果两者相差不大。说明主动支护过程中，能够充分发挥围岩的自稳能力，使得围岩和支护体构成一个承载体，共同承担荷载，提高了支护能力。

（4）锚网支护与喷锚支护相比较，具有整体效果好的特点，通过模拟结果可知，采用锚网支护的巷道垂直位移变化量小于喷锚支护巷道，且工人的劳动强度减轻，巷道得到有效维护，有效保证工作面快速推进。

（5）从两种支护结构的围岩稳定特征上看，锚网支护从围岩塑性区分布、围岩应力分布以及位移分布特征，都能合理有效地控制围岩变形和破坏。

6.5 大顶山矿区回采巷道锚网支护工程应用

回采巷道的稳定与否不但影响到矿块生产能力及经济效益的提高，而且直接影响到采矿的生产安全。所以，应用无底柱分段崩落法进行回采，尤其是回采处于不良工程地质条件下的矿体时，采场巷道（回采进路及联巷）稳定性一直是制约生产发展的重大技术难题。可以说，生产期间保持采场巷道稳定是无底柱分段崩落法成功应用的关键。因此，无论是前述的回采进路及联巷的支护优化设计还是其数值模拟计算分析，都只是一个"纸上谈兵"的过程，最终还要落实到现场的工程试验及应用上面。

6.5.1 大顶山矿区回采巷道锚网支护现场试验分析

回采巷道锚网支护试验研究主要包括现场试验过程、现场监测与经济效益分析等三个部分。

6.5.1.1 现场试验

现场试验工作自 2012 年 7 月 3 日正式开始到 2013 年 12 月 30 日结束，历时近一年半的时间，各项试验工作顺利展开。其中，2012 年 12 月 30 日以前项目组的主要人员是驻现场指挥各项试验工作，并根据现场具体情况及时微调试验方案；2013 年 1 月以后，研究人员不定期到现场指导试验成果的推广应用，并持续开展了巷道收敛变形、锚杆锚固力测试、松动圈声波测试及微地震监测等研究工作。

A 锚网支护材料

选用外直径 42mm，长 1.8m 的管缝式锚杆（也是矿山生产中主要采用的锚杆），3.5m×10m（宽×长）规格的 TECCO 金属网，金属网是根据现场回采巷道掘进的进尺及支护需求进行裁剪，而且是只能沿长度方向裁剪，绝不能沿宽度方向进行裁剪。

B 首个试验地点的选择

首个试验地点的选择主要考虑到不影响正常的矿山生产工作及环境安全条件相对较好。同时，考虑到有一定的对比性，就在已经初步喷射混凝土巷道和未喷射混凝土巷道进行。喷射混凝土巷道支护在 5717 采 2 号进路与 5717 采 3 号进路进行，如图 6-47 所示。

随后的锚网支护在 2525m 水平 2516 采场的 25 号进路和 2521 采场的联巷进行相关的锚网支护试验。

C 锚网支护参数

如图 6-48 所示，在回采巷道顶板及两帮布置 7 根锚杆，顶板中央布置 1 根锚杆，两帮距底板 1m 处分别布置 1 根锚杆，其余 4 根锚杆均匀地布置在两帮到顶板部分。因围岩表面凹凸不平，为了保证网紧贴围岩表面，先钻顶板的 5 个钻孔和左帮的 1 个钻孔，挂好网后，再在右帮的 TECCO 金属网底部钻孔，安装最后一根锚杆。

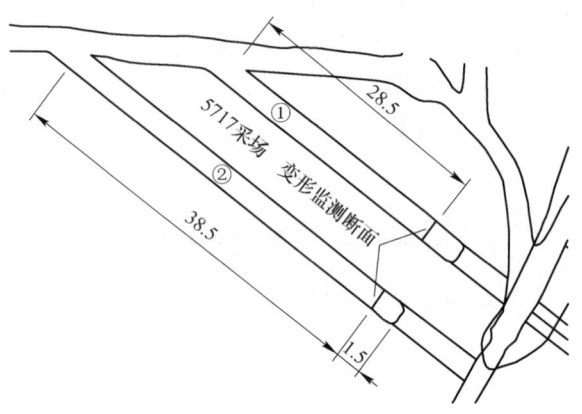

图 6-47　回采巷道支护试验段及变形监测布置图（单位：m）

①—5717 采场 2 号进路，设一个收敛监测断面；②—5717 采场 3 号进路，设一个收敛监测断面

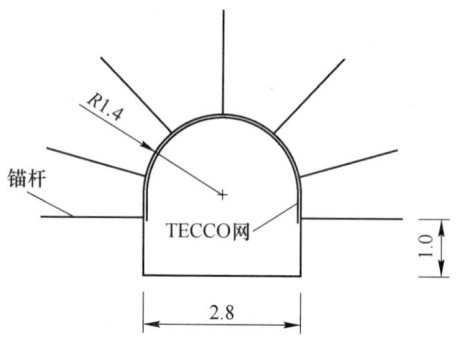

图 6-48　回采巷道锚网布置横断面图（单位：m）

如图 6-49 所示，每张金属网宽 3.5m，长 6.5m。每一张金属网上面布置 4 排

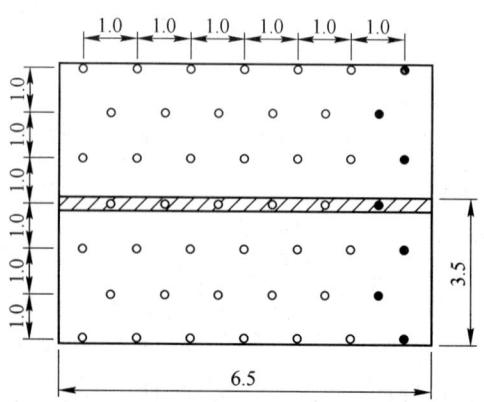

图 6-49　巷道锚网布置平面展开示意图（单位：m）

锚杆，锚杆的间距为 1.0m，排距为 1.0m。图中阴影部分为金属网搭接重叠部分。每张 TECCO 网供货宽度 3.5m×10m，裁剪为 3.5m×6.5m，剩下的 3.5m×3.5m 可以两片搭接拼成 3.5m×6.5m 的一张网进行使用。根据实际情况也可以将一张 3.5m×10m 的网裁剪为两张 3.5m×5.0m 的网进行使用。

施工时，图 6-49 所示最右边的实心圆所示锚杆钻孔，先不钻孔。挂网从左帮往右帮挂，最后，依右帮 TECCO 网的底部位置钻图示的实心圆所示锚杆钻孔，锚固好 TECCO 网。因围岩凸凹不平，网从左挂到右时，右边 TECCO 网的底部可能不在同一高度。

D 四处锚网支护试验段主要支护参数及主要材料

（1）5717 采 2 号进路：巷道锚网支护长度 23.8m；使用 1.8m 长管缝式锚杆 130 根，锚杆间距 1.0m，使用 TECCO 网 145.25m²。

（2）5717 采 3 号进路：巷道锚网支护长度 35.1m，使用管缝式锚杆 245 根，使用 TECCO 网 260.25m²。

（3）2516 采 25 号进路：巷道锚网支护长度 15.3m；使用管缝式锚杆 102 根，锚杆为梅花形布置，其中没有完全打入围岩的锚杆 10 根，尾部卡环打掉的锚杆有 6 根；使用 TECCO 网 87.5m²，有 4 处搭接，搭接长度为 0.1~0.2m。

（4）2521 采场联巷：巷道锚网支护长度 25m；使用 1.8m 长管缝式锚杆 95 根，锚杆间距 1.2m，锚杆为矩形布置，使用 TECCO 网 110m²。

6.5.1.2 现场监测分析

通过监测支护巷道围岩的变化情况与锚杆的受力状况，以掌握锚杆受力状态、围岩变形特征、巷道的稳定时间等，对于全面地了解回采巷道的支护效果、优化设计参数、保证巷道的稳定等都是非常必要的。

A 收敛变形监测

采用 SWJ-Ⅳ型收敛计对巷道拱顶沉降及周边位移采用三角法进行量测。首先在受开挖扰动较小的 5717-3 号进路设置监测站，选取巷道壁较平整的一个断面，分别在巷道两帮及顶板处安装预埋件，使销孔轴线处于垂直位置，上好保护帽，待锚网支护完成后开始监测。巷道壁的收敛量可通过两帮的位移量得出，顶板的下沉量可通过三角法求出。本次现场收敛所用的仪器如图 6-50 所示。

根据所测结果判定围岩稳定性及支护情况，围岩稳定状态的判定条件为：

（1）巷道周边收敛或下沉速率有明显减缓趋势。

（2）水平收敛（拱脚附近）速率小于 0.15mm/d，或拱顶下沉速率小于 0.2mm/d。

（3）收敛量或下沉量已达总收敛量或下沉量的 80% 以上。

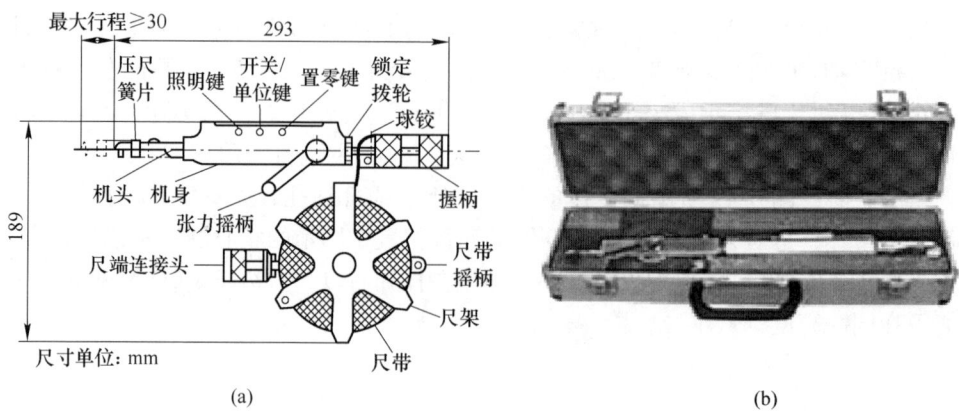

图 6-50　SWJ-Ⅳ型收敛计

（a）外观；（b）整机图

B　围岩变形监测结果与数据处理

在 5717-3 号进路设置多个监测断面对围岩变形量进行监测。表 6-8 为其中一个断面的监测结果，根据表上数据绘制时间-位移曲线，如图 6-51 所示。

表 6-8　拱顶沉降和周边位移量测数据

时间/d	顶板沉降		两帮水平收敛	
	变形量/mm	变形速率/mm·d^{-1}	变形量/mm	变形速率/mm·d^{-1}
0	0	0	0	0
1	1.03	1.03	2.75	2.75
2	3.66	2.63	4.8	2.05
3	5.02	1.36	7.8	3.00
4	6.23	1.21	12.4	4.60
5	7.01	0.78	15.75	3.35
6	7.92	0.91	17.55	1.80
7	8.05	0.13	18.25	0.70
8	8.08	0.03	18.55	0.30
9	8.11	0.03	19.15	0.60
10	8.14	0.03	19.26	0.11
11	8.16	0.02	19.36	0.10
13	8.2	0.04	19.89	0.53
14	8.21	0.01	20.02	0.13
15	8.22	0.01	20.05	0.03
20	8.25	0.03	20.11	0.06

续表6-8

时间/d	顶板沉降		两帮水平收敛	
	变形量/mm	变形速率/mm·d⁻¹	变形量/mm	变形速率/mm·d⁻¹
22	8.26	0.01	20.13	0.02
23	8.27	0.01	20.13	0.01
25	8.28	0.01	20.16	0.03
26	8.39	0.01	20.20	0.04
30	8.39	0.00	20.27	0.02
31	8.4	0.01	20.26	0.01
32	8.41	0.01	20.28	0.02
33	8.42	0.01	20.28	0.00

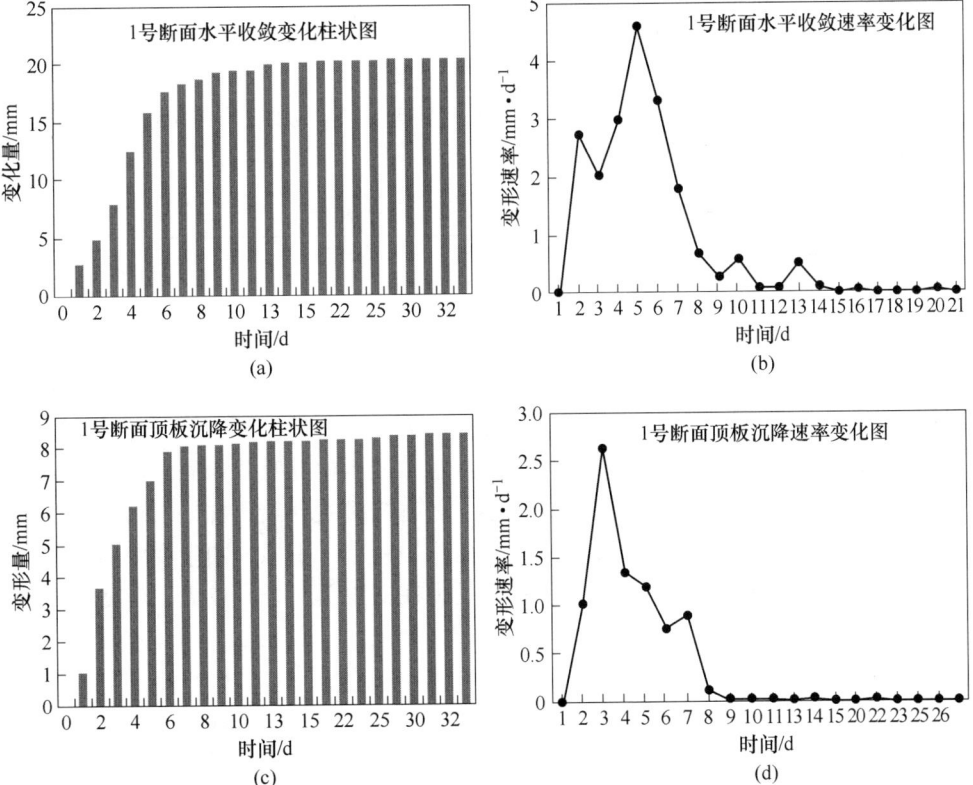

图 6-51 回采巷道表面位移曲线图

(a) 两帮的水平收敛变形柱状图;(b) 两帮的水平收敛速率图;

(c) 顶板收敛变形柱状图;(d) 顶板收敛速率图

C 结果分析

a 周边位移分析

根据巷道收敛监测结果可知最终位移量为 20.01mm。当开挖 20 天后，位移量为 20.31mm，为总位移量的 98%，第 20 天的位移速率为 0.06mm/d。之后巷道收敛速率近似 0.01mm/d，且趋于稳定。由此可判定，围岩及初期支护周边位移在开挖 20 天后基本稳定，证明支护参数有效，支护效果明显。如图 6-51 (a)、(b) 所示。

b 拱顶沉降分析

根据沉降监测结果可知最终位移量为 8.42mm。当开挖 20 天后，位移量为 8.25mm，为总位移量的 97%，第 20 天的位移速率为 0.03mm/d，之后顶板沉降速率近似 0.01mm/d，且趋于稳定。由此可判定，围岩及初期支护拱顶沉降在开挖 20 天后基本稳定，证明支护参数有效，支护效果明显，如图 6-51(c)、(d) 所示。

另外，在现场监测中还进行了锚杆锚固力测试。安装锚杆测力计的主要目的是监测锚杆轴向受力情况，安装的时候要事先找好位置，确保现场不会影响锚杆测力计，其次还要做好保护测力计的措施。本次监测采用的是 MGH 型锚杆测力计。表 6-9 为两个月之内锚杆测力计的部分量测数据。

表 6-9　锚杆测力计记录数据

时间/d	1	5	15	20	30	60
锚杆测力计读数/MPa	1	1.5	4.5	5.5	6	6.5

图 6-52 为锚杆锚固力随时间的变化关系曲线，从图中可以看出锚杆在前期所受的应力递增速度较快，但是锚杆所受轴向力在安装后的短期内增速较小，这主要是因为岩面与液压枕的垫板之间的点接触，液压枕此时并未完全处在受力状态，所以在此期间内监测的数据变化较小。随着岩面受到液压枕垫板施加的压力增大，受力状态发生变化，液压枕所受的压力慢慢趋于平稳，图中变化曲线在第二个月的走向平缓，数值变化不大。锚杆受力在支护后一个月较大，但随后两个

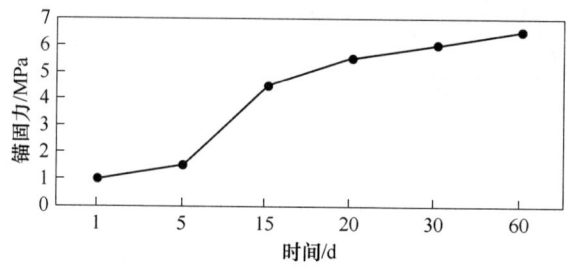

图 6-52　锚杆锚固力随时间变化曲线

月渐渐趋于稳定。

6.5.1.3 支护效果及成本分析

A 锚网支护效果评价

管缝式锚杆+TECCO网支护方式在大顶山矿区进行了近2年的现场试验与推广应用，得到了矿山广大干部及工程技术人员的大力支持，现对这种新型锚网支护的效果、特点及优势等进行如下总结分析。

（1）巷道支护效果良好。对多个已经完成锚网支护的进路和联巷进行观测，锚网支护的效果普遍都很好，如图6-53所示。

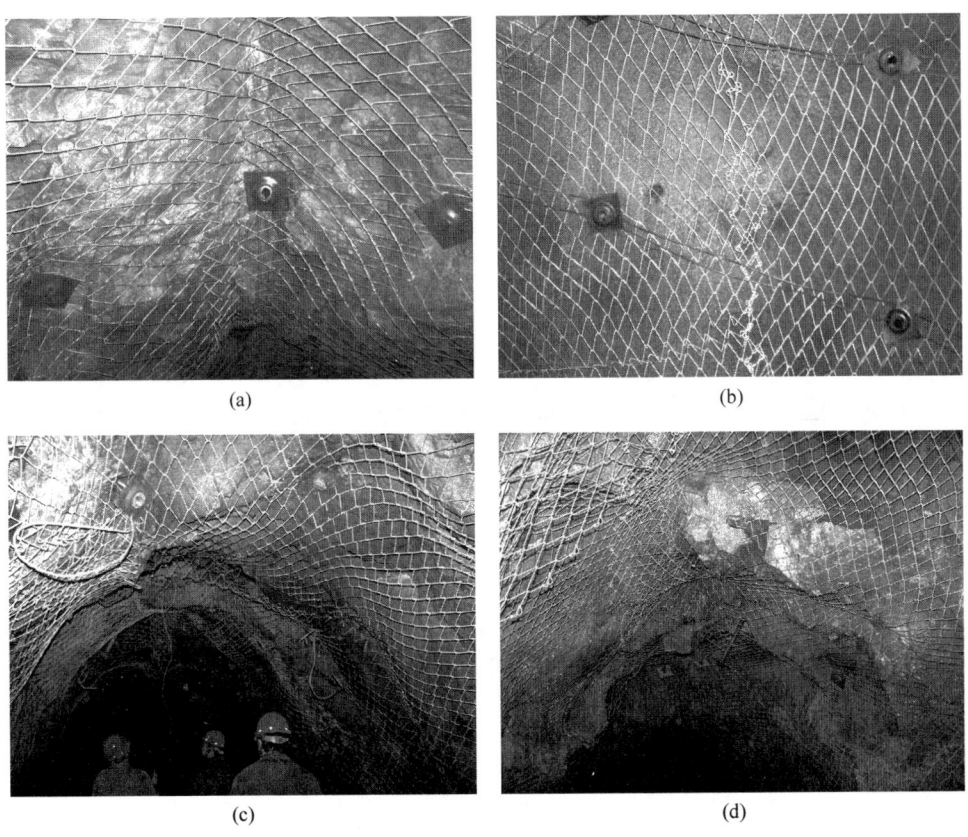

(a)　　　　　　　　(b)

(c)　　　　　　　　(d)

图6-53　良好的锚网支护效果

（a）锚杆垂直、金属网平整；（b）金属网搭接效果好；

（c）工人在巷道中有安全感；（d）金属网整体效果显著

（2）简化了巷道支护施工工艺。与矿山原来的锚喷支护相比较，锚杆+TECCO网支护施工工艺简单、易操作，只需要在巷道掘进后，按照支护设计参数和支护工艺进行打锚杆眼与挂 TECCO 网即可。整个施工过程没有过于烦琐的工艺，一方面有利于矿山方面对施工人员在作业的过程当中进行有效的管理；另外一方面也是最重要的方面，锚网支护的简单施工工艺在很大程度上提高了巷道支护的速度，进一步提高了矿山的生产效率。

矿山原来的锚喷支护施工工艺则较为烦琐，当巷道掘进后，首先得对新掘巷道进行全断面喷射混凝土，在一定时间之后，再进行打锚杆和第二次喷射混凝土，而在围岩破碎程度严重的地段往往还需要在一定时间后进行第三次喷射混凝土，烦琐复杂的工艺大大地降低了巷道支护速度，而支护速度的降低会造成掘进速度的下降。同时，也会增加相应的支护成本，整体支护成本较高。

（3）改善了作业环境条件。锚杆 + TECCO 网支护的材料仅为管缝式锚杆、TECCO 网和锚垫板，偶尔也会增设钢筋条作局部加强之用，所用支护材料较为精简，均属于清洁环保型材料。

所采用的 TECCO 网具有质轻（$1.2 kg/m^2$）、易于搬运和输送的优点，工人支护作业时易操作，能够在很大程度上减轻作业人员的劳动强度，缓解了井下的运输压力，大大提高了作业人员的工作积极性和工作效率。

原锚喷支护的过程中，即使采用湿式作业也难以避免巷道中出现大量的粉尘，其主要具有以下两个方面的危害：一方面，若作业人员未佩戴防尘口罩或防尘口罩的防尘效果不好，当粉尘被吸入鼻腔和口腔，会造成作业人员生理上的不适，长此以往会严重影响作业人员的身体健康和心理健康；另一方面，当粉尘浓度过大，造成工作面环境恶劣，无疑会影响作业人员的工作进度，从而导致支护速度降低。此外，锚喷支护所需要准备的材料较多，特别是在制作喷射混凝土的过程中，需要水泥、砂和细石，并且为了减小混凝土的回弹量和增加混凝土的强度，在配备混凝土的时候对水灰比、水泥用量及骨料粒径都有严格的要求；在喷射混凝土之后，还需要对其进行良好的养护。各个环节的完善具有相当大的工作量、相当严格的要求和较长的时间，这样一来更加大了作业人员的劳动强度，降低了作业人员的工作效率。

（4）消除了作业人员的不安全心理因素。当采用锚杆 + TECCO 网支护以后，由于 TECCO 网强大的动力特性能够兜住顶板或两帮冒落的矿岩，使行人处于安全的环境当中，如图 6-54 所示。另外，从安全心理学的角度来看，虽然部分锚喷支护巷道基本上是稳定可靠的，但行人在心理上往往会认为锚喷支护巷道尤其是其喷层已开裂的地段是具有危险性的。而锚网支护不仅仅能使作业人员自身处于安全的环境场所之中，还能消除作业人员的不安全心理因素，使作业人员从内心深处就认为该巷道是安全可靠的，由此可以增加作业人员的工作积极性，并使作业人员全身心地投入到生产当中，从而提高了工作效率。

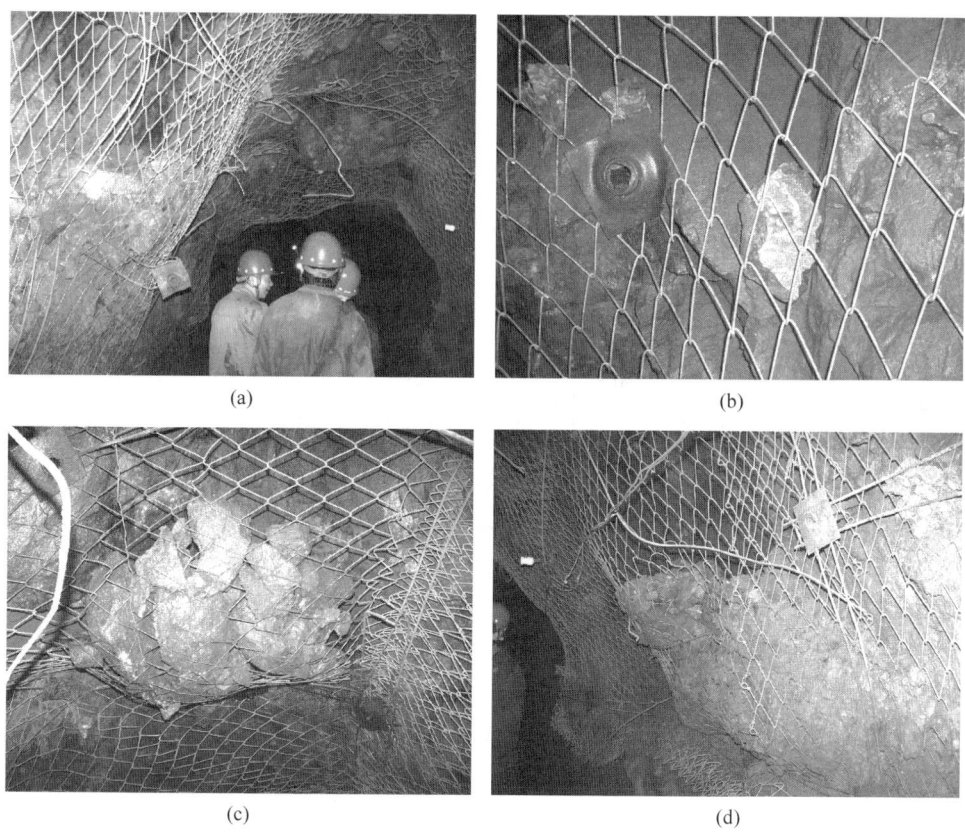

(a)   (b)

(c)   (d)

图 6-54　TECCO 网兜住冒落的矿岩

（a）金属网兜住冒落岩石后人员有安全感；（b）金属网兜住个别落石；

（c）金属网兜住顶板落石；（d）金属网兜住顶边帮冒落的岩石

B　锚网支护成本简要分析

成本管理是每个矿山企业的核心任务，它关系到矿山企业的发展现状与发展前景。在矿山建设和生产的过程当中，回采巷道支护需要投入较大的财力，一旦支护成本过高，则可能会造成矿山方面收益降低甚至出现亏损情况。因而需要对锚网支护的经济成本进行计算和评价，以确定其是否适合在大顶山矿区大规模地投入使用，达到科学合理地控制矿山经济成本的目的。

（1）试验点的锚网支护直接成本。在四个试验点进行了锚杆 + TECCO 网支护试验，表 6-10 为四处试验点所用材料的统计及直接成本简要计算。

从表 6-10 可知，锚杆梅花形布置（5717 采 2 号进路）比锚杆方形布置（5717 采 3 号进路）每米巷道少使用 1.5 根锚杆，每米巷道成本节省 141 元。四个地点总体的锚网直接支护成本平均为 631 元/米。

表 6-10   四处进路试验段的直接支护成本计算简表

试验地点	项 目	单价/元	数量	金额/元 单项	金额/元 合计	巷道锚网支护长度/m	锚杆用量/根·米⁻¹	支护成本/元·米⁻¹
5717 采场 3 号进路	TECCO 网	50	261m²	13050	27024	35	7 (方形)	772
	锚杆	22.3	245 根	5464				
	钻孔、动力及人工	35	238 孔	8330				
	网筋	12	15 条	180				
5717 采场 2 号进路	TECCO 网	50	146m²	7300	14967	24	5.5 (梅花形)	624
	锚杆	22.3	130 根	2899				
	钻孔、动力及人工	35	128 孔	4480				
	网筋	12	24 条	288				
2516 采场 25 号进路	TECCO 网	50	88m²	4400	10341	15	6.8 (梅花形)	689
	锚杆	22.3	102 根	2275				
	钻孔、动力及人工	35	102 孔	3570				
	网筋	12	8 条	96				
2521 采场 联络巷道	TECCO 网	50	110m²	5500	10944	25	3.8 (方形)	438
	锚杆	22.3	95 根	2119				
	钻孔、动力及人工	35	95	3325				
	网筋	12	—	—				

（2）部分推广段锚网支护直接成本。截至 2014 年 3 月，大顶山矿区的锚杆 + TECCO 网支护推广应用的巷道近万米，由于矿山统计工作方面的原因，没能做全部统计，只对部分推广应用的支护巷道进行了统计工作，其支护材料使用情况及单价明细分布如表 6-11、表 6-12 所示。

表 6-11   锚网支护在大顶山矿区巷道的使用情况

TECCO 网使用面积/m²	TECCO 网利用率/%	TECCO 有效支护面积/m²	锚杆使用数量/根	筋条使用数量/m	支护巷道长度/m
6746.5	87	5869.5	9245	1768	1107.5

通过计算可得，大顶山矿区巷道锚杆 + TECCO 网支护的直接费用约为 635 元/米，而矿山先前采用的锚喷支护的直接费用约为 828 元/米。也就是说一旦

矿山推广使用了锚网支护，其综合成本将会降低23%左右，其经济效益十分显著。

表6-12 锚网支护各项材料单价与总价

TECCO网单价 /元·米⁻²	人工打锚杆费用 /元·根⁻¹	锚杆单价 /元·根⁻¹	筋条单价 /元·米⁻¹	总体成本 /元	支护成本 /元·米⁻¹
50	35	22.3	12	—	—
337325元	323575元	20616元	21216元	702732	635

（3）综合经济效益。由于取消了喷射混凝土环节，巷道掘进的毛断面相应缩小，出渣、爆破、运输工程量相应减少，可节省相应成本。同时，由于掘进速度的加快，掘进工全员效率将大幅度提高，而各种辅助工作如通风、排水、压气、供电及管理费均有一定的降低。此外，加快掘进速度有利于采掘平衡，确保矿山正常生产。对新掘巷道而言，不仅减少巷道投资，由于掘进速度的加快，可缩短掘进工期等。因此，矿山的综合经济效益会明显提高。

（4）社会效益。在喷射混凝土时，由于粉尘浓度高，不仅危及操作工人的健康，也会影响下井其他人员的健康。喷射混凝土属于脆性材料，易发生突然冒顶事故，不易发觉，而锚网支护则可以避免这类事故的发生。

6.5.2 工程应用中值得改进与重视的地方

在近两年的时间里，根据在大顶山矿区2570分层5717采场的2号、3号进路、2525分层5216采场的25号进路和2521采场联巷已完成的锚网支护试验及其他地段应用的情况来看，管缝式锚杆+TECCO网的联合支护应用成效非常显著，也得到了矿山工程技术人员的充分肯定。同时，针对大面积生产应用以及其他矿山的借鉴，提出工程应用中值得改进与重视的一些措施。

A　由巷道围岩地质条件调整锚网的布置

根据回采进路或联巷围岩的破碎程度，锚网的布置分为以下三种情况：

（1）围岩完整性较好的地段。大部分巷道的围岩其完整性较好，对于这类巷道的锚网支护，是将原长3.5m×10m的TECCO裁剪成两张3.5m×5m；采用管缝式锚杆，梅花形布置，锚杆排距为1.1m，间距为1m，以每排5根、6根锚杆间隔分布；施工时根据实际情况适当增加一些筋条，以加强锚网支护的强度，如图6-55所示。另外，两张网之间也可以不进行重叠，而是用专门的扣件进行联结。

（2）围岩破碎节理较发育的地段。对于部分巷道，其围岩破碎，节理裂隙较发育，针对这类巷道的支护，是将原长3.5m×10m的TECCO网裁剪成一张3.5m×6.5m和一张3.5m×3.5m，而两张3.5m×3.5m的网可以搭成一张

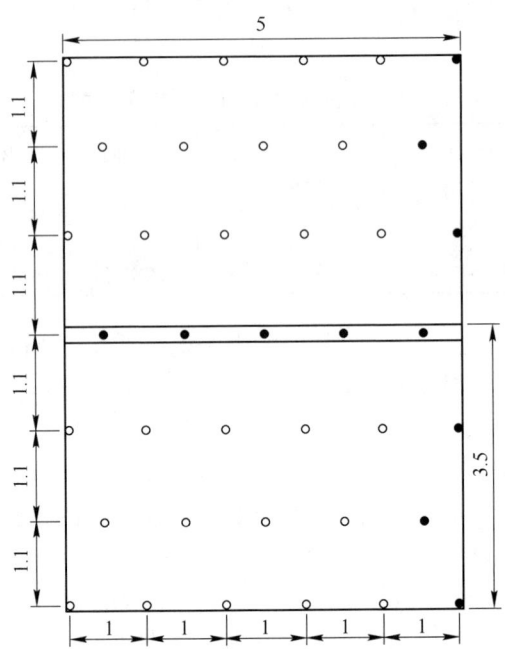

图 6-55　矿岩整体性好的地段锚网支护（单位：m）

3.5m×6.5m 的网；采用管缝式锚杆，梅花形布置，锚杆排距、间距都为 1m，以每排 6 根、7 根锚杆间隔分布，两锚杆之间用筋条连接，如图 6-56 所示。另外，两张网之间也可以不进行重叠，而是用专门的扣件进行联结。

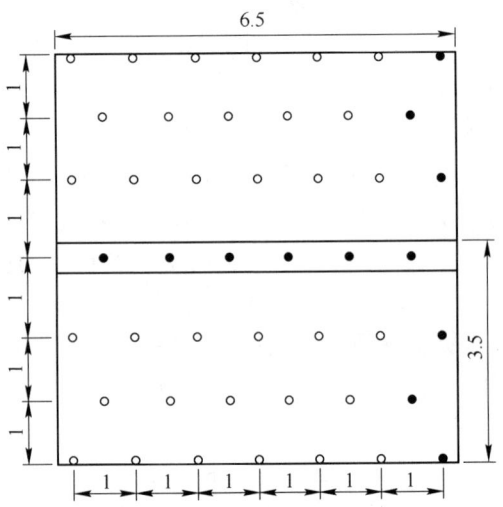

图 6-56　较破碎矿岩地段锚网布置（单位：m）

（3）矿岩接触带地段。一般情况下在矿岩接触带（一般只有 1~3m 的范围）的岩体是比较破碎或很破碎，对于这种局部的地段，可采取以下两种方式进行锚网支护。

1）锚网 + 钢棚。对于比较破碎或很破碎的矿岩接触带，掘进完成后应立即进行锚网支护，其锚网支护参数及形式如图 6-56 所示。同时，要快速进行钢棚支护，钢棚支护的尺寸一般为 (2.2~2.5)m×(2.5~2.8)m（高×宽），钢棚之间的棚距一般为 1m，一般是采用 16 号工字钢。

2）TECCO 网 + 自钻式注浆锚杆。将原长 3.5m×10m 的 TECCO 网裁剪成两张尺寸分别为 3.5m×6.5m 和 3.5m×3.5m 的网，两张 3.5m×3.5m 的网可以搭成一张 3.5m×6.5m 的网；采用自钻式注浆锚杆，长度为 2~2.5m，梅花形布置，锚杆排距、间距都为 0.8m，以每排 7 根、8 根锚杆间隔分布；两锚杆之间用筋条压接，如图 6-57 所示。对于掘进时易于垮塌的地段，需先对围岩进行注浆处理，再进行锚网喷支护。

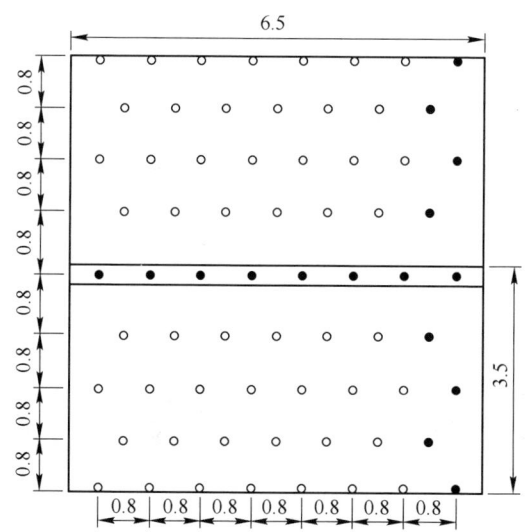

图 6-57 矿岩接触带及破碎地段锚网支护（单位：m）

B 锚网施工工艺中值得注意的地方

（1）钻孔。钻孔分两次进行，如图 6-55~图 6-57 所示，巷道一帮和顶部的空心圆所示的锚杆孔先钻，巷道另外一帮和搭接部分的实心圆所示的锚杆孔后钻；钻孔应尽可能地垂直打入巷道围岩中，因围岩表面凹凸不平，为了保证网紧贴围岩表面，锚杆尽量打在凹处。

（2）TECCO 网及其搭接。

1）重叠搭接。两张网重叠 10~15cm，两张网重叠处用锚杆锚固，如图 6-58 所示。

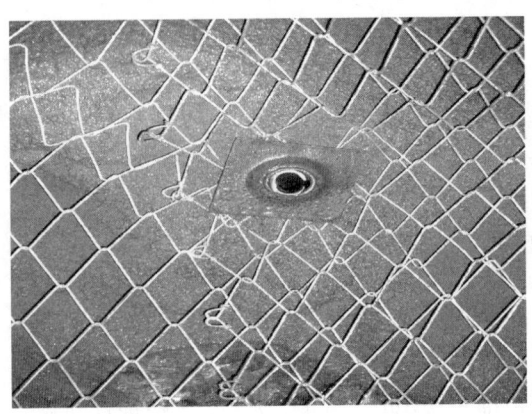

图 6-58　重叠搭接方式

2）接触连接。两张网直接接触，没有重叠部分，采用筋条压接两张网的对接部分，如图 6-59 所示，或者采用专门的扣件连接。

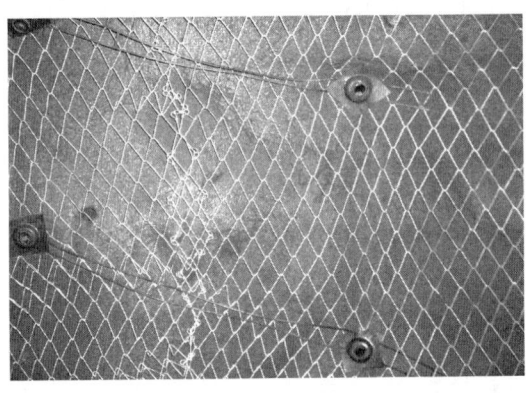

图 6-59　加筋条的接触连接

（3）锚垫板的选择。图 6-60 为六角形与四边形锚垫板与 TECCO 金属网的配合效果图，如图所示，六角形垫板与 TECCO 网的配合效果优于后者。此例进一步说明联合支护中各个部件都要"一个都不能弱"，一定要真正实现强强联合，这样联合支护才能整体上达到最佳状态。

（4）支护网的选择。另外一种由玄武岩纤维制成的非金属材料网（如图 6-61 所示）也正在试验，用于回采巷道支护中以代替目前所使用的金属网。这种玄武岩纤维制成的非金属材料网具有质量轻、强度与金属网相当、成本只为金属网的一半，同时在回采巷道中还不影响爆破落矿和矿石铲运等优良品质。

(a)   (b)

图 6-60 六角形与四边形锚垫板与 TECCO 网的配合

（a）六角形垫板与 TECCO 网的配合；（b）四边形垫板与 TECCO 网的配合

图 6-61 玄武岩纤维制成的非金属材料网

C 锚网支护施工管理上需要注意的方面

（1）目前 TECCO 网的标准尺寸是 3.5m×10m（宽×长），由于其特殊的结构，只能沿长度方向裁剪，而不能沿宽度方向裁剪，否则整张网将失效。在条件许可时，可以在 TECCO 网下井前就根据所需尺寸在地面上进行裁剪加工。在需求量较大时，就可以要求 TECCO 网生产企业按照现场要求的规格定制。

（2）锚杆必须垂直岩壁打入，并使 TECCO 网绷紧、紧贴岩壁。根据声波实验可知，大顶山矿区围岩松动圈范围约为 1.5m，而锚杆长度为 1.8m。若锚杆不能垂直岩壁打入，那么锚杆不能打入基岩，只是在松动圈内，从而降低了锚杆的有效锚固力，不能达到预期的支护效果。

（3）对于很破碎的矿岩接触带，需要进行锚网支护与钢棚支护相结合的联合支护方法，且在挂网工作结束后，应立即进行钢棚支护，否则锚网支护的效果不能充分发挥。例如，大顶山矿区 2510 分层 21 号进路，是处于矿岩接触带部分，由于是在出现顶板冒顶后再开始进行钢棚支护，不仅施工不便、程序复杂、局部支护成本增大很多，也不利于施工人员的安全保障。

（4）锚杆尾部的卡环破坏将导致锚杆与网之间失去联系，降低锚网支护的作用。同时，未打入围岩的锚杆应及时补钻，否则也会影响锚网支护的效果。在已施工的 5717 采 2 号、3 号进路、2516 采 25 号进路以及对不合格的锚杆根数做统计，结果如表 6-13 所示。因此，在进行锚杆施工时一定要按设计要求布置锚杆，杜绝不合格的锚杆出现。

表6-13　试验段锚杆质量统计表

巷道位置	锚杆总数 /根	未完全打入围岩的锚杆数/根	卡环被打掉的锚杆数/根	不合格锚杆数/根	不合格锚杆数占总数的百分比/%
5717 采场 2 号进路	130	7	2	9	7
5717 采场 3 号进路	245	10	6	16	7
2516 采场 25 号进路	102	10	6	16	16
2521 采场的联巷	95	5	2	7	7

（5）爆破作业前夕需要根据回采巷道里中深孔排距的情况，将相应部位的 TECCO 网剪断，防止前后网拉扯，破坏后排炮孔的眉线。

（6）挂网施工时，一定要将每次 TECCO 网剪断后的短节钢丝清理出巷道，防止短节钢丝损坏铲运机的轮胎。

（7）在有条件时，建设采用光面爆破技术，使回采巷道壁面平整，更有利于提高锚网的支护效果。

（8）根据大顶山矿区目前的巷道及回采进路的尺寸规格，建议矿山向生产 TECCO 网的企业特别定制符合矿山实际需要的 TECCO 网，比如 2.5m×7m（宽×长）规格的网比较适合。

6.6　本章小结

管缝式锚杆＋TECCO 网的联合支护方法在四川锦宁矿业公司大顶山矿区进行了近两年的试验与推广应用，无论是从试验巷道的收敛监测结果看，还是从现场的直接观察效果看，以及从井下工人对此的良好反映上看，都说明此试验是成功的。统计结果是回采巷道支护的综合成本降低了23%，其经济效益与社会效益都十分显著，对同类矿山回采巷道的支护有较好的借鉴与推广应用前景。

无底柱分段崩落法回采巷道所处的地质环境和受力条件较为复杂，尤其是对于复杂难采矿体下的回采巷道就更是如此了。一方面，回采巷道周围的矿岩体比较破碎，自身的稳定性较差；另一方面，回采巷道会受到其前方中深孔爆破与上方落矿采动的周期性影响；最后，回采巷道的存在时间较短（一般时间为半年到一年），其支护设计为临时支护，不可能设计得太坚固。因此，回采巷道的支护设计是在"短时间的稳定安全"与"尽量降低成本"之间保持一个平衡关系的最佳设计，也就是要把握一个回采巷道支护结构合理的"度"。在本章，无论是阐述回采巷道围岩受力特征，还是论述回采巷道目前的支护理论以及其优化设计与数值计算分析等，都是基于回采巷道支护结构需要保持一个合理的"度"，这个合理的"度"既是回采巷道支护设计的基本原则，也可以说是其设计的最高原则。

总之，无底柱分段崩落法回采巷道支护理论与实践在今后的发展中还会有如下一些新的认识与改进：

（1）关于围岩与围岩压力方面会有更新的认识，会更加坚定围岩所具有较强的自承能力，就是较为破碎松散的围岩也具有相当好的残余强度，从而突破传统认识——围岩作用于支护结构上的压力为松散压力。新的认识会进一步证明这种压力不是松散压力，而应当是阻止围岩进一步变形的形变压力。围岩与支护结构为一个统一体系，两者是一个"命运"共同体。

（2）会更加注重回采巷道支护施工过程中的现场监测量控。现场监测量控是新奥法（new austrian tunnelling method）"信息化设计"的核心，新奥法开创的理论＋经验＋量测三者相结合的理念同样适合回采巷道的支护设计与施工过程，也是其今后的发展方向。

（3）联合支护形式与工艺上的改进。回采巷道的稳定是无底柱分段崩落法的命脉。当简单的或单一的支护形式不足以保证回采巷道的稳定时，就需要采用联合支护形式，如本章6.3节中的"喷射混凝土＋管缝式锚杆＋TECCO网"或者是"喷射混凝土＋涨壳式中空注浆锚杆＋TECCO网＋注浆"等，都是针对难采矿体下的松散破碎高应力巷道围岩的联合支护。对于联合支护形式，一定要强调各个环节上真正的、有机的联合，形成支护结构的整体优势，否则一旦支护结构上的某个部件出了问题，就会出现回采巷道支护上的"多米诺"效应。

（4）新材料的应用方面会更加有力。随着新材料的突飞猛进，回采巷道的支护材料可以不断更新，如本章所介绍的 TECCO 柔性钢丝网，其原本是用于各类交通、水电等工程高边坡的拦截滚石高强柔性网，由于其独特优良的性能（高强度、质量轻、柔性好、纵向为链式而横向为刚性、尺寸大小可以在工厂里定制等），同样也可以用于回采巷道的支护中，并在四川锦宁矿业大顶山矿区得到应用，也取得了良好的应用效果。

参 考 文 献

[1] 吴大伟. 金川三矿区高地应力巷道支护技术研究 [D]. 绵阳：西南科技大学，2016.

[2] 杨春丽. 金川二矿区深部巷道支护技术研究 [D]. 昆明：昆明理工大学，2006.

[3] 周宗红. 夏甸金矿倾斜中厚矿体低贫损分段崩落法研究 [D]. 沈阳：东北大学，2006.

[4] 史艳辉. 夏甸金矿地压活动规律与控制方法研究 [D]. 沈阳：东北大学，2005.

[5] 徐干成，郑颖人，乔春生，等. 地下工程支护结构与设计 [M]. 北京：中国水利水电出版社，2013：158.

[6] 解世俊. 金属矿床地下开采 [M]. 北京：冶金工业出版社，1979.

[7] 周云艳，陈建平，王晓梅. 植物根系固土护坡机理的研究进展及展望 [J]. 生态环境学报，2012，21（6）：1171～1177.

[8] 吴鹏，谢朋成，宋文龙，等. 基于根系形成的植物根系力学与固土护坡作用机理 [J]. 东北林业大学学报，2014，42（5）：139～142.

[9] 张超波，蒋静，陈丽华. 植物根系固土力学机制模型 [J]. 中国农学通报，2012，28（31）：1～6.

[10] 北京科技大学，金川公司二矿区. 金川特大型复杂难采矿体开采支撑理论与关键技术总结与研究（研究报告之五）[R]. 金昌：金川集团股份有限公司二矿区，2011.

[11] 朱广兵. 喷射混凝土研究进展 [J]. 混凝土，2011（4）：105～109.

[12] 赵成刚，刘素华. 壳体理论与喷射混凝土支护的柔性特征 [J]. 煤矿开采，2003，8（3）：7～9.

[13] 张喜涛，苏华友，吴爱军，等. 预应力中空注浆锚杆锚固机理与参数分析 [J]. 中国安全生产科学技术，2015，11（7）：31～37.

[14] 张季如，唐保付. 锚杆荷载传递机理分析的双曲线函数模型 [J]. 岩土工程学报，2002，24（2）：188～192.

[15] 张喜涛. 基于锚杆的自应力注浆材料理论分析与试验研究 [D]. 绵阳：西南科技大学，2016.

[16] Bernold L E, Chang P. Potential Gains through Welded – Wire Fabric Reinforcement [J]. Journal of Construction Engineering & Management, 1992, 118（2）：244～257.

[17] 马丁，卢洋龙，叶青，等. Tecco 网锚杆支护在泸沽铁矿的应用研究 [J]. 黄金，2013（10）：35～39.

[18] 苟晓梅. 高应力破碎围岩支护中两种金属网的对比试验研究 [D]. 绵阳：西南科技大

学，2016.

［19］吕燕丽．破碎围岩注浆支护材料的改性试验与应用研究［D］．绵阳：西南科技大学，2016.

［20］中华人民共和国住房和城乡建设部．GB 50086—2015 岩土锚杆与喷射混凝土支护工程技术规范［S］．北京：中国计划出版社，2015：10～121.

7 大结构参数无底柱分段崩落法 合理结构参数

7.1 问题的提出

随着科技进步及社会的发展，采矿业对安全、效率以及成本等的要求越来越高，采用大型无轨设备、加大无底柱分段崩落法结构参数成为该采矿方法最重要的发展方向之一。目前，国外无底柱分段崩落法矿山的结构参数（指分段高度 $H \times$ 进路间距 B，下同）都已经从过去的 10m×10m 左右的所谓小结构参数，普遍逐步增加到（15~30）m×（12~25）m 左右的所谓大结构参数状态。国内一些主要无底柱分段崩落法矿山如梅山铁矿、镜铁山矿桦树沟矿区等也经历了类似的过程。而一些新建的大型地下矿山如攀钢兰尖铁矿、昆钢大红山铁矿等则一开始就按照大结构参数的方案设计其采场结构参数。

应该看到，无底柱分段崩落法的主要结构参数是影响采矿生产以及矿石回收效果的重要因素。无底柱分段崩落法结构参数的显著加大，不仅对采矿设备提出了新的要求，也对采矿工艺技术提出了新的要求，并在一定程度上使无底柱分段崩落法的采矿过程包括矿石回收过程复杂化。因此，从某种意义上讲，大结构参数的无底柱分段崩落法采矿也是一种复杂开采条件下的采矿，即作者称之为的复杂参数条件下的采矿。

鉴于大结构参数条件下无底柱分段崩落法合理结构参数问题，国内外都还处于探索之中，并没有一个完整、系统且能被普遍接受的解决方案。作者结合酒泉钢铁公司镜铁山矿桦树沟矿区无底柱分段崩落法结构参数优化研究项目的开展，对大结构参数条件下无底柱分段崩落法合理结构参数问题进行了理论分析及实验研究，取得了一些有价值的研究成果，相关研究情况及研究结果总结如下。

7.2 桦树沟项目背景

镜铁山矿桦树沟矿区体矿床绝大部分属于厚大急倾斜矿体，具有采用大结构参数的良好条件，但在目前采用的 15m×18m（分段高度×进路间距）的所谓大间距参数方案下矿山生产及矿石回收效果均不理想。同时，由于近年来铁矿石价格的持续下滑，酒钢公司对铁矿石原料矿山的产量、生产效率以及采矿成本等都提出了更高的要求。因此，进一步优化和加大采场结构参数、提高采矿效率和降低采矿成本成为镜铁山矿桦树沟矿区的一个必然选择。

虽然部分矿段倾角在45°左右，但因其矿体厚度较大，只要针对上下盘三角矿体特殊的回采及出矿条件，做好上下盘三角矿体回采及出矿工作，并不影响桦树沟矿区整体上大结构参数方案的采用。因此，桦树沟矿区各矿体都有进一步优化和加大结构参数的可能和必要。为此，酒泉钢铁公司与西南科技大学签订了《镜铁山矿桦树沟矿区采矿结构参数优化研究》项目合同，委托西南科技大学对其合理结构参数进行优化研究。

其实，无底柱分段崩落法采场结构参数的加大或者是优化，主要需要解决以下两个方面的问题：一是如何加大其采场结构参数或者说其结构参数应该加大到多大才是合理的结构参数；二是其采场结构参数之间应如何匹配才能取得最好的采矿及矿石回收效果。

虽然项目合同仅要求研究方对给定的两种结构参数方案（分段高度×进路间距：20m×20m和20m×18m）进行优化研究，但是鉴于结构参数调整复杂性以及对矿山生产及技术经济的重大影响，有必要对初选结构参数方案的科学性、适用性，特别是分段高度及进路间距的取值范围、结构参数优化的原则及方法等进行深入的分析和研究，避免初选方案出现重大偏差。

7.3 国内外无底柱分段崩落法结构参数现状与趋势

综合分析国外无底柱分段崩落法结构参数的演变情况可以看出，随着采矿技术特别是采矿设备的进步，无底柱分段崩落法主要结构参数（分段高度 H 及进路间距 B）经历了一个从20世纪60年代10m左右的"小结构参数"到20世纪80年代12~15m左右的"中结构参数"以及21世纪后的20~30m左右的所谓"大结构参数"的过程。

国外无底柱分段崩落法采矿结构参数的设计与优化方法，主要由美国著名学者 Rudolf Kvapil 提出并在1982年出版的《Underground Mining Methods Handbook》第4部分第2章《The mechanics and design of sublevel caving systems》有系统的描述[1]。由于该设计理论及优化方法以模型实验的椭球体（非典型椭球体）理论为基础，遵循崩落矿石堆体与放出体形态一致的原则进行参数设计与优化，使得该设计理论及优化方法取得了极好的应用效果并成为国外的主流方法。

在21世纪初，国外一些学者又陆续提出了一些新的结构参数设计与优化原则及经验方法。例如，2001年美国学者 Bullock 和 Hustrulid 又提出了基于经验公式的采场结构参数设计及优化方法，并根据不同进路尺寸推荐了几组结构参数（见表7-1）。

其实，单从放矿的角度看，无底柱分段崩落法对其主要结构参数并没有限制，这是因为放出椭球体是可以无限扩大的。但是，从生产角度讲，分段高度、进路间距以及崩矿步距等结构参数同时还受到凿岩及出矿设备的能力、切割技术、地压控制以及生产管理水平等因素的影响和限制。也就是说，结构参数的增加不能无限制。虽然说加大结构参数已经成为目前无底柱分段崩落法矿山的一个发展趋势，但这主要针对过去10m×10m左右的小结构参数来讲的。对于已经进入到（15~30）m×（12~25）m（分段高度×进路间距）的所谓大结构参数状态的矿山来讲，是否还有进一步加大结构参数的必要就值得慎重考虑了。

表 7-1 两种不同进路尺寸下的无底柱分段崩落法结构参数[2]

进路尺寸(宽×高)/m×m	分段高度/m	进路间距/m
5×5	15	12
	20	16
	25	20
	30	23
7×5	15	14
	20	18
	25	22
	30	25

事实上，已有国外著名学者对目前这种无限制加大结构参数的做法提出了异议。例如 William Hustrulid 和 Rudolf Kvapil 认为，目前结构参数特别是进路已经显得过大，给矿山生产、矿石回收以及矿山管理带来一系列不利的影响。生产实践表明，过大的结构参数将导致炮孔偏移、炮孔维护以及装药困难等问题，出矿管理也因为出矿时间过长变得复杂困难。因此，应该适当减小结构参数特别是降低进路间距。如果为保证生产规模和降低采准比确需进一步加大结构参数，应该增加分段高度而不是进路间距[2]。

综上所述，可以看出国外无底柱分段崩落法结构参数的设计与优化，虽然对放出体的形态有不同的看法，仍然按照崩落矿石堆体形态与放出体形态一致的原则进行，基本保持了分段高度大于进路间距的一个状态，这从国外几个主要无底柱分段崩落法矿山结构参数演变历史以及目前的情况可以看出来（如图7-1及图7-2所示）。

需要补充说明的是，"筒仓结构"方案主要是减少了本可以回收的脊部残留矿石，因此在改进矿石回收方面并无优势。其优势主要在于改善了爆破效果以及增大了出矿宽度，但是却也增加了巷道维护及地压管理方面的困难。

应该说，国外无底柱分段崩落法矿山的采矿结构参数设计与优化特别是在大结构参数方案的确定与优化过程中，主要还是沿用了 Rudolf Kvapil 提出的设计原理与方法，在考虑设备、技术及管理水平的基础上确定其主要结构参数。也就是说，由 Rudolf Kvapil 提出的无底柱分段崩落法采矿结构参数设计理论与优化方法仍在国外占据着主导地位。

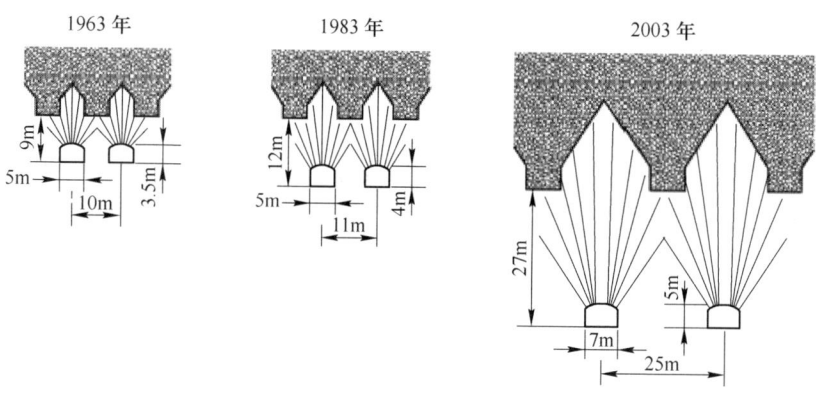

图 7-1 瑞典基鲁纳铁矿在不同时期的结构参数[2]

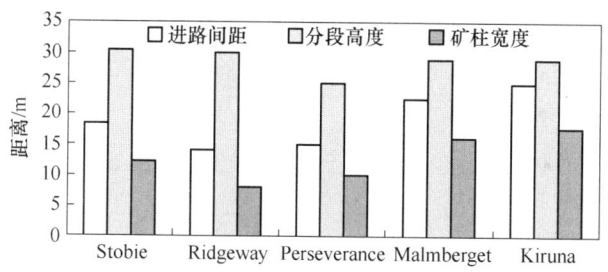

图 7-2 国外几个主要无底柱分段崩落法矿山的结构参数[3]

我国自 20 世纪 60 年代引进无底柱分段崩落法后,随着采矿技术及装备的进步,其采矿方法主要结构参数也经历了一个由小到大的演变过程。其结构参数的调整主要依据"崩落矿石堆体形态与放出体保持一致"的原则进行,采用的方法与 Rudolf Kvapil 提出的无底柱分段崩落法采矿结构参数设计理论与优化方法基本一致,结构参数调整的结果基本上保持了分段高度大于进路间距的状态。

但是,在我国无底柱分段崩落法矿山由过去"小结构参数"向所谓的"大结构参数"转变特别是在结构参数优化过程中,曾经出现了与国际上主流发展方向不同的优化原则与方法,致使一段时间内我国无底柱分段崩落法矿山的大结构参数方案呈现所谓的"大间距结构参数"或"高分段结构参数"两种形态或发展趋势,不少无底柱分段崩落法矿山开始按照所谓的"椭球体排列"理论来确定和优化其结构参数,形成了一些所谓的"大间距结构参数"方案。

以下为国内一些无底柱分段崩落法矿山的结构参数与设备情况,基本可以代表目前国内无底柱分段崩落法应用现状。

（1）攀钢兰尖铁矿。

结构参数：20m×18m（分段高度×进路间距）；进路尺寸4.5m×3.8m；崩矿步距3.6～4.8m（一次崩2排）。

凿岩设备：SimbaH1354（Cop1838凿岩机），孔径76mm。

爆破参数：排距1.8～2.4m；孔底距2.8m；一次2排。

出矿设备：Toro1400E 6m³电动铲运机，6～8条进路布置一台铲运机。

（2）昆钢大红山铁矿。

设计规模：400万吨/年。

结构参数：20m×20m（一期）；30m×20m（二期）。

进路尺寸：4.9m×4.0m（另有4.3m×3.6m）。

崩矿步距：初期4.2～5.0m；优化后改为3.2～3.6m；排距1.6～1.8m，一次爆2排；炮孔孔径78mm；孔底距2.2～2.8m。

凿岩及出矿设备，见表7-2。

表7-2　昆钢大红山铁矿凿岩及出矿设备

设　　备	型　　号	数量/台
中深孔凿岩台车	SimbaH1354	6
平（斜）巷掘进凿岩台车	Boomer281	6（使用4台）
出矿铲运机	Toro1400E/Toro1400	4/1
出渣、出矿铲运机	ST-3.5	8
装药车	GIA	3
移动式液压破碎锤	Nomet	1

此外还有DS-25-11撬毛台车、Boltec 235H-DCS锚杆台车等。

（3）上海宝钢梅山铁矿。

结构参数：目前15m×20m，计划并正在改为18m×20m或20m×20m。

进路尺寸：4.5m×3.8m。

崩矿步距：目前3.2m，排距1.6m，一次崩2排；为配合18m×20m结构参数，崩矿步距计划改为3.6～4.0m。

爆破参数：炮孔直径78mm，破碎地带采用110mm，孔底起爆，主要采用粒状硝铵炸药及铵松蜡炸药。

采掘设备：相继引进了Simba、Boomer、Toro等系列主体采掘设备，如采准工序采用Boomer281全液压掘进凿岩台车，Toro301D柴油铲运机；回采凿岩工序采用SimbaH254、H1354全液压采矿凿岩台车；回采出矿工序采用Toro400E、Toro1400E等大型电动铲运机。

梅山铁矿主要设备及效率见表7-3。

表 7-3 梅山铁矿主要设备及效率表

机　型	数　量	2002 年单机产量
SimbaH254、H252	4	6 万立方米
Simba1354	2	7 万立方米
Toro400E	4	46 万吨
Toro301D	2	35 万吨
Toro007	1	50 万吨

（4）酒钢镜铁山矿。

矿山目前主要采掘设备：桦树沟矿区主要开采的 I - II 矿体、V 矿体、II 中矿体（8～12 线）出矿设备为 EST-5C、EST-6C 及 Toro400E 铲运机，中深孔凿岩设备为 SimbaH252 台车，钎头直径 76mm，其中有两台 SOLO1009RA 台车待用。

进路尺寸：4.2m×3.8(4.0)m。

矿山主要结构参数：2955m 水平以下正在进行段高 15m、进路间距 18m、崩矿步距 2.2m 的大间距矿块工业试验，现拟改为 20m×18m×2.8m。

扇形中深孔凿岩爆破参数为：炮孔排距 2.2m、孔底距 2.2～2.3m、边孔角 55°、前倾角为 85°（2003 年调整参数）。

（5）东乡铜矿喷锚网支护无底柱分段崩落法。

东乡铜矿是热液交替充填型铜、硫、铁、钨多金属矿床，呈似层状产出，倾角为 30°～50°，厚度为 5～10m，含矿岩石主要是砂岩，矿石不稳固，$f = 3 \sim 6$。顶板为石英砂岩，稳固性差，$f = 3 \sim 6$，底板为粉砂岩，岩性松散，稳固性差，$f = 3 \sim 6$。矿山采用喷锚网支护的无底柱分段崩落采矿法。

采场沿走向布置，长为 50m，宽为矿体厚度，高 30m，分段高度和进路间距均为 6～8m，一般取 7m。底盘分段沿脉巷道布置在底盘围岩里，从此沿脉巷道每隔 7m 布置分段穿脉回采进路，直接到矿体顶板矿岩接触面上，均用锚杆、钢筋网和喷射混凝土联合支护。用 YG240 型凿岩机钻凿上向扇形中深孔落矿，采场用 T2G 装运机出矿。

（6）四川锦宁矿业大顶山矿区。

大顶山矿区是四川锦宁矿业有限公司（原四川省泸沽铁矿）铁矿石生产的主要采区，其主要开采对象为 1 号、2 号矿体。矿体形态属典型的缓倾斜中厚矿体，矿体破碎，稳固性差；倾角一般在 10°～50°之间；厚度在 6～30m 之间，平均厚度为 11.4m，平均品位 46% 左右。矿山主要采用无底柱分段崩落法进行开采，目前其主要结构参数分别是：分段高度 15m，进路间距 10m，崩矿步距 1.8～2.0m。液压台车凿岩，1m³ 电动铲运机出矿，年生产能力约 60 万吨。

7.4　对椭球体排列理论及大间距参数方案的分析与讨论

也就在 2000 年前后，在国内无底柱分段崩落法采矿技术及装备水平逐步与国外接近并开始向大结构参数过渡的时候，国内一些学者开始按照所谓的"椭球体排列理论"提出的"大间距结构参数方案"进行结构参数优化和设计。一时间"大间距理论"成为国内无底柱分段崩落法矿山加大结构参数以及参数优化的主流声音和方向，甚至有学者宣称："大间距理论是无底柱分段崩落法采矿理论的重大突破，大间距结构参数方案是无底柱分段崩落法的必然发展方向，只要是采用无底柱分段崩落法的矿山都可推广应用大间距结构参数方案"[4,5]。

客观地说，"椭球体排列理论"以及"大结构参数方案"一定程度上影响了我国无底柱分段崩落法结构参数的演变进程。但是，矿山的生产实践表明，正是因为"椭球体排列理论"或所谓的"大间距结构参数方案"的出现和流行，在相当程度上误导了国内无底柱分段崩落法矿山加大结构参数和参数优化的方向，让不少矿山在加大及优化结构参数方面陷入迷茫，走了很多的弯路。

据不完全统计，国内某铁矿已经采用了多达 7 组以上的结构参数方案（10m×10m、12m×10m、12m×15m、15m×15m、16m×15m、15m×20m、18m×20m）。频繁地改变矿山主要结构参数，不仅没有改善矿山生产特别是矿石回收效果，相反却对矿山生产及矿石回收造成严重的不利影响，包括桦树沟矿区等其他不少矿山也有类似遭遇。这促使不少采矿学者开始对"椭球体排列理论"以及"大结构参数方案"合理性及可行性进行深入思考和分析。

显然，不彻底弄清"椭球体排列理论"及"大间距结构参数方案"存在的缺陷和问题，包括镜铁山矿桦树沟矿区在内的许多生产矿山结构参数的调整及优化就很难走出误区。下面就重点分析一下"椭球体排列理论"以及"大间距结构参数方案"在理论及实践方面存在的主要缺陷和问题。

首先，不论是"椭球体排列理论"或是具体的"大间距结构参数方案"，虽然其倡导者一再声称遵循了"崩落矿石堆体与放出体形态保持一致"的基本原则，但却缺乏必要的理论及实践证据来证明这一点。其实，"椭球体排列理论"的几种理论观点或假设[4,5]包括：（1）将"崩落矿石的爆堆体形态应尽可能地与放出体形态相吻合"的原则等价于"纯矿石放出体互相相切结构参数为最优"的原则；（2）结构参数优化的实质就是放出体空间排列的优化问题，密实度最大者为优；（3）根据观点二有两种最优的排列，一种为高分段结构，另一种为大间距结构，都缺乏必要的理论及实践依据来证明其观点的正确性和合理性，基本是研究者一种缺乏根据的猜想或不合逻辑的推断。

事实上，从"椭球体排列理论"演化出的两个结构参数方案，不论是大间距参数方案还是高分段参数方案，存在的最大问题恰恰在于忽视或违背了"崩落矿石堆体形态与放出体形态保持一致"的基本原则。放出椭球体排列理论完全没有考虑崩落矿石及残留矿石的位置、形态、大小以及放矿方式等实际放矿过程的诸多因素，这可从"大间距"及"高分段"两种椭球体排列方式的放出体与实际矿石堆体（崩落矿石＋矿石残留）的吻合程度清楚看出这一点（如图 7-3 所示）。

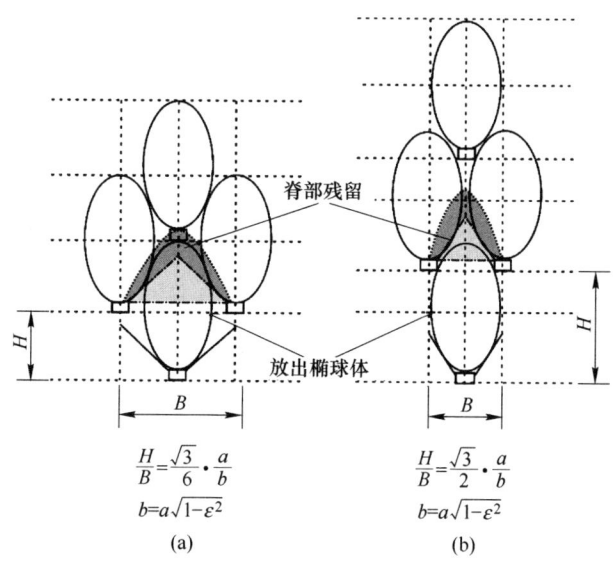

$$\frac{H}{B}=\frac{\sqrt{3}}{6}\cdot\frac{a}{b}$$
$$b=a\sqrt{1-\varepsilon^2}$$

(a)

$$\frac{H}{B}=\frac{\sqrt{3}}{2}\cdot\frac{a}{b}$$
$$b=a\sqrt{1-\varepsilon^2}$$

(b)

图 7-3　大间距及高分段结构参数方案的放出体与残留体
（a）大间距方案；（b）高分段方案
H—分段高度；B—进路间距；a—放出椭球体长半轴；
b—放出椭球体短半轴；ε—放出椭球体偏心率

由图 7-3 可见，两个方案的放出体都不能将崩落矿石及残留矿石完全包括在内，而且不能被包括在内的矿量比例还相当的大。如果崩落矿石及残留矿石不能被包括在放出体中，就不可能被有效回收，成为矿石损失。虽然没有放出的崩落矿石及残留矿石理想状态下有可能部分转移成为下分段的脊部残留，但风险巨大，极易造成严重的损失与贫化。这在我们结合桦树沟矿区矿体条件开展的实验室实验结果中已经得到充分证明。显然，如果放出体连崩落矿石以及残留矿石都不能完全包括进去的结构参数方案，很难说是一个合理的结构参数方案，更不能说其是最优的结构参数方案。

其次，单从结构参数的数值上来看，如果按照椭球体排列理论对高分段结构参数方案的取值进行计算，其对应的计算进路间距过小基本上失去了应用价值（如表 7-4 所示）。进路间距过小极易造成采切工程量偏大和采场结构稳定性变差，严重影响采矿生产及其技术经济效益。显然，如果说这种情况下的高分段结构参数方案仍是最优结构参数方案，似乎很难说得过去。

表 7-4 按照椭球体排列理论计算出的进路间距

参 数 方 案						偏心率（ε）
大间距方案			高分段方案			
B（$H=15$）	B（$H=18$）	H/B 比值	B（$H=15$）	B（$H=18$）	H/B 比值	
计算进路间距			计算进路间距			
20	24	0.74	7	8	2.21	0.92
19	23	0.79	6	8	2.36	0.93
18	21	0.85	6	7	2.54	0.94
16	19	0.92	5	6	2.77	0.95
15	17	1.03	5	6	3.09	0.96

需要指出的是，无底柱分段崩落法的放矿过程是一个动态的过程，崩落矿石的形态、位置、大小等会随着放矿的进行而不断变化。实际放矿过程中的放出体形态、大小与截止放矿品位、步距崩落矿石堆体（结构参数）及以前（上分段、前一步距）放矿形成的矿石残留体的形态及大小直接相关。各步距的放出体形态及大小在时间及空间上都是相互关联和相互影响的，且这种影响基本上是单向的（分段上看是上影响下，步距上看是前影响后）。具体来说，由于无底柱分段崩落法各回采单元之间的矿石回收存在相互交叉（即崩落矿石的转段或转步距回收）的特点，各回采单元之间的放出体也应该相互交叉，才能实现崩落矿石及残留矿石的充分有效回收。

换句话说，如果相邻放出体之间没有实现相互交叉，就不可能实现无底柱分段崩落法崩落矿石的充分有效回收。显然，实际放出体不能脱离受放矿参数影响的崩落矿岩移动过程而按照平面或空间上的几何关系进行简单的排列。离开放矿过程中崩落矿石堆体形态及放矿过程中形成的矿石残留体形态单纯从几何角度去讨论椭球体如何排列以及排列是否紧密没有任何实际意义。

其实，放出椭球体排列理论的另一个问题是没有明确是哪种放出体的排列，究竟是纯矿石放出体还是截止放矿时放出体排列？如果是纯矿石放出体排列，那就需要确定是何种放矿方式下的纯矿石放出体。如果是传统的截止品位放矿方式，由于正面废石很早就会出现在放矿口，一般情况下纯矿石放出体都比较小，要想实现纯矿石放出体 5 点相切或密实排列情况基本上是不可能的；如果是采用无贫化放矿方式，根据无贫化放矿理论的研究，无底柱分段崩落法无贫化放矿的纯矿体放出形态根本就不是一个固定大小的椭球体。椭球体的大小是随崩落矿石及残留体的形态及大小而经常变化的，因而放出体之间的排列更可能是一种大小相间、相互交叉的复杂形态。

如果是截止放矿时的放出体相切排列问题,那么截止放矿时连崩落矿石都不能完全包括在内(更不要说脊部矿石残留了)的截止放出体又有什么意义呢?

与此不同的是,采用传统椭球体相交的方法确定无底柱分段崩落法结构参数,根据放出体与崩落矿石堆体及矿石残留体之间的契合关系进行分析和计算,充分考虑了无底柱分段崩落法崩落矿石转段或转步距回收的特点,不仅最大程度实现了崩落矿石(+残留矿石)堆体与放出体形态一致,而且能够实现崩落矿石及残留矿石全覆盖,因而具有最好的矿石回收效果(见图7-4)。非常明确的是,此时的放出体就是截止放矿时的矿石放出体。除正常转移矿量成为能在下分段或下步距回收的残留矿石(主要是脊部矿石残留)外,放出体覆盖范围内的矿量都能在本分段得到有效回收。

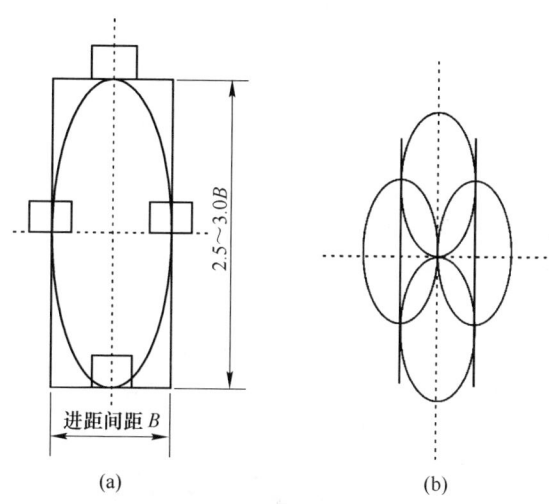

图7-4 传统放矿理论结构参数确定模式[6]

(a)椭球体形态;(b)椭球体相交

不过,目前对于放出椭球体相交的方式及相交的程度,不同的学者有不同的认识或看法,图7-5所示为放出体3种典型相交状态。显然,采用不同放出体相交方式及相交程度,最终确定的主要结构参数数值也将有所不同。不过,放矿实验结果表明,实际放出椭球体相交的状态由于结构参数与放矿参数的不同而与图7-5所示的相交状态有所差别。因此,不论采用哪种椭球体相交状态进行无底柱分段崩落法结构参数优化计算,都只能看作是一种近似的优化计算方法。

相对来讲,图7-5(c)所示的放出椭球体相交的状态更接近实验观察到结果。这是因为:第一,即便是考虑脊部残留体的放出矿石层高度一般也不会超过2倍分段高度,因而放出椭球体高度很难有机会达到或超过2倍分段高度。放矿实验表明,矿石层高度超过2倍分段的情况一般只会发生在上下分段回采进路出

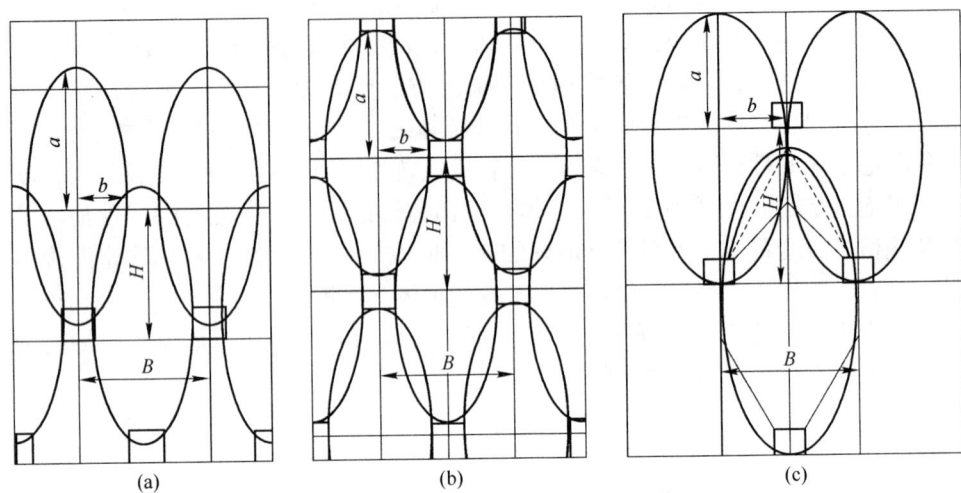

(a)　　　　　　　　　　(b)　　　　　　　　　　(c)

图 7-5　几种放出椭球体相交方式及相交程度示意图[6,7]

（a）放出体高度 >2H；（b）放出体高度 ≈2H；（c）放出体高度 <2H

现非交错布置（上下进路偏移或正对布置）的情况，此时脊部矿石残留的高度将可能接近甚至超过一个分段的高度（如图 7-6 所示）。

图 7-6　进路偏移（1 号）或正对布置（2 号）形成的脊部矿石残留形态

　　第二，相对于放出矿石层高度来讲，放矿步距的数值都很小，加之端部放矿时放出体长轴会发生向前偏移，实际放矿时总是正面废石首先到达出矿口并持续造成贫化，致使很多时候顶部废石还没有到达出矿口就已经达到截止放矿品位。没有放出的脊部残留矿石通常会转化为下步距的靠壁残留及下分段的脊部残留。因此，即便是矿石层的高度很大，但放出椭球体事实上很难发展到放出矿石层最上端脊部矿石残留的顶点。也就是说，崩落矿石 + 残留矿石所具有的形态及尺寸并不代表实际的放出椭球体也一定会具有相近或相同的形态及尺寸。

此外，"椭球体排列"理论还认为，如果各回采单元之间的放出椭球体不能"5点相切"地密实排列，就会造成矿石损失；而如果各回采单元之间的放出椭球体相互交叉，就会因"重复放出"而导致矿石贫化，而放出椭球体没有覆盖的地方就是矿石损失（如图7-7所示）。作者认为，这种看法是因为对无底柱分段崩落法特殊的矿岩移动规律认识不清或认识不准确而形成的一种错误认识。

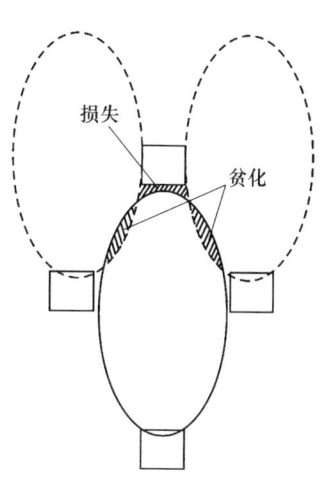

图7-7　相邻放出椭球体排列
状态与矿石损失贫化的关系[8]

如前所述，实际放出体不能脱离受放矿参数影响的崩落矿岩移动过程而按照平面或空间上的几何关系进行简单的排列。离开放矿过程中崩落矿石堆体形态及放矿过程中形成的矿石残留体形态单纯从几何角度去讨论椭球体如何排列以及排列是否紧密没有任何实际意义。放出椭球体相互交叉，是因为矿石回收的需要而进行的交叉。放出体的交叉事实上是在不同时间上的空间位置交叉，放出体交叉的部分正是从其他位置转移至此且需要再次回收的脊部残留矿石。因此，放出体的交叉是非常必要的；同时，相邻放出体之间出现交叉也是客观存在着的必然现象。显然，放出体交叉并不会造成贫化；相反，相邻放出体之间相互交叉，是保证矿石充分回收的必要技术措施。

作者认为，将不同分段以及不同进路的相邻放出体进行所谓的排列分析，等于是将发生在不同时空的事件穿越到了同一时空条件进行讨论。说相邻放出椭球体交叉会造成矿石的重复放出进而造成矿石的贫化，就好比是说同一座房子因为不同时代的人都住在里面会造成空间拥挤的问题一样没有道理。

研究表明，对于无底柱分段崩落法来讲，放出体之间的间隙部分将会以各种残留矿石的形式转移成为其他回采单元的放出矿石，并不会直接成为矿石损失。

同样的，说放出体之间的重叠部分一定会成为矿石贫化也是没有道理的。事实上，东北大学刘兴国教授很早就利用其建立的崩落矿岩颗粒点移动方程，对多漏孔放矿时相邻漏孔之间矿岩界面及放出体之间的相互影响关系进行了清楚而准确的研究[9]。图7-8(a)表明了相邻漏孔依次放矿贫化开始时矿岩界面移动及放出体大小情况，放出体反映出放出矿石颗粒在依次放矿后的位置形态。图7-8(b)则反映了相邻漏孔依次贫化开始时各漏孔放出矿石颗粒在放矿前的原始位置形态。为便于分析，作者将考虑矿岩界面移动变化情况形成的放出体称之为"界面放出体"。由图7-8(a)可见，相邻漏孔之间的界面放出椭球体特点是"形态完整，大小相间，相互交叉"。图7-8(a)所示的放出椭球体均为贫化前的纯矿石放出体，这表明，相互交叉的放出体并不意味着矿石的重复放出以及贫化的产生，而是崩落矿岩在采场内移动及放出规律的准确体现。

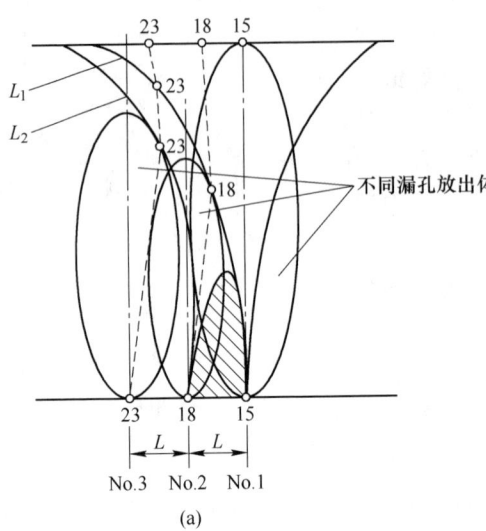

(a)

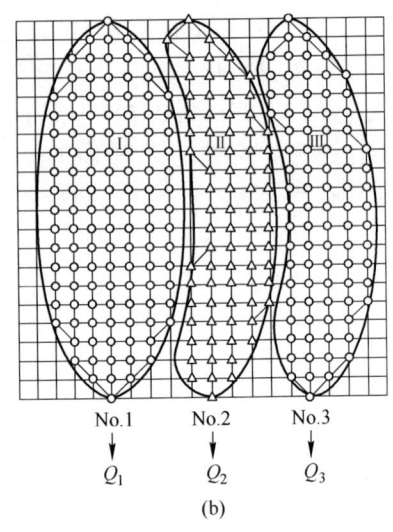

(b)

图 7-8   相邻漏孔贫化开始时矿岩界面及放出体形态[9]

(a) 界面放出体；(b) 原位放出体

No.1 ~ No.3—漏孔编号；L—漏孔间距；L_1，L_2—废石漏斗界面；

23，18，15—观察颗粒编号及采场中的位置；$Q_1 ~ Q_3$—漏孔放出矿量

图 7-8(b) 所示的放出体则反映出相邻漏孔贫化开始时各漏孔放出矿石颗粒在放矿前的原始位置形态。同样为便于分析，作者将没有考虑放矿过程中矿岩界面移动变化情况而仅反映各漏孔放出矿石颗粒在放矿前原始位置形态的放出体称之为"原位放出体"。由图 7-8(b) 可见，相邻漏孔之间的原位放出体互不交叉而且存有间隙，呈不接触咬合状态。同时，除最先放出漏孔的放出体椭球体形态能够保持完整椭球体形态外，其余漏孔的放出体由于相互影响不再保持完整椭球体形态，其形态类似于丝瓜的弯条状。至于放出体之间的间隙部分矿石，则转移成为漏孔间的脊部残留并可能成为下部分段放出体的一部分。也就是说，下部分段原位放出体形态将呈现包括上部原位放出体间隙在内的更为复杂的形态。

作者认为，虽然该研究主要是针对有底部结构崩落法的底部漏孔放矿，但对于无底柱分段崩落法端部出矿仍具有很好的参考价值和指导意义。

对无底柱分段崩落法来讲，回采单元之间的采矿作业总是存在一定的时间差和空间差，相邻进路之间同一位置步距同时放矿的情况几乎不会出现。也就是说，相邻各回采步距之间（包括同一进路前后步距之间）的放矿这个事件本身来看是完全相互独立进行的，但相邻回采单元（上下分段之间、相邻进路之间以

及前后步距之间）的放矿过程及矿石回收效果是相互联系和影响的。因此，无底柱分段崩落采矿法的矿石回收过程必须考虑矿岩界面的移动变化过程、矿石转移过程、矿石残留体以及与矿岩界面相关的放出体等因素。无底柱分段崩落法放矿时实际形成的放出体看起来应该是"形态完整、大小相间，相互交叉"的状态。

如前所述，如果是考察和分析代表崩落矿石颗粒初始位置的"原位放出体"形态，则下分段的放出体会呈现包括上分段放出体间隙在内的极为复杂的形态。由于这个复杂形态的放出体几乎是不可知或者是说很难进行准确描述，因而也就很难通过放出体形态来分析研究其矿岩移动规律并指导矿山生产。因此，从分析和研究角度看，采用"界面放出体"概念以及图 7-8(a) 所示的矿岩移动规律更符合无底柱分段崩落法放矿实际，更具对采矿研究及生产的指导意义。

需要说明的是，瑞典基鲁纳铁矿基于对放出体实际形态"上大下小"的认识，以所谓的"筒仓理论"为指导，采用 70°以上的大边孔角，同时考虑深部岩体压力较大，为保持回采巷道稳定性的需要，在 20 世纪 70 年代曾短暂局部采用过 12m × 16.5m（分段高度 × 进路间距）的大间距方案[1]，如图 7-9 所示，这与所谓的放出椭球体排列 5 点相切的理论完全无关。

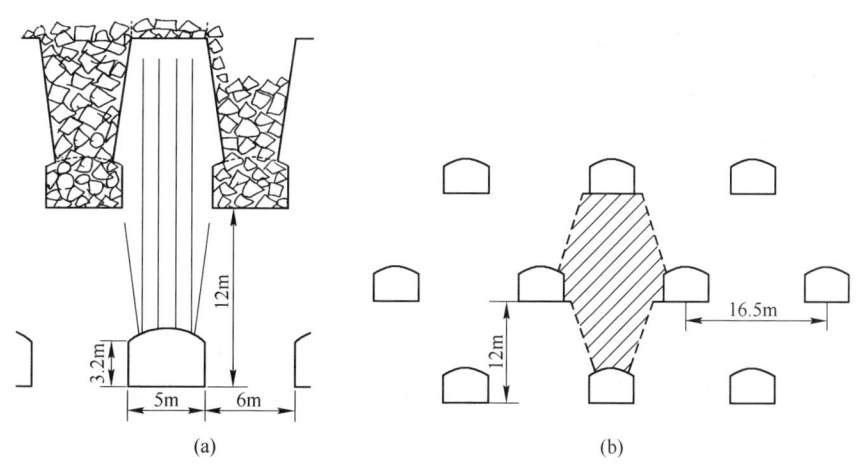

图 7-9　基鲁纳铁矿早期曾经使用过的两种结构形式[10]
（a）"筒仓结构"；（b）550m 水平 12m × 16.5m 参数

事实上，如同其他一些不够成熟的参数及结构变革方案如筒仓结构、分段留矿崩落法一样，基鲁纳矿很快就放弃了这种结构参数方案，采用了符合传统结构参数布置原则的大结构参数方案，即分段高度大于进路间距的结构参数方案，这可以从瑞典基鲁纳铁矿以及国外其他一些主要铁矿山历年结构参数变化情况可以看出（如图 7-2 所示）。据了解，2008 年以后基鲁纳铁矿分段高度是 28.5m，进路间距仍为 25m，该结构参数一直到现在仍在使用中。

　　下面再看国内目前的情况，一些曾经被误导的矿山因为矿石回收效果不如预期甚至恶化等问题的出现，都在逐步远离或改变所谓的"大间距结构参数"方案。例如，大红山铁矿从一开始就采用的是20m×20m结构参数，现在开始改为30m×20m，根本就不是所谓的大间距参数方案；攀钢兰尖铁矿也一开始就采用20m×18m，也不是什么大间距结构参数方案；而镜铁山矿桦树沟矿区正考虑从15m×18m的大间距结构参数方案改为20m×20m或20m×18m的传统大结构参数方案。就连最早提出并应用所谓的"大间距结构参数方案"的梅山铁矿也开始考虑从15m×20m典型大间距结构参数方案改为勉强称得上大间距结构的18m×20m，再也没有按照所谓的大间距理论去设计结构参数。

　　显然，不论是国内矿山还是国外矿山，都没有或者是不再按照椭球体排列理论来确定其进路间距和分段高度。就目前情况看，绝大多数国内外无底柱分段崩落法矿山的分段高度事实上都是大于进路间距的，很少采用所谓的"大间距结构"参数方案。

　　更为重要的是，大间距结构参数方案不能取得满意的矿石回收效果，这才是问题的关键。不仅我们多次的实验结果，还有许多高校及研究设计单位的实验指标也证实了这一点。特别对于下盘倾角较缓的矿体以及容易出现悬顶推排等事故的矿山，采用大间距结构的矿石回收效果可能会更差。

　　事实上，一些已经应用大间距结构参数方案矿山（包括镜铁山矿桦树沟矿区）的生产实践也证明，矿山生产及矿石回收的效果均不理想。不仅矿石回收率受到影响，连岩石混入率也有一定幅度的增加。同时，加大进路间距的另一个负面效果是减少了分段工作面数量，这对于矿山产量保障也是不利的。至于严格意义上的"高分段方案"，国内外都没有采用的案例。

　　显然，椭球体排列理论或大间距理论的最大缺陷在于既缺乏科学的理论依据，也缺乏实验基础，生产实践的检验也不充分。希望采用所谓的椭球排列理论的大间距参数方案来实现改善矿石回收指标特别是提高矿石回收率基本上是不现实的。加大进路间距能够获得的主要效果就是减少采切费用、加大一次崩落矿量和提高出矿效率以及增加回采巷道的稳定性等，但这些效果都可以通过合理加大结构参数获得。

　　这表明，按照所谓的"椭球体排列理论"确定的"大间距参数方案"和"高分段参数方案"，不仅理论上缺乏足够的科学依据，在实践上也缺乏良好应用效果的支撑。同时，从严格意义上讲，目前无底柱分段崩落法加大结构参数的方案称为大结构参数方案（相对于过去10m×10m的结构参数方案来讲）更为准确，国外也是这么定义和命名的。国内一些人称其为"高分段"或"大间距"都是极不确切的。这是因为，一个合理的结构参数，其分段高度与进路间距必然是相互关联的，不能将二者割裂开来。

我们认为，纵观国内外无底柱分段崩落法矿山结构参数变化历程可以看出，所谓的"大间距结构参数方案"成为无底柱分段崩落法发展趋势说法是不成立的。更为重要的是，不彻底摈弃存在严重缺陷的椭球体排列理论或大间距结构参数方案，无底柱分段崩落法加大结构参数的调整和优化就会进入误区，调整和优化结构参数也很难取得预期效果。

7.5　无底柱分段崩落法结构参数设计与优化的原则及方法

7.5.1　概述

通过以上分析可以看出，不论是加大无底柱分段崩落法结构参数还是对结构参数的优化，都必须遵循一个基本的原则，那就是基于椭球体理论的"崩落矿石堆体形态与放出体形态保持一致"原则。同时，按照无贫化放矿理论，放过程中形成的矿石残留体特别是脊部残留也是保证矿石充分有效回收的重要因素。因此，无底柱分段崩落法结构参数设计与优化的原则可以描述为"崩落矿石堆体＋矿石残留体形态与放出体形态保持最大限度一致"的原则。之所以强调椭球体放矿理论和无贫化放矿理论，是因为这两个理论都是建立在大量实验的基础上并经过生产实践所检验的，包括脊部残留在内各类残留矿石的回收必须考虑在结构参数的设计优化之中。

我们认为，结构参数设计目前可采用的方法既包括国外基于椭球体放矿理论（非典型椭球体）由 Rudolf Kvapil 提出的计算方法，也可以按照崩落矿石＋脊部残留形态与放出体（典型椭球体）形态一致原则进行计算。当然，还可以参照类似矿山经验直接选取。虽然这些方法都是经验为主的近似方法，但简单实用。下面，我们将以酒钢镜铁山矿桦树沟矿区无底柱分段崩落采矿法结构参数优化研究为例，来具体说明大结构参数无底柱分段崩落法结构参数设计及优化的原则与方法。

7.5.2　结构参数的优化计算

就镜铁山矿桦树沟矿区来讲，由于受到已有开拓及采准运输系统制约，分段高度的变化最好是 5m 的倍数。目前桦树沟矿区无底柱分段崩落法分段高度为15m。如果需要加大，在同时考虑矿山凿岩设备能力与效率情况下，可以考虑20m 分段高度。当分段高度在 20m 时，其最长炮孔深度在 30m 以内，这与桦树沟拟采用的主要凿岩设备（SimbaH1354 全液压凿岩台车）能力相适应。

在分段高度确定情况下，基于崩落矿石堆体＋残留矿石形态与放出体形态保持一致原则，按照前述几种结构参数确定方法初步计算其进路间距及崩矿步距。考虑到桦树沟矿区采用的凿岩及出矿设备，初步确定回采进路尺寸为 4.5m×4.0m（进路宽度×进路高度），包括进路间距及崩矿步距的其他主要结构参数将采用以下方法进行确定。

（1）按照 Rudolf Kvapil 提出的设计方法[1]。

1）需要确定的参数为进路间距 S_D 以及崩矿步距 b。

2）参数确定方法。采用 Rudolf Kvapil 提出的计算公式：放出体（非典型椭球体）最大宽度 $W_T \approx W' + a - 1.8$；放出体纵向厚度 $d_T \leqslant W_T/2$；进路间距 $S_D < W_T/0.65$（放出体高度大于 18m 时）；崩矿步距 $b \leqslant d_T/2$，各参数含义如图 7-10（a）所示。

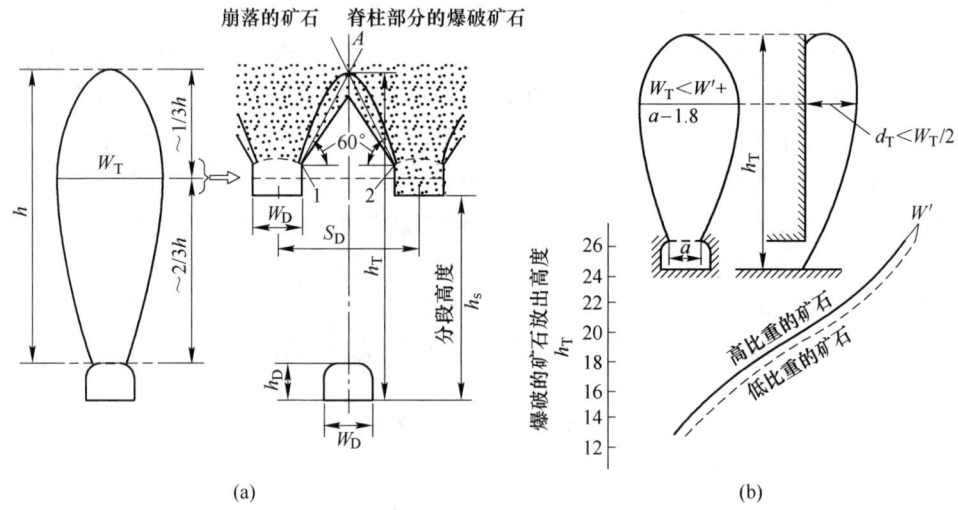

图 7-10   Rudolf Kvapil 参数设计方法参数含义

（a）垂直进路方向；（b）沿进路方向

3）放出体最大宽度计算：

$$W_T \approx W' + a - 1.8$$

式中，W' 为标准巷道放出体宽度，根据图 7-11（a）可以查出，当放出体高度在 35~38m 时，W' 约为 10.7m；a 为有效出矿宽度，按照图 7-11（b）取 $a = 0.6W_D$，即 2.7m。这样，$W_T \approx 10.7 + 2.7 - 1.8 = 11.6$m。

4）进路间距 $S_D < W_T/0.65$，即 $S_D < 17.8$m；但由于矿山已经将进路间距调整为 18m，鉴于计算进路间距 $S_D < 17.8$m 与矿山目前的实际值非常接近，为减少因进路间距调整给矿山生产及管理带来的不利影响，可以使矿山的进路间距保持 18m 不变。

5）崩矿步距 $b \leqslant d_T/2$，即 $b \leqslant W_T/4 = 2.85$m，可取值 2.8m。

6）这样，按照理论计算的方法初步确定桦树沟矿区的合理结构参数应该是：20m×18m×2.8m（分段高度×进路间距×崩矿步距）。

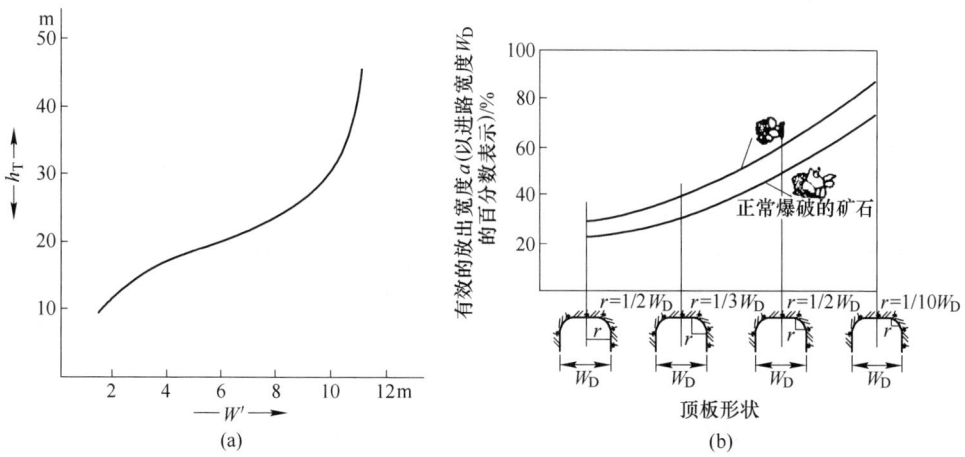

图 7-11　标准巷道放出体宽度确定及出矿有效宽度确定
（a）放出体高度与宽度关系曲线；（b）有效出矿宽度与巷道形状关系曲线

（2）按照崩落矿石堆体＋脊部残留形态与放出体形态一致的原则。

按照崩落矿石堆体＋脊部残留矿石形态与放出体（典型椭球体）形态保持一致的原则，采用图 7-5（c）所示的放出体相交状态并按照低贫化放矿最大可能形成的脊部残留（脊部残留坡面角取 70°）进行计算，可以大致确定出不同放出体高度下分段高度与进路间距合理比值，进而计算出对应的进路间距来。

按照图 7-12 所示的几何关系，可以写出无底柱分段崩落法结构参数与放出

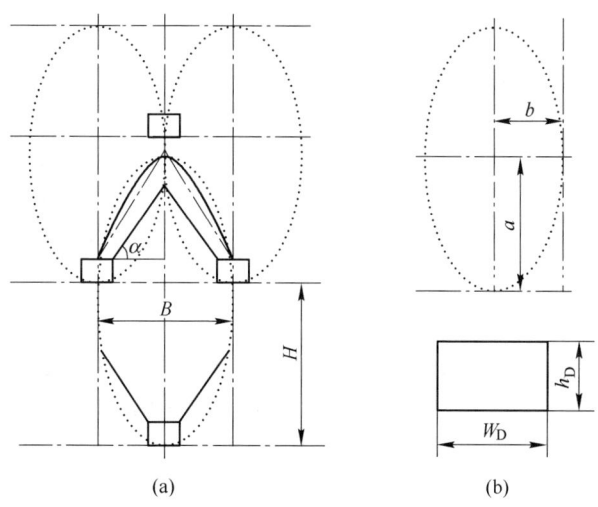

图 7-12　按照放出体相交方法确定结构参数方法示意图
（a）放出体相交状态；（b）放出体及回采进路参数

参数之间的关系式：

$$2a = H + h_D + (B/2)\tan\alpha$$

$$2b = B$$

$$b/a = (1 - \varepsilon^2)^{1/2}$$

式中，H 为分段高度（20m）；B 为进路间距；h_D 为进路高度（按4m计）；α 为脊部残留坡线角度，按70°计；a 为放出椭球体长半轴；b 为放出椭球体短半轴；ε 为放出椭球体偏心率，$\varepsilon^2 = 1 - b^2/a^2$。图7-12中，$W_D$ 为进路宽度，按5m计算。

将相关参数代入三个计算式中并进行计算，可以得出不同分段高度情况下进路间距与分段高度的比值（B/H），进而计算出不同分段高度下合理的进路间距（见表7-5）。

表7-5　按照放出体相交的方法计算出的进路间距

H/m	10	12	15	18	20	25	30
B/H	0.90	0.86	0.81	0.78	0.77	0.74	0.73
$B(\varepsilon = 0.94)/\mathrm{m}$	9	10	12	14	15	19	22
$B(\varepsilon = 0.93)/\mathrm{m}$	10	12	14	16	18	22	25
$B(\varepsilon = 0.95)/\mathrm{m}$	8	9	10	12	13	16	19

注：实验室模型实验测出的放出体偏心率通常要大于矿山现场测得偏心率。

由表7-5可以看出，当分段高度为20m时，如果椭球体偏心率参照类似矿山现场试验取值0.93的话，其对应的合理进路间距也是18m。

至于崩矿步距的计算，可以按照放出体厚度的1/4进行取值，即 $d = (B - W_D)/4 = (18 - 5)/4 = 3.25\mathrm{m}$，可取整为3.2m。

需要指出的是，由于上述计算是根据单个步距截止放矿时放出体形态与崩落矿石堆体原则进行计算的，因此，放出体是否相切、相交以及排列是否密实事实上都没有作为判别结构参数优劣的依据。而从实际放矿结果看，采场中各步距的放出体状态是"大小相间，相互交叉"；而"大间距理论"提出的"放出体大小相同、5点相切式的密实排列"情况根本就不可能实际存在。

（3）参照类似矿山参照取值。

如前所述，R. Bullock 和 W. Hustulid 在 2001 年提出了对传统结构参数设计及优化方法的修正方案，并据此按照回采进路尺寸不同推荐了两组结构参数供参考。当进路尺寸为5m×5m时，20m分段高度对应的进路间距是16m；当进路尺寸为7m×5m时，20m分段高度对应的进路间距是18m；两组参数的崩矿步距都是3.0m左右。同时，攀钢兰尖铁矿有着与桦树沟矿区类似的矿体条件，该矿露天开采结束后已转入地下开采，采用的采矿方法是无底柱分段崩落法，采用的主要结构参数为20m×18m×（3.6～4.0）m（分段高度×进路间距×崩矿步距）。

　　综合分析上述三种参数确定方法可以看出，只要遵循了崩落矿石堆体（＋残留矿石）形态与放出体一致的原则，在确定分段高度为20m情况下，不论采用哪种方法，只要是满足厚大急倾斜矿体条件，其确定出的合理结构参数都指向20m×18m的结构参数方案。但其崩矿步距却因计算方法不同（主要是经验公式取值差异）而有所不同，其值在2.8~4.0m之间。也就是说，从计算与分析角度看，20m×18m结构参数是一个值得推荐的方案，桦树沟矿区的合理结构参数可以考虑20m×18m参数方案，而崩矿步距可以在实验或现场试验基础上进行优选。

7.5.3　关于桦树沟矿区结构参数调整与优化的思考

　　研究表明，只要结构参数基本符合崩落矿石堆体＋残留矿石的形态与放出体保持一致的原则，由于放矿过程中结构参数之间存在"自适应"效应，不同结构参数都可能获得比较理想的矿石回收效果。也就是说，不论是大结构参数还是小结构参数都可以取得比较满意矿石回收效果，关键是看矿山生产设备及管理水平是否能够与之相适应。

　　因此，决定无底柱分段崩落法结构参数大小的主要因素不是矿石回收效果而是矿体形态、产状、矿山规模、矿山设备（主要是凿岩及出矿设备）能力以及技术管理水平（切割与爆破技术）等。然而，由于结构参数调整对矿山开拓、采准与切割、爆破等都会产生巨大的影响，特别是进路间距的改变，更是破坏了上下分段回采进路交错布置的基本结构，导致过渡分段出现，必将严重影响矿山生产管理和矿石回收效果。因此，对于结构参数的调整必须非常慎重且不能过于频繁。

　　目前，桦树沟矿区采用的是按照大间距理论确定的15m×18m结构参数。经过几年的应用证明，该结构参数存在损失贫化大、悬顶、推排等生产事故频发问题。这表明，矿山目前结构参数合理性存在比较严重问题。同时矿山也面临进一步提高生产能力与效率以及降低采矿成本的需求，因此优化并加大矿区结构参数显得十分必要和迫切。

　　不论是从理论分析还是目前国内矿山的实际生产的结果都表明，基于椭球体排列理论而建立的大间距结构参数方案的思维必须被打破，结构参数的设计与优化应该回归到正常椭球体理论上来，真正意义上实现按照崩落矿石堆体形态（同时必须将各种残留矿石考虑进去）最大限度与放出体形态保持一致的原则来确定结构参数。至于放出体的形态是按照典型椭球体还是按照非典型椭球体进行考虑，可以根据矿山的实际情况进行研究和测定。从上面的研究结果看，结构参数按照两种计算方式计算出来的结果非常接近。

　　从目前桦树沟矿区结构参数的需求与可能看，作为厚大急倾斜矿体来讲，分段高度为15m具有较大的增加空间，从目前国内的生产设备及管理水平看，将分段高度增加到20m是完全可行的，即便是矿山现有的凿岩及装药设备也可以基本满足生产的要求。

当然，由于桦树沟矿区的部分矿体属于倾斜或急倾斜矿体，加大分段高度后下盘残留矿石的回收问题必须予以充分的重视，充分回收下盘三角矿体并在下盘三角矿体部分适当降低出矿截止品位是保证矿石充分回收的必要而有效的技术措施。好在桦树沟矿区的矿体倾角一般较大，加大分段高度对上下盘三角矿体的影响比较有限。

至于进路间距，由于计算出的合理进路间距与18m的现值非常接近，从减少对矿山生产及管理的影响角度考虑，可以保持18m的进路间距不变。研究表明，改变进路间距，将使矿山出现上下分段回采进路无法交错布置的过渡分段，包括过渡分段在内的几个分段的生产与回收都将受到显著的不利影响。

关于崩矿步距的确定，其原则仍然是崩落矿石堆体（含各种矿石残留体）形态与放出体形态最大限度保持一致。因此，前述计算方法从理论上讲是完全正确的。但是，崩矿步距的大小还需考虑爆破效果是否满足生产特别是出矿及爆破的需要，是否有利于减少悬顶、推排、大块以及眉线破坏事故的发生。从放矿回收效果角度看，崩矿步距不宜过大，过大的崩矿步距不仅会影响爆破效果，还会导致大量正面残留产生，结果必然会影响矿石的回收效果。当然，过小的崩矿步距不仅不利于矿石回收，还会增加凿岩及爆破工程量。

从世界范围情况看，即便目前国外的分段高度在25~30m、进路间距在15~25m的大结构参数无底柱分段崩落法矿山，其崩矿步距一般都没有超过3.0m。小于3.0m的崩矿步距，可以采用"一次崩一排"的爆破作业方式。"一次崩一排"爆破作业方式的好处，一是可以简化爆破作业的组织管理工作，二是可以显著减少凿岩工程量。因此，桦树沟矿区加大结构参数后采用2.8m的崩矿步距是比较合适的。国内大红山铁矿一开始就采用了20m×20m大结构参数，最初采用的是4~5m的大崩矿步距，经过一段时间的生产实践证明效果不够理想。因此，该矿现在已将崩矿步距经优化减少为3.2~3.6m左右。

关于炮孔直径，由于分段高度及进路间距都有一定程度加大，一次崩落矿量也有较大幅度增加。为减少炮孔坍塌以及堵孔等事故的发生，同时在不增加炮孔数量的情况下增加装药量以保证爆破效果，适当加大炮孔直径是必要的。适当加大炮孔直径在技术上实现起来也是比较容易的，只需要更换不同直径的钻头即可以实现。如果将原来76mm的钻头直径增加10~15mm，也不会导致凿岩效率的明显降低。

至于2.8m的崩矿排距（抵抗线）与爆破经验公式推荐的抵抗线为20~30倍炮孔直径相比是否偏大的问题，我们认为，2.8m的崩矿步距首先是从保证矿石回收效果而与分段高度及进路相适应的一个数值，并没有优先从爆破效果的角度考虑；其次，我们在实施方案中已经建议对包括崩矿步距等爆破参数进行现场试验。如果试验证明在 85 ~ 90mm 炮孔直径情况下 2.8m 的崩矿步距确实偏大、爆破效果不佳，可以通过适当增加排面炮孔数量的方式加大爆破力，保证爆破效果。第三，如果试验证明减少崩矿步距确实能取得比 2.8m 崩矿步距更好的爆破及出矿效果，也可以考虑适当减小崩矿步距至 2.4 ~ 2.6m 左右。

因此，如果按照本项目研究推荐的 20m × 18m 结构参数，桦树沟矿区采用 2.8m 左右的崩矿步距是合适的。同时，如有可能，建议适当加大炮孔直径，例如正常情况下采用 85 ~ 90mm 左右的炮孔，破碎地带采用 100 ~ 110mm 左右的炮孔。此外，从减少中孔凿岩量以及从保护眉线等考虑，建议采用每次只爆破一排的方式。

7.6 桦树沟矿区无底柱分段崩落法结构参数的实验模拟研究

7.6.1 概述

应该说，不论是理论计算还是根据经验公式确定的结构参数，都只能是一种可以初步考虑的结构参数，其实际的矿石回收效果还需要通过一定的手段或过程进行测试或验证。一般认为，物理模型放矿实验是除现场试验方式外最为可靠和准确的一种验证不同结构参数矿石回收效果的试验方式。因此，我们对理论分析计算确定的镜铁山矿桦树沟矿区结构参数以及其他几种可能的结构参数进行了物理模型放矿模拟实验研究，期望通过物理模型实验的方式，最终确定其最优的结构参数。如前所述，如果不考虑局部地段倾斜矿体和尖灭矿体的影响，桦树沟矿区目前开采的矿体都可以看作是急倾斜厚大矿体，而且矿岩物理力学性能基本相同。因此，理论上讲桦树沟各矿区的矿体都可以采用统一的结构参数。统一的结构参数不仅便于矿山生产的组织与管理，也有利于提高矿山生产效率和降低采矿成本。这样，实验室研究就可以简化为针对同一矿体条件不同结构参数的优化研究。

7.6.2 实验方案设计

实验将主要对 20m × 20m（分段高度 × 进路间距）和 20m × 18m 两种结构参数进行对比研究。同时，为分析比较现有结构参数优劣，也需要对 15m × 18m 现有结构参数按照同样的放矿方式进行实验研究。在综合分析各结构参数合理崩矿（放矿）步距基础上，初步确定上述三种结构参数对应崩矿步距（放矿步距）分别为：3.0(3.8)m、2.8(3.5)m、2.2(2.8)m。

考虑到无（低）贫化放矿方式已经被广泛接受并在桦树沟矿区得到长期应用，也取得了良好的应用效果。同时，由于公司对矿山输出矿石的品位要求较高但地质品位相对很低，出矿允许贫化的空间极为有限。因此，实验全部设计采用近似无贫化放矿的低贫化放矿方式，截止放矿时贫化率控制在 8% 以内。此外，考虑到实验数据的可靠性与实用性，全部实验均采用物理模型实验的方式完成。

实验参数及实验方案见表7-6及表7-7。

表7-6　模型实验参数计算表

指　　标	符号	放矿方案	计　算　公　式
截止品位/%	C_{cj}	32.0	
截止放矿贫化率/%	Y	7.77	$Y = \dfrac{C_o - C_{ij}}{C_o - C_y} \times 100\%$
截止放矿体积岩石混入率/%	Y_v	9.44	$Y_v = \dfrac{\gamma_k{}'}{\gamma_k{}' + (1/Y - 1)\gamma_y{}'} \times 100\%$
实验室截止放矿岩石混入率（重量比）/%	Y_s	7.59	$Y_s = \dfrac{Y_v \cdot \gamma_y}{\gamma_k - Y_v(\gamma_k - \gamma_y)} \times 100\%$
	Y_s	12.41	本栏为磁铁矿作废石时的实验室截止岩石混入率（重量比）

表7-7　分段放矿方案设计表

分段（水平）	放矿方式	截止品位/%	截止岩石混入率/%	备　注
1	低贫化放矿1	32	12.41（14.7）	磁铁矿作废石
2	低贫化放矿1	32	12.41（14.7）	磁铁矿作废石
3	低贫化放矿1	32	12.41（14.7）	磁铁矿作废石
4	低贫化放矿1	32	12.41（14.7）	磁铁矿作废石
5	低贫化放矿1	32	12.41（14.7）	磁铁矿作废石

注：1. 镜铁山矿放矿实验室实验矿石（磁铁矿）松散密度为 $\gamma_k = 1.89\text{g/cm}^3$，废石（白云石）松散密度为 $\gamma_y = 1.49\text{g/cm}^3$。而环资学院放矿实验室实验矿石（磁铁矿）松散密度为 $\gamma_k = 2.24\text{g/cm}^3$，废石（白云石）松散密度为 $\gamma_y = 1.34\text{g/cm}^3$。方案2对应的截止岩石混入率（磁铁矿石重量比）为14.70%。

2. 以V矿体原矿品位和矿岩体重作为确定实验方案的依据，其值分别为：原矿品位 $C_o = 34.69\%$，矿石密度 $\gamma_k' = 3.59\text{t/m}^3$，岩石密度 $\gamma_y' = 2.9\text{t/m}^3$，岩石含矿品位 $C_y = 5\%$。

3. 为减少实验过程中矿岩的分选（靠手工完成）工作量，采用了不具磁性的白云石作矿石，而将磁铁矿作覆盖层废石，但最后数据计算时应将磁铁矿作废石时的岩石混入率转换为白云石作废石时的岩石混入率。

4. 镜铁山矿放矿实验室中用作废石的磁铁矿石纯度较低，含有较大比例（32.5%）且不具磁性的夹石，放出后无法用磁铁分选出来，事实上成为放出矿石量的一部分，实验数据处理时需要考虑这个因素。

7.6.3　实验模型与结构参数实验方案

为满足研究的需要，按照 1 : 100 的比例分别制作了 20m×18m×2.8m（分段高度×进路间距×崩矿步距）、20m×20m×3.0m 以及 15m×18m×2.2m 等三种结构参数方案的无底柱分段崩落法物理实验放矿模型，图 7-13 给出了结构参数为 20m×18m×2.8m 的物理模型实物照。同时，为研究崩矿步距对 20m×18m 结构参数矿石回收效果的影响，增加了按照攀钢兰尖铁矿实际结构参数 20m×18m×4.0m（分段高度×进路间距×崩矿步距）的模型试验。

(a)   (b)

图 7-13   实验模型及实验准备情况（20m×18m×2.8m）
(a) 装料前；(b) 装料后

这样，本次物理模型实验将包括以下几个结构参数方案的实验（注：括号内为制作模型的放矿步距）：

(1) 20m×18m×2.8(3.5)m，计算推荐及项目要求研究的参数方案；

(2) 20m×20m×3.0(3.8)m，项目要求研究的参数方案；

(3) 15m×18m×2.2(2.8)m，矿山现有的参数方案；

(4) 20m×18m×4.0(5.0)m，攀钢兰尖铁矿实际参数方案。

7.6.4   实验过程观察与分析

由于本次实验主要是对不同结构参数的放矿效果进行研究，因此，对实验过程的现象未做过多的观察与分析。但是，在实验过程中我们明显注意到的情况就是，虽然都是采用低贫化放矿方式，但桦树沟目前采用的结构参数（15m×18m×2.2m），步距放矿时往往最早出现贫化，纯矿石回收率很低，一般仅为30%~50%左右，贫化回收的时间很长，而矿石回收率却不高。其他几个参数方案则恰恰相反，步距放矿时贫化出现的时间较晚，纯矿石回收率较高，一般能达到70%~80%左右，而且一旦贫化开始，则废石量迅速增大直至达到截止放矿条件，贫化回收的时间相对较短，步距的回收率虽然有所波动，但总体回收率较高。

同时，从实验过程可以观察到，矿山目前的大间距结构参数（15m×18m×

2.2m）方案，在放矿时矿岩的混杂程度较高。相当部分的脊部矿石残留不能被完全包括在下分段的放出体中，同时相当多的脊部矿石残留在向下转移过程中往往都变成了矿岩混杂层，造成了较大的矿石损失及贫化。实验过程中清楚观察到了大间距结构参数严重的矿岩混杂现象，这也在随后的数据统计与分析过程中得到了证实。

7.6.5 实验数据统计与分析

根据几次实验数据记录进行统计计算，结果汇总如下：

（1）矿山现有结构参数方案实验结果见表7-8。

表 7-8   15m×18m×2.2m 模型实验数据统计汇总表

分段号	放出矿岩总量/g	放出矿石量/g	放出岩石量/g	分段平均装矿量/g	矿石回收率/%	岩石混入率/%	岩石体积混入率/%	折算为白云岩混入率/%	备注
1	11495	9415	2080	25871	36.39	18.09	14.83	12.07	
2	27575	24635	2940	25871	95.22	10.66	8.60	6.91	
3	28330	23915	4415	25871	92.44	15.58	12.70	10.29	
4	28240	23900	4340	25871	92.38	15.37	12.52	10.14	
5	30510	23775	6735	25871	91.90	22.07	18.26	14.97	
合计	126150	105640	20510						
矿块合计					81.67	16.26	13.27	10.77	

（2）项目要求研究的结构参数方案1实验结果见表7-9。

表 7-9   20m×20m×3.0m 模型实验数据统计汇总表

分段号	放出矿岩总量/g	放出矿石量/g	放出岩石量/g	分段平均装矿量/g	矿石回收率/%	岩石混入率/%	岩石体积混入率/%	折算为白云岩混入率/%	备注
1	24270	22820	1450	50862	43.94	7.92	6.54	5.13	
2	58710	55080	3630	50862	105.97	8.19	6.77	5.31	
3	53410	50410	3000	50862	97.19	7.44	6.14	4.81	
4	54360	50690	3670	50862	97.32	8.95	7.41	5.82	
5	58960	54810	4150	50862	105.11	9.33	7.73	6.07	
合计	249710	233810	15900						
矿块合计					89.91	8.44	6.98	5.47	

注：本表中矿石回收率及岩石混入率是在考虑实验废石（磁铁矿）中含有32.5%的不具磁性夹石情况下的实际值，而非直接根据记录数据的计算值。

（3）项目要求研究的结构参数方案 2（理论分析计算推荐方案）实验结果见表 7-10。

表 7-10　20m×18m×2.8m 模型实验数据统计汇总表

分段号	放出矿岩总量/g	放出矿石量/g	放出岩石量/g	分段平均装矿量/g	矿石回收率/%	岩石混入率/%	岩石体积混入率/%	折算为白云岩混入率/%	备注
1	22688	18431	4257	39649.8	46.48	18.76	13.64	9.75	
2	45411	39843	5568	39649.8	100.49	12.26	8.72	6.14	
3	45984	37421	8563	39649.8	94.38	18.62	13.53	9.67	
4	47254	40320	6934	39649.8	101.69	14.67	10.52	7.45	
5	47780	38343	9437	39649.8	96.70	19.75	14.41	10.32	
合计	209117	174358	34759						
矿块合计					87.95	16.62	12.00	8.53	

（4）步距优化对比参数方案(攀钢兰尖铁矿结构参数方案)实验结果见表 7-11。

表 7-11　20m×18m×4.0m 模型实验数据统计汇总表

分段号	放出矿岩总量/g	放出矿石量/g	放出岩石量/g	分段平均装矿量/g	矿石回收率/%	岩石混入率/%	岩石体积混入率/%	折算为白云岩混入率/%	备注
1	28838	24136	4702	58844.8	41.02	16.30	11.76	8.35	
2	66101	59505	6596	58844.8	101.12	9.98	7.05	4.93	
3	55946	50391	5555	58844.8	85.63	9.93	7.01	4.90	
4	67463	59587	7876	58844.8	101.26	11.67	8.29	5.82	
5	60228	52950	7278	58844.8	89.98	12.08	8.59	6.04	
合计	278576	246569	32007						
矿块合计					83.80	11.49	8.15	5.72	

为便于分析，根据各结构参数的实验数据统计结果，可将各结构参数方案的分段及矿块回收指标汇总列入表 7-12 ~ 表 7-14。

表 7-12　各结构参数方案放矿矿块指标汇总表

结 构 参 数	矿石回收率/%	岩石混入率/%	备　注
15m×18m×2.2(2.8)m	81.67	10.77	
20m×20m×3.0(3.8)m	89.91	5.47	
20m×18m×2.8(3.5)m	87.95	8.53	
20m×18m×4.0(5.0)m	83.80	5.72	

表 7-13　各结构参数方案分段矿石回收率指标汇总表

分段	15m×18m×2.2m	20m×20m×3.0m	20m×18m×2.8m	20m×18m×4.0m	备注
1	36.39	43.94	46.48	41.02	
2	95.22	105.97	100.49	101.12	
3	92.44	97.19	94.38	85.63	
4	92.38	97.32	101.69	101.26	
5	91.90	105.11	96.70	89.98	

表 7-14　各结构参数方案分段岩石混入率指标汇总表

分段	15m×18m×2.2m	20m×20m×3.0m	20m×18m×2.8m	20m×18m×4.0m	备注
1	12.07	5.13	9.75	8.35	
2	6.91	5.31	6.14	4.93	
3	10.29	4.81	9.67	4.90	
4	10.14	5.82	7.45	5.82	
5	14.97	6.07	10.32	6.04	

　　根据表 7-13 及表 7-14 可以绘制出各结构参数分段矿石回收指标曲线图，如图 7-14 所示。

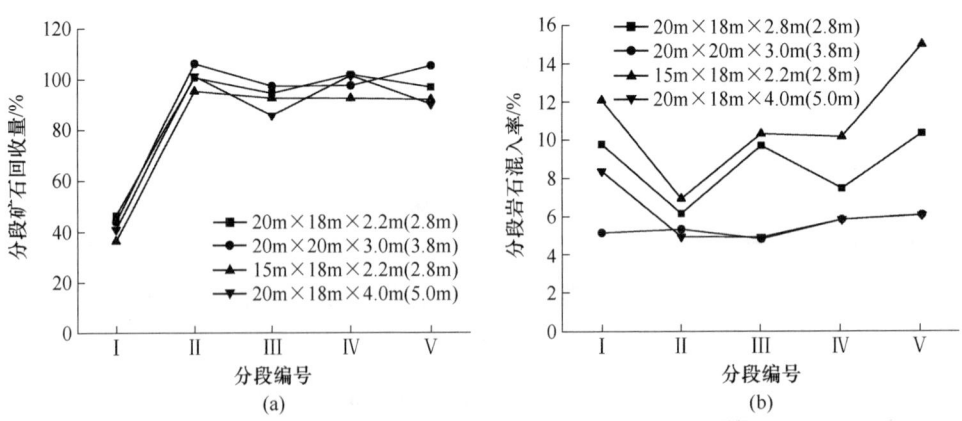

图 7-14　各结构参数方案分段矿石回收指标曲线图
(a) 分段矿石回收率曲线；(b) 分段岩石混入率曲线

　　为便于对比分析，这里我们把桦树沟矿区Ⅴ矿体低贫化试验按照组合放矿方式所做的实验数据也列出来，见表 7-15。

表 7-15 Ｖ 矿体三种结构参数组合放矿结果统计表

结 构 参 数	矿石回收率/%	岩石混入率/%	备 注
15m×18m×2.2m	85.36	9.2	
20m×20m×3.0m	85.26	5.3	
20m×18m×4.0m	80.75	4.0	

分析表 7-12 及表 7-15 可以看出：

（1）就各参数方案的矿块回收指标看，20m×20m×3.0m 结构参数方案的矿石回收指标最佳，不仅其矿块的矿石回收率最高，达到 89.91%，且矿块的岩石混入率也最低，仅为 5.47%。

（2）作为经过理论计算与优化分析推荐的结构参数方案，20m×18m×2.8m 结构参数方案的矿块回收指标仅次于 20m×20m×3.0m 结构参数方案，矿石损失和贫化指标都远优于矿山现有的 15m×18m×2.2m 大间距结构参数方案。同时，该参数方案的放矿指标也优于攀钢兰尖铁矿 20m×18m×4.0m 大步距结构参数方案。

（3）从表 7-12 可以明显看出，矿山目前采用的 15m×18m×2.2m 大间距结构参数方案是矿石回收效果最差的方案，不仅矿石回收率最低，而岩石混入率还最高。以前针对 Ｖ 矿体的组合放矿实验结果（见表 7-15）也一定程度上印证了这一点。这再次从实验的角度证明了按照椭球体排列理论推演出来的所谓"大间距结构参数方案"是一个既不科学也不合理的参数方案。

（4）就 20m×18m×2.8m 和 20m×18m×4.0m 两种相近结构参数方案放矿结果看，较大崩矿步距会因正面残留的加大而导致矿石回收率降低。同时，较大崩矿步距一般会采用一次崩两排炮孔方式落矿，结果不仅增加了中孔凿岩量，也容易造成后排孔眉线破坏，进而影响爆破及矿石回收效果。

分析表 7-13 及表 7-14 以及图 7-14 可以看出：

（1）在采用相同的低贫化放矿方式情况下，不同结构参数方案各分段的矿石回收率有着基本相似的回收趋势，即在正常情况下各分段矿石都能得到比较充分的回收。但是，对于结构参数造成崩落矿石堆体＋残留矿石形态与放出体形态严重不符的情况，例如大间距结构参数方案，由于有较多的残留矿石在向下转移过程中成为矿岩混杂层，因而造成了较大的矿石损失及贫化，其分段回收率指标就会明显低于参数更为合理的方案回收指标。

（2）从图 7-14 可以看出，在采用相同的低贫化放矿方式下，各分段岩石混入率指标似乎受到结构参数的影响更为显著一些（相对于数值较小的贫化率指标来讲），大间距结构参数方案各个分段的贫化率指标最高，导致其总体的岩石混入率最高。这一点同样在 Ｖ 矿体的组合放矿方式实验结果中得到证明（见表 7-15）。这再次证明，大间距结构参数方案不仅造成较大的矿石损失，也是造成采出矿石贫化率偏高的重要原因。

（3）对于特定结构参数在统一放矿方式下分段岩石混入率的波动，则主要是实验放矿时实际的截止放矿指标控制不统一造成的。

7.6.6 问题讨论

（1）从实验的结果看，20m×20m×3.0m 结构参数方案的矿石回收指标最佳，这一点有些出乎我们的意料。分析原因可能有以下两个方面：一是该结构参数方案本身就是一个比较理想的参数方案，放矿指标本身就比较理想。这一点也可以从过去 V 矿体不同结构参数组合放矿方案的结果看出来（见表 7-15）。二是由于实验过程中因为该结构参数模型用作覆岩的磁铁矿石不足，采用了夹石含量达 32.5% 的低品位磁铁矿石作覆盖层岩石。放矿时被放出后但无法在随后的计量过程中被选出。虽然在数据统计计算时有考虑，但未能完全消除其影响，因而出现岩石混入率较实际值减少而矿石回收率较实际值增加的情况。

如前所述，由于在无（低）贫化放矿方式情况下，就放矿过程中的矿石回收率来讲，结构参数之间存在一种被称为"自适应"的机制，随着放矿分段数目的增加，特别是对于结构参数之间保持着一种基本合理的关系的结构参数方案，各结构参数方案之间回收率的差异会逐步减少甚至消失。在这样的情况下，采用何种结构参数为最佳，主要取决于矿山对产量、效率以及成本的需求状况以及矿山的设备、技术以及管理水平能否适应相应的大结构参数，这里的两个大结构参数方案 20m×20m×3.0m 和 20m×18m×2.8m 就属于这种情况。事实上，崩矿步距对矿石回收的影响也有类似效果。因此，崩矿步距可以较方便地根据凿岩爆破效果在生产实践中进行适当调整。

（2）根据项目组对四川锦宁矿业公司大顶山矿区的研究结果，对于缓倾斜矿体条件特别是缓倾斜中厚矿体来讲，加大分段高度会对其矿石回收指标产生较显著的不利影响，但对桦树沟矿区这种以厚大急倾斜矿体为主的矿体条件来讲，可能造成损失贫化显著加大的三角矿体范围及幅度都很小，对矿山损失贫化指标的不利影响也不显著，更何况我们还针对下盘残留矿石的回收问题提出了有针对性的技术措施。因此，分段高度的增加不会对矿山的损失贫化指标造成显著的影响，即便是在分段高度变化的过渡分段也是如此。

（3）就桦树沟矿区的情况来讲，如果采用 20m×18m×2.8m 结构参数，矿山只需要对分段高度和崩矿步距进行必要的调整，无须改变目前的进路间距。相对于进路间距来讲，分段高度的调整更为容易且对矿山的生产及管理影响最小，但在减少采准、凿岩工程量以及提高产量及生产效率、改善矿石回收指标等方面的效果却同样非常显著。也就是说，采用 20m×18m×2.8m 结构参数方案是对矿山生产影响最小、实现起来最为容易但实施效果同样非常显著的一种选择。

（4）如采用 20m×20m×3.0m 结构参数方案，理论上讲，其在减少采准、凿岩工程量以及提高产量及生产效率、改善矿石回收效果等方面的效果可能会更显著一些。但是，其最大的问题却在于需要改变矿山目前的进路间距，这将会导致进路间距变化的过渡分段出现。在过渡分段，上下分段的回采进路将出现偏移甚至重叠的状况，这将造成崩落矿石堆体＋残留矿石形态与放出体形态严重不符的情况出现，必将严重影响过渡分段甚至以下若干分段的矿石回收效果。同时，过渡分段的采准、切割、爆破以及出矿等生产工序都将因为上下分段回采进路偏移或重叠变得困难和复杂，有可能造成悬顶、推排以及大块等生产事故的增加。因此，应认真考虑矿山生产技术及管理水平能否有效应对过渡分段的特殊情况。不然，结果可能事与愿违。

（5）事实上，为减少因结构参数大范围调整对矿山生产的不利影响，矿山可以考虑"两步走"的大结构参数方案实施策略。第一步首先采用 20m×18m×2.8m 结构参数方案，以最小的代价和对生产最小的影响实现由目前的大间距参数方案到正常大结构参数方案的过渡；在获得必要的生产技术及管理经验后，若确有必要，第二步再考虑开始实施由 18m 进路间距到 20m 进路间距的过渡。

至于具体过渡时间，可以考虑在实施 20m×18m×2.8m 结构参数方案 2～3 年左右，基本掌握了大分段情况下的凿岩、爆破以及切割和出矿等相关工艺技术后，如果当时矿山生产比较正常且矿石产量有进一步增加的需求时，可以进行向 20m×20m×3.0m 结构参数方案过渡。

（6）一般来讲，分段高度的调整应先于进路间距的调整。同时，分段高度的调整在某些情况下可能会涉及开拓系统（例如阶段运输系统）的调整，必须提早筹划和实施。而进路间距的调整则只涉及采准设计的改变，实现起来相对容易一些。

（7）采取"两步走"策略实施大结构参数方案，最大好处在于避免矿山在短时间内面临分段高度、进路间距以及崩矿步距调整对矿山生产、管理及矿石回收可能造成的巨大困难和压力。"两步走"方案有利于矿山分散压力、集中精力，确保每个阶段参数调整获得预期的技术及经济效果。

7.6.7　实验研究主要结论

通过对几个给定的结构参数方案的实验放矿研究及分析，对于桦树沟矿区结构参数调整与优化，我们有如下主要结论：

（1）就实验矿石回收指标看，20m×20m×3.0m 结构参数方案为最佳，20m×18m×2.8m 次之，而矿山目前采用的 15m×18m×2.2m 大间距结构参数方案最差。研究表明，矿山目前的大间距结构参数方案，不仅是造成矿山生产不正常的重要原因，更是导致矿石回收率低、贫化率高的主要原因。因此，调整与优化矿山目前的结构参数是应该的，也是必要的。

（2）从降低结构参数调整的难度以及减少对矿山生产及管理的影响等方面综合考虑，建议桦树沟矿区采矿结构参数的调整采取"两步走"的策略。第一步首先按照 20m×18m×2.8m 结构参数方案对分段高度及崩矿步距进行调整和试验；在试验成功并获得必要的生产技术及管理经验后，若确有必要，第二步再考虑在 20m×18m×2.8m 结构参数方案的基础上实施 20m×20m×3.0m 结构参数方案。通过分散压力、集中精力的办法，确保矿山结构参数调整取得预期的技术及经济效果。

（3）具体过渡时间，可以考虑在实施 20m×18m×2.8m 结构参数方案 3 年左右，基本掌握了大分段情况下的凿岩、爆破以及切割和出矿等相关工艺技术后，如果当时矿山生产比较正常且矿石产量有进一步增加的需求时，可以进行向 20m×20m×3.0m 结构参数方案过渡。此时只需要对进路间距及崩矿步距进行适当调整即可，实现起来相对较为容易，主要是需要注意做好 18m 间距向 20m 间距过渡分段的采准、凿岩、爆破以及出矿管理等工作，确保矿山生产的顺利过渡。

7.7　采矿结构参数优化相关的技术与经济分析

7.7.1　概述

根据《镜铁山矿桦树沟矿区采矿结构参数优化研究》技术服务合同，除对桦树沟矿区采矿结构参数进行优化研究外，还需要对优化后的结构参数（分段高度、进路间距、巷道断面、孔径、崩矿步距）与现有结构参数（15m×18m）的技术经济进行比较与评价。同时，也需要对采用何种装药方式、切割方式，需要引进的采掘、装药设备、投资概算、工业试验首选地段的选取等问题进行讨论。

考虑到本项目的主要任务是桦树沟矿区采矿结构参数的优化研究，目的是为采矿结构参数优化和调整提供决策依据和参考。而涉及采矿方法的一些具体技术参数、工艺以及开采设备选择等，应该是在结构参数优化与调整方案确定后，由专门的设计部门来完成。因此，这里仅就项目合同要求的内容从研究的角度进行一些讨论和分析，提出一些原则性的建议和结论，其建议或结论可作为矿山设计和决策的参考，但不应也不能作为矿山设计和决策的唯一依据。

7.7.2　优化后结构参数的确定及与现有结构参数的技术经济比较

7.7.2.1　优化后结构参数的确定

根据项目优化研究的结果，镜铁山矿桦树沟矿区无底柱分段崩落法采矿结构参数调整可分两期进行。一期结构参数可以调整为：

分段高度20m，较矿山现在分段高增加5m。

进路间距18m，保持现有进路间距不变。

崩矿步距2.8m，较矿山现在崩矿步距增加0.6m。

进路尺寸4.5m×4.0m（宽×高），较矿山现在巷道尺寸分别增加0.3m（宽）和0.2m（高），加大巷道尺寸主要是为提高设备工作效率特别是矿山今后采用更大型设备提高合适的工作空间。

炮孔直径85~90mm，较矿山现在炮孔直径略有增加。

边孔角55°，保持矿山现有边孔角不变。

在矿山顺利完成一期结构参数调整并获得大结构参数条件下的生产及技术经验后，若确有必要，可以实施二期结构参数调整计划。矿桦树沟矿区无底柱分段崩落法采矿结构参数二期可以调整为：

分段高度20m，保持一期分段高度不变。

进路间距20m，较一期进路间距增加2.0m。

崩矿步距3.0m，较一期崩矿步距增加0.2m。

进路尺寸4.5m×4.0m（宽×高），保持一期巷道尺寸不变。

炮孔直径85~90mm，保持一期炮孔直径不变。

边孔角55°，保持一期边孔角不变。

7.7.2.2　与矿山现有结构参数的技术经济比较

桦树沟矿区调整不合理结构参数的技术经济效果是全面的。首先，从整体上看，桦树沟矿区的结构参数从不合理的大间距结构参数方案改为更为合理的大结构参数状态，使崩落矿石堆体＋矿石残留形态最大限度与放出体形态保持一致成为可能，可以为从整体上改变矿山目前存在的悬顶、推排以及大块等生产不正常以及损失贫化指标较差的状态创造良好的前提条件。

其次，调整后的结构参数，分段高度增加了5m，崩矿步距增加0.6m，为减少采切工程量、提高生产效率及产量、降低采矿成本等创造极为有利的条件。具体来说，一是可以显著减少采切工程量和凿岩工作量，矿山原有的4个分段工程量缩减为3个分段的工程量，粗略计算可减少采切工程量以及凿岩炮孔量约25%，可降低采矿成本约8%~10%（据估计，无底柱分段崩落法矿山采准成本约占采矿成本的30%）；二是加大了一次崩落矿量，减少了爆破的循环次数，增加了出矿的时间。据计算，一期结构参数调整后的一次崩落矿量（约3600t）较矿山现有的一次崩落矿量（约2100t）增加约70%，这为更大型、更高效的出矿设备的使用创造了条件。事实上，凿岩量的减少以及一次崩落矿量的增加，都将显著减少爆破成本费用，从而进一步降低矿山的开采成本。

第三，从实验研究结果看，调整后结构参数更加有利于矿石回收，不仅矿石回收率可在原有指标上提高 3 ~ 5 个百分点，岩石混入率也可能减低 2 ~ 3 个百分点，这不仅可以显著提升矿山对矿产资源的利用程度，也将在更大程度上降低矿山采矿成本，提高矿山经济效益。通过调整和优化结构参数，仅一期就可使桦树沟矿区采矿成本降低 10% ~ 12% 左右，采矿效率提高 10% ~ 15% 左右，预计二期的效果将会更加显著。

第四，实验研究表明，结构参数加大，不论是分段高度还是进路间距，都将在相当程度上提升地下采场结构的稳定性，同时还将在相当程度上减少矿山地下结构工程例如巷道及硐室等受到的压力，而回采进路尺寸增加幅度很小，不会显著改变巷道的应力状态。

7.8　本章小结

根据国内外无底柱分段崩落法应用及发展趋势的分析，以及对大结构参数条件下无底柱分段崩落法合理结构参数的分析与研究，我们有如下一些结论：

（1）无底柱分段崩落法在国内外大中型地下矿山都得到了非常广泛的应用，不仅地下铁矿山应用非常广泛，包括镍、铜、金等有色金属矿山也应用较为普遍。同时，在国内中小型矿山以及矿体破碎、缓倾斜中厚矿体等具有典型复杂矿体条件的矿山也有较广泛的使用。

（2）从无底柱分段崩落法结构参数的发展变化情况看，随着采矿装备的大型化以及对矿石产量需求的增加，国内外的大中型地下矿山都有逐步加大结构参数的趋势，分段高度一般在 15 ~ 30m 之间，进路间距一般 15 ~ 28m 之间，但仍基本遵循了分段高度大于进路间距的原则。

（3）由于过大的结构参数将导致炮孔偏移、炮孔维护以及装药困难等问题，出矿管理也因为出矿时间过长变得困难，最终影响矿石回收效果，因此，结构参数不宜过大。目前国内外矿山的结构参数已有过大的趋势，需要引起必要的关注。

（4）应该说，不论是大结构参数还是小结构参数都可以取得比较满意的矿石回收效果，关键是主要结构参数之间要保持一个合理的比例关系，即符合"崩落矿石堆体（含矿石残留体）形态与放出形态保持一致的原则"。因此，决定无底柱分段崩落法结构参数大小的主要因素不是矿石回收效果，而是矿体形态、产状、矿山规模、矿山设备（主要是凿岩设备）能力以及技术管理水平（切割与爆破技术）等。

（5）由于结构参数的调整对矿山的开拓、运输、采准与切割、爆破等都会产生巨大的影响，特别是进路间距的改变，更是破坏了上下分段回采进路菱形交错布置的基本结构，导致过渡分段的出现，必将严重影响矿山的生产管理和矿石回收效果。因此，对于结构参数的调整必须非常慎重且不能过于频繁。同时，严格遵循"崩落矿石堆体形态与放出体保持一致"原则确定无底柱分段崩落法结构参数、保持主要结构参数之间合理的比例关系是必要的。

（6）椭球体排列理论或大间距理论的最大缺陷在于既缺乏科学的理论依据，也缺乏实验基础，生产实践的检验也不充分。希望采用所谓的椭球排列理论或大间距参数方案来实现改善矿石回收指标特别是提高矿石回收率基本上是不现实的。

（7）从严格意义上讲，目前无底柱分段崩落法加大结构参数的方案称为大结构参数方案（相对于过去 $10m \times 10m$ 的结构参数方案来讲）更为准确，国外也是这么定义和命名的。国内一些人称其为"高分段"或"大间距"都是极不确切的。这是因为，一个合理的结构参数，其分段高度与进路间距必然是相互关联的，不能将二者割裂开来。

（8）纵观国外无底柱分段崩落法矿山结构参数变化历程可以看出，所谓的"大间距结构参数方案"成为无底柱分段崩落法发展趋势说法是不成立的。更为重要的是，不彻底摒弃存在严重缺陷的椭球体排列理论或大间距结构参数方案，无底柱分段崩落法加大结构参数的调整和优化就会进入误区，调整和优化结构参数也很难取得预期效果。

（9）相对于分段高度与进路间距来讲，放矿（崩矿）步距的调整容易实现且对矿山的生产管理影响较小，可以根据开采与矿石回收条件的变化进行必要的调整与优化；合理的崩矿步距应该具有足够的崩落矿石量、良好的爆破效果、有利于维护眉线及炮孔完整性以及减少炮孔量等要求。根据国内外经验及放矿实验研究，放矿步距通常不宜过大，放矿步距过大会加大正面残留损失，还可能导致悬顶、立墙等生产事故的发生。但加大崩矿步距可以减少凿岩及爆破工作量，同时还可以减少前排孔爆破对后排孔眉线的破坏。

参 考 文 献

［1］ Kvapil R. The mechanics and design of sublevel caving systems, Underground Mining Methods Handbook（Ed W. A. Hustrulid），SME, AIME, New York, 1982：880 ~ 897.

［2］ Hustrulid W, Kvapil R. Sublevel caving past and future ［C］// Proceedings of the 5th International Conference & Exhibition on MassMining. Luleå, 2008：107 ~ 132.

［3］ Power G, Just G D. A review of sublevel caving current practice ［C］// Proceedings of the 5th International Conference & Exhibition on MassMining. Luleå, 2008：154 ~ 164.

［4］ 董振民，何士海，李永明，等. 无底柱分段崩落法采矿理论的重大突破 ［J］. 金属矿山，2009, 32（11）（增刊）：145 ~ 150.

[5] 金闯，董振民，范庆霞. 梅山铁矿大间距结构参数研究与应用 [J]. 金属矿山，2002 (2)：7~9.

[6] 余健. 高分段大间距无底柱分段崩落采矿贫化损失预测与结构参数优化研究 [D]. 长沙：中南大学，2008.

[7] 黄泽. 金山店铁矿无底柱分段崩落法大间距结构试验研究 [D]. 武汉：武汉科技大学，2011.

[8] Brady B H G, Brown E T. 地下采矿岩石力学 [M]. 科学出版社，2011：434~435.

[9] 刘兴国. 放矿理论基础 [M]. 北京：冶金工业出版社，1995：43~49.

[10] Heden H, Lidin K, Malmstrom R. Sublevel Caving at LKAB's Kiirunavaara Mine, Underground Mining Methods Handbook (Ed W. A. Hustrulid), SME, AIME, New York, 1982：928~944.

8 大结构参数无底柱分段崩落法矿岩移动规律及合理放矿方式

8.1 问题的提出

研究表明，影响矿山生产及矿石回收效果的因素除结构参数是否合理以外，还与所采用的放矿方式是否合理有直接的关系。无底柱分段崩落法虽是在覆岩下放矿，且以步距为基本回采单元，具有回采单元小、回采单元数量大、贫化发生次数多的特点，实际放矿过程中出现一定程度的废石混入很难完全避免。但采出矿石贫化严重的问题却不是无底柱分段崩落法本身缺陷造成的，而是可能采用了不合理的放矿方式造成。这是因为，从无底柱分段崩落法结构本身来讲，其崩落矿石具有良好的回收条件，可以在极低贫化情况下得到充分有效回收。

如前所述，大结构参数的无底柱分段崩落法采矿也属于复杂开采条件下的采矿。可以肯定的是，结构参数的加大，必然会在一定程度上影响到无底柱分段崩落法崩落覆岩下放矿的矿岩移动规律以及矿石回收效果，而覆岩下放矿的矿岩移动规律以及矿石回收效果（损失贫化的关系等）又与无底柱分段崩落法崩落采用的放矿方式密切相关。合理的采场结构参数和放矿方式，能有效地改善矿山的矿石回收效果和经济效益。在采场结构参数基本确定以后，放矿方式就成为影响矿石回收效果最为重要的因素之一。

不过，目前关于无底柱分段崩落法放矿时的矿岩移动规律以及矿石损失与贫化的关系包括无贫化放矿理论等，都是在过去较小结构参数条件下通过实验或理论研究获得或建立起来的。但在大结构参数条件下无底柱分段崩落法放矿时崩落覆岩的移动规律特别是无贫化放矿理论的相关结论是否仍然适用的问题却没有一个明确的结论。事实上，截至目前，还没有人就大结构参数条件下无底柱分段崩落法的崩落矿岩移动规律以及合理放矿方式问题进行过系统的研究。

可以说，正是因为缺乏必要的理论指导，导致了我国无底柱分段崩落法矿山在大结构参数的情况下矿石回收指标不够理想的问题。因此，这里结合对生产矿山（攀钢兰尖铁矿）合理放矿方式的研究，对大结构参数条件下无底柱分段崩落法崩落矿岩移动规律及合理放矿方式等问题进行了研究，相关情况总结如下。

8.2 矿山概况

兰尖铁矿位于四川省攀枝花市东区，是攀钢主要原矿生产基地。矿区占地面积 3.7km², 有兰山、尖山、营盘山和徐家山四个采区, 矿区工业储量 2.96 亿吨, 露天设计能力为年生产钒钛磁铁矿 650 万吨, 于 1965 年底基建剥离, 1970 年 2 月投产。经过四十余年的露天生产, 尖山采区露天采矿场闭坑。矿业公司进行了采场业务整合, 于 2010 年 10 月成立了新的兰尖铁矿, 负责尖山采区井下开采。

尖山矿区东起垭口 F213 断层和兰家火山矿区分界, 西至赖巴石沟 F316 断层, 矿区东西长 850m, 南北宽约 650m。该矿区矿体呈东西向展布, 倾向北、倾角为 40°~50°, 矿体平均厚度 200m 以上, 含矿率 44%, 构造比较复杂。井下开采设计生产能力仍为 150 万吨/年。

按照矿山设计院的设计, 兰尖铁矿采用了大型矿山普遍采用的高效、安全的地下采矿方法——无底柱分段崩落法。分段高度设计为 20m, 回采进路间距为 18m, 崩矿步距 3.6m, 排距 1.8m (有个别区域为 1.6m、2.0m、2.4m), 切割巷排距 1.2m, 采用铵油炸药, 一次性崩落两排炮孔。井下巷道采用三心拱形, 规格高×宽 (4.5×3.8m)。凿岩设备: SimbaH1354 (Cop1838 凿岩机), 孔径 76mm; 出矿设备: Toro1400E-6m³ 电动铲运机, 6~8 条进路布置一台铲运机。

8.3 大结构参数无底柱分段崩落法放矿方式实验研究

8.3.1 概述

无底柱分段崩落法属于一种连续的开采方法, 在其走向及延深方向均不留任何矿柱, 连续回采。从放矿角度看, 其矿石流动空间是连续的, 这使得无底柱分段崩落法具有了显著区别于其他崩落法的矿岩移动规律。正是因为具有放矿空间连续性的特点, 具有相似性的放出体在不改变形态情况下可以不断扩大, 矿岩界面的移动可以不断扩展。因此, 从理论上分析, 小结构参数条件下的无底柱分段崩落法放矿时的矿岩移动规律, 在较大结构参数条件下也是成立的。换句话讲, 无贫化放矿理论所揭示的无底柱分段崩落法放矿时的崩落矿岩移动规律, 包括矿岩界面移动规律、矿岩混杂规律、矿石残留体种类及作用、残留矿石具有的"前面留、后面收, 上面丢、下面捡"的规律以及损失与贫化的关系等, 在大结构参数条件下也是成立的, 大结构参数条件下无底柱分段崩落法采用无贫化放矿方式也是可行的。

当然, 上述结论仅仅是一种理论上的推测, 实际是否可行以及相关结论是否继续成立, 在没有现成生产实际效果之前, 需要更具说服力的放矿实验结果来证明。从研究的角度看, 实验放矿可以采用计算机模拟和物理模型模拟两种方式。鉴于计算机模拟研究在模拟非均匀散体介重力作用下的流动规律方面还不够成熟, 特别是关于放出体种类及形态、矿岩界面移动等方面, 其模拟结果的可靠性与可用性较低, 无法准确反映出实际的矿岩移动规律。而物理模型放矿实验模拟研究方法, 其结果是除现场工业试验外最具可靠性和证明力的一种实验方法。因此, 这里仍然主要采用物理模型实验放矿的方式进行模拟研究。

8.3.2 实验研究内容及实验方案设计

8.3.2.1 实验研究的主要内容

本次实验研究的主要内容是，以实际矿山的开采条件和结构参数为基础条件，开展物理模型实验放矿研究。其主要研究内容包括：

（1）大结构参数条件下无贫化放矿方式的可行性；

（2）大结构参数条件下合理的放矿方式（不同放矿方式的矿石回收效果）；

（3）大结构参数条件下不同放矿方式崩落矿岩界面移动与矿岩混杂规律；

（4）大结构参数条件下的不同放矿方式矿石残留体形态及种类；

（5）大结构参数条件下无底柱分段崩落法放矿时矿石回收与贫化的关系。

需要说明的是，由于关于放出体形态、特征参数以及变化情况等有关无底柱分段崩落法放矿的一些基本特性及参数研究，过去开展得已经非常充分，故此次实验研究就不再涉及上述内容的研究。

8.3.2.2 实验方案设计

类似于过去小结构参数条件下无贫化放矿方式研究，厚大急倾斜矿体大结构参数条件下无底柱分段崩落法合理放矿方式及矿岩移动规律的研究，主要也是通过对比实验的方式，考察和分析不同放矿方式（无贫化放矿、低贫化放矿以及截止品位放矿）下的矿石回收效果以及矿岩移动规律，从而回答物理实验模拟研究需要解决的问题。实验采用的放矿方式分别按照无贫化放矿方式、低贫化放矿方式1、低贫化放矿方式2以及截止品位放矿方式进行设计。

考虑到现在生产矿山对贫化指标要求较高，实际采用的放矿截止品位大多高于按照盈亏平衡法计算出来的截止品位，截止放矿时的岩石混入率远低于按照盈亏平衡截止品位计算的截止岩石混入率（一般在50%~60%以上）。因此，本次放矿实验也适当提高较放矿截止品位，将上述4种放矿方式对应的截止岩石混入率分别控制为5%、10%、15%和20%，对应实验室的截止岩石混入率如表8-1所示。

表8-1 实验放矿方案

放矿方式	设计截止岩石混入率/%	实验室实际截止岩石混入率/%
无贫化放矿	5	12.22
低贫化放矿1	10	22.70
低贫化放矿2	15	31.81
截止品位放矿	20	39.79

注：为了便于矿石分选，实验改用磁铁矿颗粒（密度1.89g/cm³）作废石，白云岩颗粒（密度1.49g/cm³）作矿石。故实验室实际截止岩石混入率是当白云石作为矿石，磁铁矿作为废石时通过体积变换求得的原设计截止岩石混入率的对应截止放矿岩石混入率。

8.3.2.3　实验模型与装料

实验模型按照尖山铁矿无底柱分段崩落法的实际结构参数（分段高度×进路间距×崩矿步距=20m×18m×4.0m）进行设计，实验放矿模型为立体模型，模型比例为1:100，共设5个回采分段，每个分段设3~4条回采进路（其中布置3条进路的分段中所有进路均为完整进路，布置4条进路的分段中只有2条为完整进路），每个回采进路共设8个放矿步距。进路口尺寸为4.5m×3.8m（宽×高）。为便于实验放矿过程的观察，正面及左右面板均采用有机玻璃，底部及后面采用木板材质，步距隔板采用0.8~1.0mm的铁皮。五分段立体模型结构见图8-1，立体模型实际装料情况见图8-2（注：首采分段按照25m分段高度进行装料）。

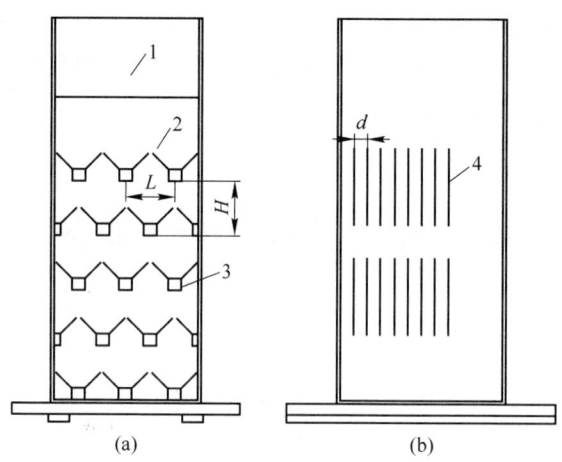

(a)　　　　　　　(b)

图 8-1　五分段立体模型结构

（a）模型正面；（b）模型侧面

1—废石层；2—矿石层；3—进路口；4—放矿步距板；

L—进路间距；H—分段高度；d—放矿步距值

8.3.2.4　实验方法与步骤

模型放矿实验是按照无底柱分段崩落法正常的回采顺序进行，即从上往下逐个分段回采，分段回采则采用从左至右的方式顺序回采。对于每条进路中的步距而言，则从靠近崩落覆岩的位置从里面向外面逐步距后退回采。需要注意的是，步距的放矿顺序正确与否对于实验的成败极为关键。因此，为避免放矿实验时出现放矿顺序错误的情况，需要对每一个放矿步距进行编号（编号标记在步距板的系绳上），明确其分段号、进路号以及步距号，实验时必须严格按照编号顺序进行放矿。

(a)   (b)

图 8-2 模型实验初始装料情况

(a) 模型正面；(b) 模型侧面

具体放矿步骤是：先抽出步距隔板，然后把进路盖板退出一个放矿步距的距离，模拟形成单步距矿岩崩落后的放矿空间，然后根据各分段放矿方式采用专门制作的耙子进行手动出矿。贫化前的纯矿量可以一次出完，但开始贫化后则每次只出矿 100~200g 左右，并采用磁铁将放出矿石中的废石（磁铁矿颗粒）吸出并称量，把出矿量据按矿岩总量、废石量、矿石量分别记录，然后计算当次出矿的岩石混入率看其是否大于截止岩石混入率。当计算废石混入率大于或等于实验设定的截止岩石混入率就停止放矿，否则继续放矿。

完成一个步距的放矿后，继续向下一个步距实验放矿。当进路所有退采完毕后再依次回采其他进路直至同分段进路均退采完毕，然后进入下分段出矿。如此循环进行，直至整个模型都按顺序退采完毕，最后再统计整个矿块的实验数据。实验后模型中剩余的矿岩混合物料，需要用磁铁进行矿岩分离，以备下次实验时再次使用。

8.4 实验过程观察与分析

大结构参数无底柱分段崩落法试验放矿过程的观察，重点是了解和观察不同放矿方式放矿时矿岩界面的移动变化情况、矿岩混杂情况、矿石残留体情况（形态、种类及回收情况）以及步距出矿量的变化（损失贫化情况）等。

总体来说，大结构参数无底柱分段崩落法放矿时观察到的矿岩移动规律及矿石回收情况，与过去小结构参数条件下同样放矿方式放矿时观察到的情况基本类似，没有出现明显的不同。实验过程中观察到的相关情况简述如下。

8.4.1　放矿过程中的矿岩界面及矿岩混杂情况

就无贫化放矿、低贫化放矿1、低贫化放矿2以及截至品位放矿四种不同贫化程度的放矿方式观察到的情况看，出矿贫化程度越低的放矿方式，其矿岩界面下降的幅度越平缓，矿岩界面的起伏程度越低，矿岩接触的面积就越小，矿岩界面矿岩的混杂程度越低，发生矿岩混杂的矿石量越少，反之亦然，如图8-3所示。

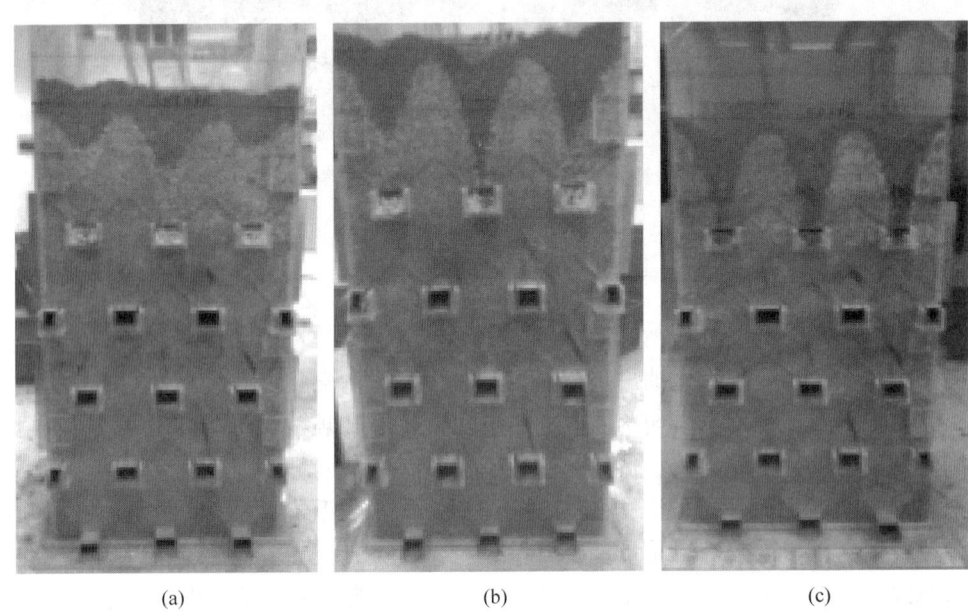

(a)　　　　　　　　　　　　(b)　　　　　　　　　　　　(c)

图8-3　不同放矿贫化程度放矿方式的矿岩界面情况

(a) 无贫化放矿；(b) 低贫化放矿；(c) 截止品位放矿

显然，较低的矿岩混杂程度，有利于位于矿岩界面附近的矿石在后续的回采放矿过程中得到有效回收。而放矿贫化程度越高的放矿方式，其发生矿岩混杂的矿量越多，放矿造成的贫化就越大，实验放矿的结果也证明了这一点。

8.4.2　放矿过程中的矿石残留体

无底柱分段崩落法由于其特殊的结构形式（上下分段回采进路交错布置、步距为基本的回采单元等），使得其放矿过程中形成的矿石残留体具有与其他崩落法非常不同的矿石残留体种类及形态。同时，各矿石残留体在无底柱分段崩落法的放矿过程中对矿岩移动规律及矿石回收效果会产生非常显著且重要的影响。在这次大结构参数无底柱分段崩落法的放矿实验过程中，同样非常清楚地观察到了厚大急倾斜矿体条件下的几种典型矿石残留体，即脊部矿石残留、正面矿石残留和通过无贫化放矿方式研究发现的所谓"靠壁矿石残留"（如图8-4所示）。

(a)　　　　　　　(b)　　　　　　　(c)　　　　　　　(d)

图8-4　不同放矿方式放矿观察到的矿石残留体

（a）无贫化放矿正面图；（b）无贫化放矿侧面图；（c）截止品位放矿正面图；（d）截止品位放矿侧面图

比较几种不同贫化程度的放矿方式，其同类型的矿石残留体形态基本相似，但尺寸大小差别较大。越是放矿贫化程度越低的放矿方式，其矿石残留体的尺寸越大，说明暂存于采场的残留矿量越多，这也是放矿贫化程度较低的放矿方式其初期矿石回收率较低的主要原因。不过，这些暂存于采场的残留矿石，却对改善无底柱分段崩落法矿石回收效果特别是避免过大贫化具有非常正面的作用。

由于崩落矿石＋脊部矿石残留的高度远大于崩矿步距＋靠壁残留的厚度，实际放矿过程中几乎总是正面废石首先到达出矿口，甚至放矿口正上方的废石还没有到达出矿口就已经达到了截止放矿的条件，阻断了部分脊部残留矿石的放出。加上放矿模型有机玻璃面板对矿石颗粒的摩擦阻滞作用，使得试验模型观察到的矿石残留体形态特别是脊部矿石残留体形态不是熟知的典型形态（见图8-4）。

当然，对于贫化程度越高的放矿方式，由于其矿岩界面已经发生严重的破裂，矿岩界面之间的矿岩穿插现象非常明显（如矿石正面残留之间，见图8-4(d)），非常不利于矿石的有效回收。而对于放矿贫化程度较低的放矿方式特别是无贫化放矿方式来讲，其矿岩界面能够基本保持完整，矿岩界面之间（包括矿石残留体之间）的矿岩相互穿插现象不是十分明显（见图8-4(a)），废石层能够以一种平稳且较完整方式下降，某种程度上起到了所谓的"废石隔离层"效果，矿石回收更加有效。

特别需要指出的是，过去主要在无贫化放矿或较低贫化放矿情况下才会明显出现的靠壁残留，在大结构参数条件下也变得比较明显和频繁出现，其对矿岩移动规律的影响及对矿石回收效果的影响更加显著。这种情况的出现可以解释为：在大结构参数条件下，虽然其崩矿步距也有一定程度的增加，但与分段高度及进路间距的增加幅度相比较，其增加的幅度通常在 1m 左右，与分段高度 5~10m 增加幅度特别是与崩落矿石层高度增加的幅度相比较，大结构参数条件下的步距出矿事实上成为"小步距"出矿。

　　放矿实验研究表明，小步距出矿时基本上是正面废石首先到达出矿口，此时在直壁上将留下相当数量的所谓靠壁残留矿石没有放出。由于正面废石持续大量混入，截止放矿时仍会有一定数量的矿石残留在直壁上，这种情况在四川锦宁矿业大顶山矿区无底柱大结构参数分段崩落法（15m×12.5m×2.0m）的实验放矿研究中也被清楚地观察到（如图 8-5 所示）。

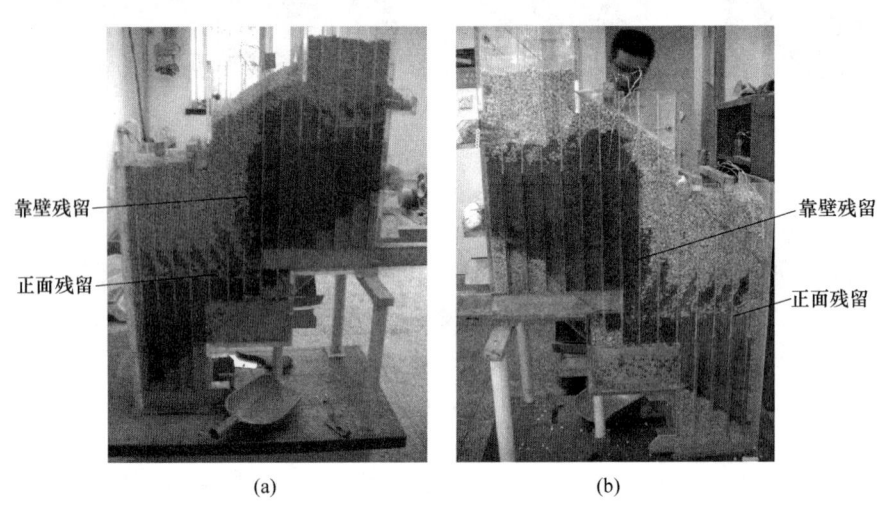

图 8-5　大顶山矿区实验放矿观察到的靠壁残留与正面残留
(a) 贫化开始时；(b) 截止放矿时

8.4.3　步距出矿量的变化及矿石损失贫化情况

　　采用传统截止品位放矿方式，由于几乎没有靠壁残留体的存在，每一个步距的放矿及矿石回收过程基本一样，即当步距放出约 40% 的崩落矿量后废石（通常为正面废石）到达出矿口，标志着纯矿石回收过程的结束和贫化放矿过程的开始。随着贫化放矿过程的继续，放出矿石中废石的比例越来越大，放出的矿量也越来越多，放出矿石的品位也越来越低。当放出矿石品位达到设定的截止品位时，步距放矿过程结束。后续步距的回采及出矿过程基本上是重复前一步距的过程，不仅步距回收的矿量相差不多，波动较小，其损失贫化指标也基本相近。也就是说，采用传统截止品位放矿时，各步距之间的放矿过程及矿石回收基本上是相互独立的，相互之间关联或影响较小。

　　从矿石回收效果看，通常的情况是矿石回收与贫化密切相关。矿石的贫化越大，能够回收的矿石越多。从步距放矿的矿石回收指标上看，步距的矿石回收率一般为 80%～85% 左右，但大约 40%～50% 以上的步距放出矿量是在贫化以后得到回收的。同时，步距的矿石回收效果基本上也就代表了整个采矿方法的回收效果。图 8-6 为根据放矿实验绘制的无底柱分段崩落法截止品位放矿时步距矿石回收过程及矿石回收与贫化的关系曲线，这也代表了人们过去对整个无底柱分段崩落采矿法的矿石回收过程及损失贫化关系的认识。

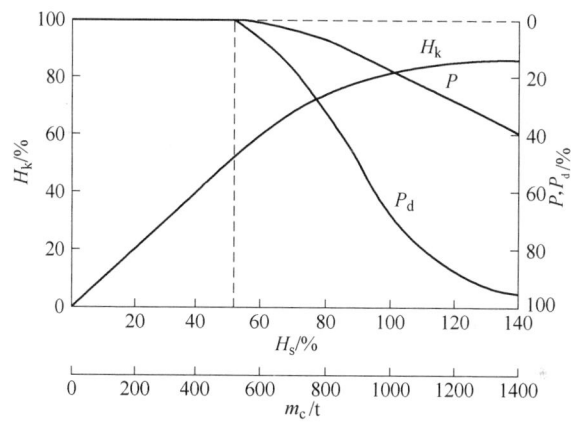

图 8-6　无底柱分段崩落法步距放矿时回收与贫化关系曲线[1]

P—矿石贫化率；P_d—当次矿石贫化率；H_s—视在矿石回收率；

H_k—矿石回收率；m_c—采出矿石量

　　应该说，图 8-6 所反映的矿石回收过程及损失贫化关系，在传统的截止品位放矿方式条件下是基本成立的。但是，当采用较低贫化程度的放矿方式特别是采用无贫化放矿方式以及"小步距"放矿时，由于靠壁残留体的出现、脊部残留加大以及正面残留之间废石穿插程度的降低，显著影响到了后续步距的放矿过程及矿石回收效果（如图 8-7 所示），导致其放出矿量以及损失贫化指标的变化和波动，步距放出矿量呈现大小交替变化的状态。最为显著的变化是步距放矿发生贫化的时间大幅度推迟，通常仅有 10%～20% 左右的放出矿量是在贫化以后得到回收的，这使得矿石的回收指标特别是矿石贫化指标得到显著改善，此时单个步距的矿石回收效果就不再能够反映和代表整个采矿方法的矿石回收效果了。因此，图 8-6 所反映的放矿过程中无底柱分段崩落法的矿石回收过程及损失贫化之间的关系就不再成立了，这个问题将在下面分析不同放矿方式的矿石回收指标时做进一步的分析和阐述。

　　如前所述，在大结构参数条件下，由于步距放矿时的矿石层高度增加的幅度远大于步距增加幅度，同时实验放矿时采用的截止品位较传统的截止品位高，此次实验放矿过程中，所有的放矿方式都观察到了步距出矿量呈现大小交替变化的现象，其中无贫化放矿时步距出矿量呈现大小交替变化的现象最为明显。同时，在第一分段回收率较低的情况下，第二分段矿石回收率普遍出现大幅度升高的现象。这些都间接证明了在大结构参数条件下无底柱分段崩落法放矿时，其残留矿石也具有"前面留，后面收"（靠壁残留）以及"上面丢，下面捡"（脊部残留及正面残留）的特点。正是因为这些有关矿石残留体特殊回收特点的存在和发现，使得大结构参数的无底柱分段崩落法采用较低贫化程度的放矿方式甚至采用无贫化放矿方式成为可能，无底柱分段崩落法采出矿石贫化严重的问题从根本上得到解决也是可能的，放矿的实验结果证明了这个结论。

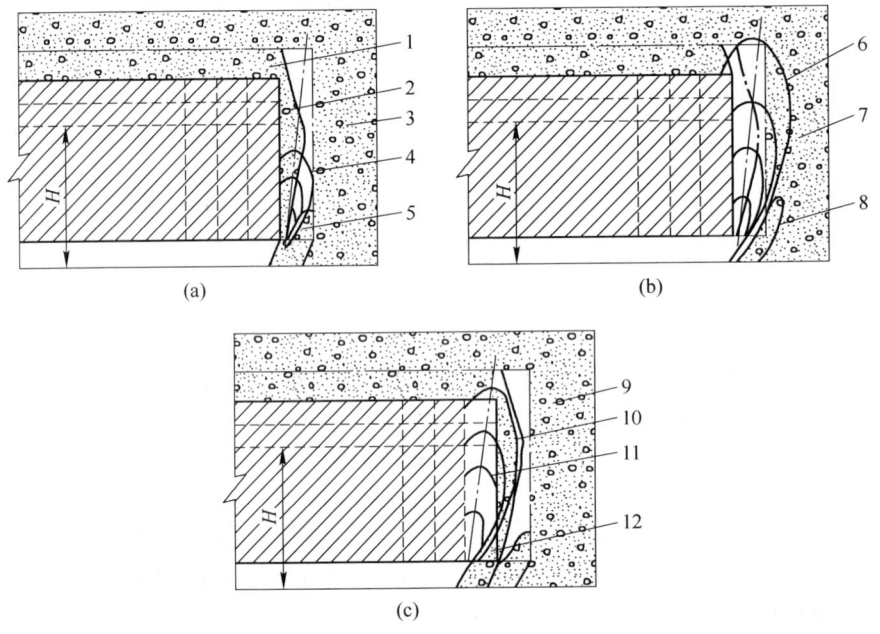

图 8-7　不同放矿贫化程度的放出体与残留体[1]

(a) 贫化开始；(b) 截止品位放矿；(c) 无贫化放矿

1—上分段脊部残留体；2—靠壁残留体；3，7，9—正面废石；4—纯矿石放出体；5—正面残留体；
6，11—放出体；8，12—正面残留；10—靠壁残留

　　不过可以肯定的是，放矿贫化程度越高的放矿方式特别是截止品位放矿，放矿过程中废石移动漏斗的发展会因放矿截止品位降低而破裂直至极限，这样的结果一是增加了矿岩接触面积，二是使矿岩混杂程度增加造成矿石的贫化，三是直接从废石漏斗的破裂口放出大量的废石。由于采场每步距、每分段都要放出大量覆岩，最终造成严重的矿石贫化问题。

8.4.4 实验数据统计与分析

根据实验数据，统计计算出各放矿方式的整体回收指标以及各分段（通常自第三分段开始，分段矿石回收指标趋于正常）的矿石回收指标见表8-2。

表8-2 放矿效果统计表　　　　　　　　　　　（%）

放矿方式	指标名称	分 段 号					矿块矿石回收率	矿块废石混入率	白云岩为废石混入率
		I	II	III	IV	V			
无贫化放矿	回收率	48.11	104.28	86.69	96.08	84.86	83.79	5.41	3.42
	贫化率	5.80	3.48	6.18	5.74	6.33			
低贫化放矿	回收率	52.25	101.03	86.18	97.66	84.03	84.23	9.70	6.26
	贫化率	10.68	8.99	11.03	9.23	9.09			
低贫化放矿	回收率	55.36	100.78	86.45	96.12	86.14	84.97	13.13	8.59
	贫化率	13.09	12.42	12.71	12.73	14.79			
截止品位放矿	回收率	60.76	106.69	88.72	98.56	89.25	88.68	19.85	13.34
	贫化率	23.88	16.58	19.06	20.98	20.27			

为了更加直观地反映不同放矿方式的回收效果，在此将几种不同放矿贫化程度的分段矿石回收结果绘制成图（如图8-8所示），以便分析和讨论。

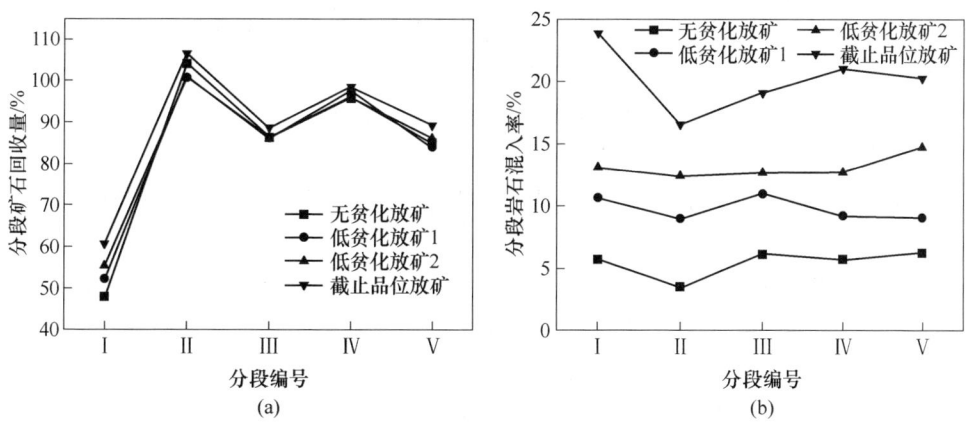

图8-8 大结构参数无底柱分段崩落法不同放矿方式各分段回收效果变化趋势
(a) 分段矿石回收率变化趋势；(b) 分段废石混入率变化趋势

根据表8-2以及图8-8所示的大结构参数无底柱分段崩落法不同放矿方式的矿石回收效果，可以对其矿石回收效果及损失贫化的关系等做如下分析：

(1) 总体上看，大结构参数无底柱分段崩落法放矿时不同放矿方式的矿石回收规律与传统小结构参数条件下的矿石回收规律基本一致，即：首采分段和第二分段的矿石回收率波动较大，但自第三分段开始，分段矿石回收率逐步趋于正常，且分段矿石回收率的差值逐步减少；分段的矿石贫化率指标与放矿方式直接相关，但与分段矿石回收率指标关系不大；截止放矿的贫化程度越大，采出矿石的贫化率越高，且采出矿石的贫化率基本保持稳定。

（2）由图 8-8（a）可见，大结构参数条件下不同放矿方式的分段矿石回收率具有基本一致的矿石回收效果趋势，即首采分段回收率较低，一般在 48% ~60% 之间，但紧接着第二分段的矿石回收率显著提升（都超过了 100%）；自第三分段开始，各放矿方式的分段矿石回收率趋于正常，其回收率一般在 85% ~90% 之间，且不同放矿方式之间的分段矿石回收率差异不大。

（3）由图 8-8（b）可见，在大结构参数条件下无底柱分段崩落法的放矿效果依然是放矿截止品位越低，放出矿石的贫化越严重。同时，不同放矿方式五个分段的矿石贫化率基本保持稳定。这说明，只要放矿截止品位控制基本准确，同一放矿方式放矿各个分段的贫化率指标基本是一致的。

（4）结合大结构参数条件下不同放矿方式的分段矿石回收率及废石混入率变化趋势可以看出，无底柱分段崩落法放矿基本上不存在矿石贫化越大、矿石回收率越高的规律。换句话说，大结构参数条件下的无底柱分段崩落法放矿，损失贫化指标之间不存在严格的"此起彼伏"的相关关系。事实上，自第二分段开始，就已经出现了贫化率低而回收率高的情况了（见表 8-2）。

（5）单独就大结构参数条件下无贫化放矿方式的矿石回收指标看，其矿块的矿石回收率约为 84%，仅比截止品位放矿的矿块回收率指标低不到 4 个百分点，应该是一个比较正常的矿石回收指标。而实际的废石混入率仅为 3.42%，基本实现了放矿过程的"无贫化"。这表明，大结构参数条件下无底柱分段崩落法采用无贫化放矿方式也是可行的；同时，矿石严重贫化的问题是可以得到有效解决的。

（6）分析不同放矿方式的综合回收效果，可以认为，在大结构参数条件下仍是以贫化程度较低的放矿方式为优，且无贫化放矿方式回收效果最佳。这是因为，虽然无贫化放矿的矿块矿石回收率指标与低贫化放矿特别是截止品位放矿相比有一定差距，但仍属于正常指标；而无贫化放矿的矿石贫化率却低至 3.42%，仅为低贫化放矿方式的一半或 1/3 左右，约为截止品位放矿的 1/5。对于矿石价值较低的铁矿山来讲，降低矿石贫化的技术及经济效益是显而易见的。

（7）其实，实验放矿统计的无贫化放矿矿块矿石回收指标，属于初期的矿石回收指标，回收率较低是因为无贫化放矿在采场留下了更多的残留矿石。随着回采分段数目的增加以及回收指标趋于正常，无贫化放矿的矿石回收率指标也将达到与低贫化放矿甚至与截止品位放矿相当的水平，此时无贫化放矿的优势将更加明显。因此，我们认为，对于具有厚大急倾斜矿体条件的大结构无底柱分段崩落法矿山，完全可以通过提高出矿截止品位的方式，即采用低贫化放矿方式甚至采用无贫化放矿方式，来解决无底柱分段崩落法采出矿石贫化严重的问题。

8.5　本章小结

放矿实验结果表明，大结构参数条件下的无底柱分段崩落法放矿，具有与传统小结构参数条件下放矿极为类似的矿岩移动规律以及矿石回收规律。实验研究得出的主要研究结论如下：

（1）无底柱分段崩落法特殊的结构形式特别是在采用较低贫化程度的放矿方式和大结构参数条件下，各回采单位（步距与步距之间、分段与分段之间）的矿石回收存在非常密切的联系和影响；放矿过程中形成的包括脊部残留、靠壁残留以及正面残留等各种矿石残留体，都具有再次回收的机会，并不是传统意义上的矿石损失。无底柱分段崩落法的矿石残留对于无底柱分段崩落法的矿岩移动规律及矿石回收效果有着非常明显而重要的影响。

（2）单个步距的矿石回收过程、矿石回收指标以及所反映出的矿石损失与贫化之间的关系，不能准确反映和代表无底柱分段崩落法整体的情况，而分段的矿石回收过程及矿石回收指标，则更能准确反映出并代表无底柱分段崩落法整体的矿石回收进程及回收效果。

（3）大结构参数条件下无底柱分段崩落法放矿进入正常回收分段后，不同贫化程度的放矿方式的分段矿石回收率相差不大，但其采出矿石的贫化率则与截止放矿时的矿石贫化程度直接相关且始终差别明显。

（4）可以肯定的是，大结构参数条件下无底柱分段崩落法采用无（低）贫化放矿方式也是可行的，可以在保证矿石充分回收情况下，大幅度降低放矿过程中的矿石贫化，从根本上解决无底柱分段崩落法采出矿石严重贫化的问题。

参 考 文 献

[1] 张志贵，刘兴国，于国立. 无底柱分段崩落法无贫化放矿：无贫化放矿理论及其在矿山的实践 [M]. 沈阳：东北大学出版社，2007.

9　复杂开采条件无底柱分段崩落法典型矿山合理生产工艺研究及应用

9.1　引言

四川锦宁矿业有限公司大顶山矿区是一座典型具有复杂矿体条件的无底柱分段崩落法矿山，不仅矿岩破碎，而且矿体厚度小、倾角缓、形态复杂且变化大，矿体规模小。一直以来，矿山生产及经营都受到产量小、效率低、成本高以及生产事故频繁、损失贫化大、采准工程及矿石储量消耗快等诸多问题的困扰。同时，由于历史的原因，还面临着采矿结构参数调整（分段高度由 10m 加大到15m）以及因结构参数调整而带来的一系列问题的困扰，不仅企业的生产秩序极不正常，采矿的技术经济效益也非常不理想。

自 2010 年起，四川锦宁矿业有限公司与西南科技大学进行了持续的科研合作，先后开展了"锦宁矿业大顶山矿区无底柱分段崩落法合理生产工艺及降低损失贫化技术措施研究""大顶山矿区缓倾斜矿体大结构参数无底柱分段崩落法采矿方法工业试验"以及"大顶山矿区破碎矿体条件下回采巷道支护技术研究"等三个试验研究项目，在对破碎及缓倾斜中厚矿体条件无底柱分段崩落法开采理论及合理开采工艺技术系统研究的基础上，结合矿山实际开展了现场试验研究，致力于解决矿山相关技术及管理问题，恢复矿山正常生产秩序，提高采矿技术经济效益。

需要强调的是，大顶山矿区的开采技术条件非常复杂，既有矿体破碎、地压大的问题，更有形态复杂的缓倾斜中厚难采矿体的问题，还有加大结构参数的复杂参数条件问题，是一种非常典型的复杂开采技术条件无底柱分段崩落法应用的问题。故这里结合三个试验研究项目的开展，对大顶山矿区缓倾斜中厚矿破碎体条件下无底柱分段崩矿落法合理回采工艺研究以及大结构参数方案的试验应用等有关情况进行详细介绍，以期对解决类似矿山的问题有所借鉴和参考。

9.2　矿山开采技术条件及开采现状

四川省锦宁矿业有限责任公司（原四川省泸沽铁矿）已具有 40 多年的开采历史，设计年产矿石量 50 万吨，是四川省黑色金属主要的开采企业之一，也是四川省优质铁矿石的主要来源地之一，目前的主要生产采区为大顶山矿区。矿区主要生产铁矿石，伴生矿产主要为锡矿，现已探明铁矿石的储量近千万吨，锡矿石保有储量约 100 万吨。

9.2.1 矿床开采技术条件

9.2.1.1 矿体赋存条件

大顶山磁铁矿床赋存于 $Ptdn^{3-6}$ 白云质大理岩中，Ⅰ号主矿体位于大理岩的底部，是矿区最为主要的开采对象；Ⅱ号矿体位于大理岩的顶部，是仅次于Ⅰ号主矿体的另一主要开采对象。Ⅰ、Ⅱ矿体水平距离约为 80m，产状基本一致。矿体为似层状矿体，走向为 NE－SW 方向，倾向 SE，矿体走向长度约为 300～1000m。Ⅰ号主矿体厚度 5～30m，平均厚度 11.4m，Ⅱ号矿体厚度为 3～24m，平均厚度 9.66 米。矿体倾角为 30°～50°，呈上缓下陡状态。矿体厚度在 2430m 以下急剧变薄，厚度仅为 10～15m 左右。同时，矿体走向长度也随埋藏深度增加急剧缩短，最短仅剩 350m 左右，图 9-1 给出了大顶山矿区分层平面图及剖面图。总体来看，大顶山矿区矿体具有厚度小、倾角缓、产状复杂等突出特点，是非常典型的复杂形态矿体。

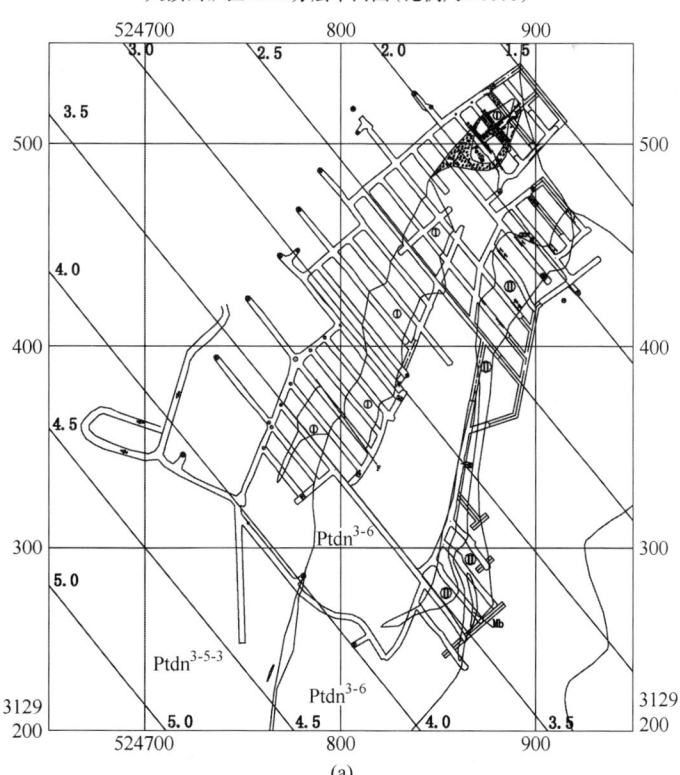

大顶山矿区 2510 分层平面图（比例尺 1:1000）

(a)

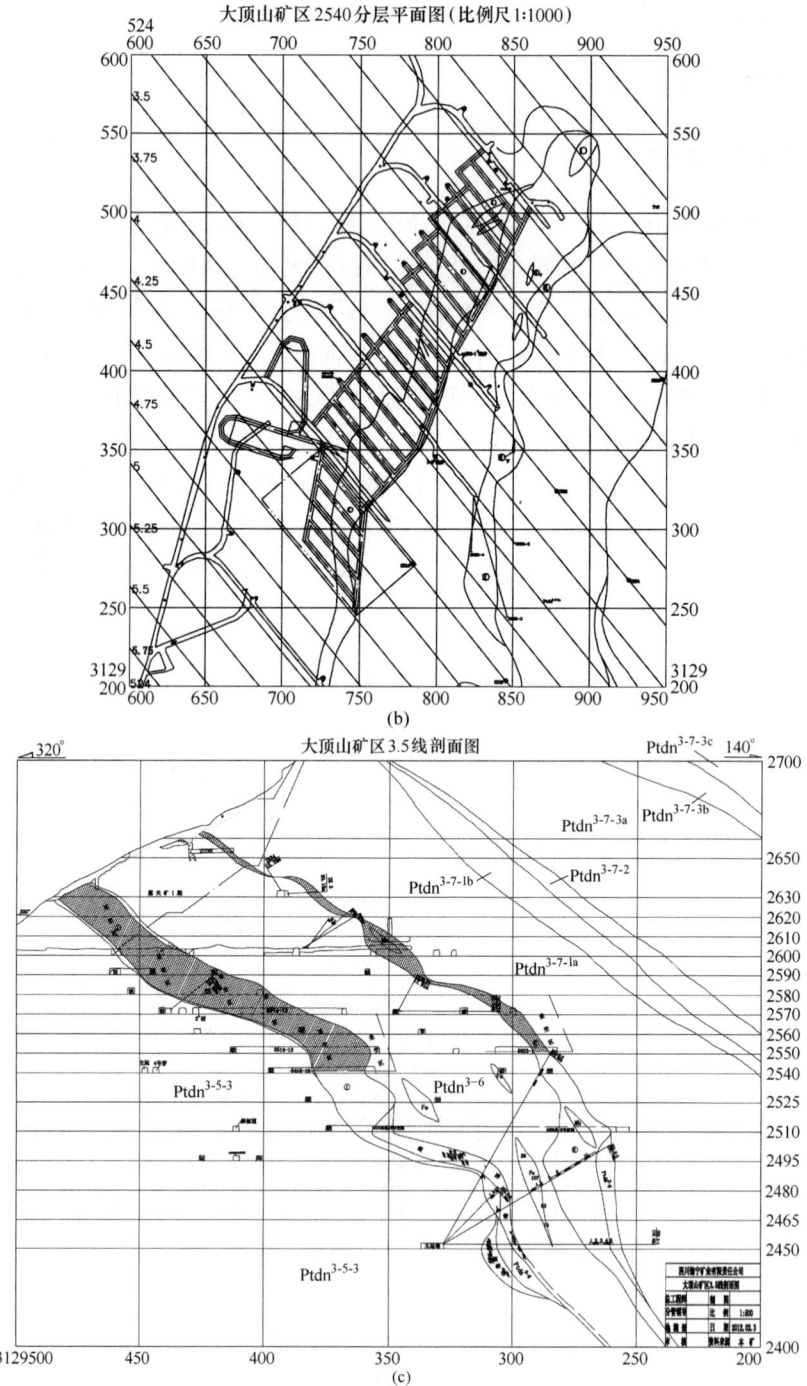

图 9-1   大顶山矿区分层平面图及剖面图

（a）2510m 分层平面图；（b）2540m 分层平面图；（c）矿区 3.5 线矿体剖面图

9.2.1.2 矿床水文地质条件

大顶矿区山峰最高点达 3279.91m，山势南高北低呈南北向绵延，属构造侵蚀强烈切割高、中山地形，矿床位于此山北坡上。矿体出露标高在 2620～2682m 之间，高出当地最低侵蚀基准面 920m。勘采区北西侧约 1.5km 之盐井沟，为常年沟流，在标高 2442m 处，流量为 1132～29533m³/d；向北于勘采区外 3.5km 处汇入孙水河，但此沟流与矿床充水无关。

由于矿床所在位置较高，故气候与安宁河谷地带有明显差异，但与铁矿山差异不大，仅最低气温低 2～4℃，冰冻、降雪期稍长而已。根据自建简易气象站观测资料：矿山年总降水量约 1400mm，多集中在 6～10 月份，其降水总量达 1118.92mm；年极端最高气温为 26.8℃，极端最低气温为 -15℃；冰冻、降雪期为 11 月至次年 3 月，阳山冻土深度 0～10cm，阴山第四纪松散层中可达 30cm。地下水流量及水位变化，受气象控制较明显。

矿床远在当地侵蚀基准面以上，附近无地表水体，亦无老窿积水；标高 2570m 以上矿体绝大部分在地下水位以上。矿层底板含水较弱，且为层间渗水，水位在 2400m 水平以下；顶板为弱含水层且厚度甚小；矿带虽为主要含水层，但富水性不强，且以自由水为主。矿床充水主要来源为含矿带中地下水及大气降水，但降水渗入量不大，地下水静储量甚小；在标高 2400m 最大排水量约为 4370m³/昼夜。加以系坑道开采，地形有利于自然排水。故矿床水文地质条件是简单的。

9.2.1.3 矿床工程地质条件

A 矿体及顶底板岩层的稳定性和影响开采的地质因素

Ⅰ、Ⅱ号矿体，矿石多为细密块状，矿体的其他部分比较完整，稳定性较好。蛇纹石型矿石普氏硬度系数为 6.32～20.22，一般 15 左右；滑石磁铁矿的硬度系数为 2.99～4.38，碰击后易成粉状。粉矿主要分布于 2 线至 7 线 2600m 标高以上，以Ⅱ号矿体上部较多，其次是Ⅰ号矿体底部，根据矿芯和地表所见粉矿的特征，一般很破碎和松散，属于比较典型的破碎矿体，开采时需注意支护。

Ⅰ号矿体底板和Ⅱ号矿体顶板为厚层变质中细粒石英砂岩。Ⅱ号矿体顶部之变质石英砂岩从 5 线向南西显著变薄，在 6 线趋于尖灭，使矿体与钾长透辉石岩（Ptdn³⁻⁷⁻²）接触。两矿体之间是白云质大理岩。上述岩石风化程度很浅，白云质大理岩的溶蚀现象不明显。根据抗压强度试验结果（见表 9-1），矿体围岩属稳定性较大的岩层，但根据坑道工程地质调查及钻孔岩心观察，矿体上、下两层顶石英砂岩节理均较发育，将岩石切成块体，容易掉块，降低了岩层的稳定性。大理岩一般比较稳定，支护较少。

表9-1　矿区矿岩抗压强度试验结果表

名　　称	与矿关系	抗压强度/10^5Pa	抗压强度/10^5Pa	抗压强度/10^5Pa	f系数
蛇纹石磁铁矿	Ⅰ、Ⅱ号矿体	632.6~2022.2	930.3~1065.4		6.32~20.22
滑石磁铁矿	Ptdn$^{3\text{-}5}$中小矿脉	299.5~438.6			2.99~4.38
变质石英砂岩	Ⅰ号矿体底板	601.8~3483.8	920.5~1580.0	367.1~1030.4	3.67~34.83
变质石英砂岩	Ⅱ号矿体顶板	450.0	706.9	661.1~2418.1	4.5~24.18
白云质大理岩	Ⅰ号矿体顶板	935.6~2364.8	1120.2~2102.5	956.1~1707.2	9.35~23.64
透辉石岩	Ⅱ号矿体顶板			337.0~2187.6	3.01~21.87
千枚岩	上部地层			601.7~1181.4	6.01~11.81

影响开采的地质因素,主要是Ⅰ号矿体底板及Ⅱ号矿体顶板的两个主要破碎带,分别称1号及2号破碎带。1号破碎带的分布连续性很好,它沿倾斜连续延深至2517m标高处,延长可达270多米(5线)、最宽7m,一般宽度1.5~2m。2号破碎带的发育程度次于1号破碎带,在走向和倾斜方向上呈断续分布,破碎带的宽度变化较大,但在深部如CK8号孔仍可见破碎带,其标高为2466m,一般宽度小于1m,最宽约6m(CK35)。

此外,在白云质大理岩层内,亦见有少数破碎带,最宽8m,尖灭于相邻工程之间。其次断层的两侧往往形成压碎破碎带,如F105断层,其破碎带西部宽达9m,向东逐渐变薄。总的来看,7线以西断层破碎带比较发育。破碎带的物质组分大体由破碎带所处的岩石组成。碎块大小一般3~5m,被岩屑和少量的泥质胶结,胶结不紧,稳定性差,需要支护。

B　岩矿石物理性质

取自坑道内的试样是沿垂直层理方向和平行层理方向施压的,取自钻孔中的试样是沿铅直方向施压的。岩石及矿石的抗压强度情况见表9-1。

9.2.2　开采现状(截止到2012年)

大顶山矿区原采用露天开采,20世纪90年代转入地下开采,露天开采3~8线之间、2600m以上Ⅰ号矿体露头部分,露天开采已结束;地下开采露天开采境界以外的2600m以上的Ⅰ号矿体,设计规模50万吨/年,近年来实际产量60~70万吨/年,目前已转入2540m及2525m中段的生产。

9.2.2.1　采矿方法

矿山采矿方法采用无底柱分段崩落法,垂直矿体走向布置回采进路,2540m水平以上分段高度为10m,进路间距为10m,2525m水平分段高度为15m,进路间距为10m。按照扩能改造初设,从2495m水平分开始结构参数变为分段高度为

15m，进路间距为 12.5m。矿山主要采用 YGZ-90 凿岩机凿岩，WJ-1.5D 铲运机出矿，BQ-100 装药器装药，导爆管和毫秒雷管起爆，溜井采用 FZC-3.1/1-4 振动放矿机装车。

鉴于泸沽铁矿的矿体形态复杂、倾角缓、厚度小，而且稳固性很差。矿体倾角一般在 10°~50° 之间，且呈现上部较缓、下部较陡的变化趋势。矿体厚度在 6~30m 之间，平均厚度为 11.4m，平均品位 46% 左右。矿体厚度沿走向及延深方向变化大，且呈现北东较厚、西南较薄，上部较厚、下部较薄的变化趋势。因此，设计单位提出建议，在局部矿段可采用浅孔留矿法、房柱法以及壁式崩落法等采矿方法。目前矿山主要采用了浅孔留矿法作为辅助的采矿方法。

9.2.2.2 开拓方式

2010 年以前，矿区主要采用平硐竖井开拓方式。竖井井筒位于 12 勘探线 CK79 号钻孔，井口坐标 $X = 3128744$，$Y = 524183.5$，竖井净直径 6.5m，井口标高 2567m，井底标高 2196m，井深 395m。第一出矿中段为 2540m 水平。竖井内采用两套 JKM-2.25/4 型多绳提升机，配提两套 2.2m×1.35m 双层单罐笼带平衡锤，担负矿石下放或作辅助提升，每罐可以一次下放 1.2m³ 固定式矿车两个。自进入 2011 年以来，由于开采水平已经下降到 2550m 水平以下，鉴于竖井运输存在成本高、运行维护费用大以及灵活性较差等显著缺陷，公司决定停止竖井运输系统，改为"平硐 + 溜槽 + 汽车"的运输方式。

9.2.2.3 中段及分段高度

2540m 及其以上中段高度为 30m，设 2630m、2600m、2570m、2540m 中段；2540m 以下为 45m，设 2495m、2450m 中段。竖井施工时只完成了每个中段的马头门，中段开拓已完成进行。竖井上部车场标高为 2540m，下部车场标高为 2196m。2450m 以上矿石用 10t 架线式电机车牵引 1.2m³ 固定式矿车，经溜井转运至各中段竖井车场，经由竖井罐笼下放至 2184m 主平硐，再经 2184m（黄泥湾平硐）主平硐由 10t 电机车牵引 1.2m³ 矿车运到地表破碎站矿仓卸矿。

大顶山矿区为适应矿山设备大型化的趋势，提高矿石产量，降低采矿成本，公司实施了 100 万吨产量的"扩能改造"计划，大顶山矿区 2540m 水平以下分段高度改为了 15m，但进路间距仍采用 10m，同时，按照昆明有色冶金矿山设计院的设计，大顶山矿区自 2495m 水平开始，无底柱分段崩落法的主要结构参数将调整为 15m×12.5m。

9.2.2.4 运输方式

废石采用 7t 架线式电机车牵引 0.55m³ 翻转式矿车，经由各中段直接通地表的平巷运出，弃入废石场。选矿厂的矿石破碎干选和粉矿湿选厂均建于黄泥湾平硐口外。来自大顶山坑内的矿石用翻车机卸入原矿仓，经 $600 \times 900mm$ 颚式破碎机和 $\phi 1750mm$ 标准圆锥破碎机进行粗、中破碎，筛分后将大于 $8mm$ 的矿石用 YG65-A-1 永磁干式磁滚筒进行选别，产出含铁 46% 的块精矿，再用汽车运到铁路站场。选出来的废石用汽车运至废石场堆置。$8 \sim 0mm$ 的粉矿用胶带机送到粉矿湿选厂加工处理，获得 58% 以上的铁精矿。经选矿车间加工后的成品矿采用汽车运输至泸沽镇冕宁火车站泸沽铁矿专用销售场地，通过火车运输外销。

9.3　矿山生产存在主要问题及原因调查与分析

9.3.1　概述

全面准确了解和掌握矿山生产过程中存在的问题，分析造成这些问题的原因，对于解决影响矿山生产及经营的主要问题至关重要。因此，甄别矿山生产过程中实际存在的具体问题、表现形式、产生原因以及造成的危害或影响等，是解决矿山生产及经营过程中存在的关键问题的前提和基础。通过对矿山生产过程进行全面、深入、细致的调查与分析，基本掌握了矿山生产及管理方面存在的主要问题。

大顶山矿区作为一个典型的复杂矿体条件的无底柱分段崩落法矿山，兼具了矿体破碎、形态复杂、缓倾斜中厚矿体等诸多不利因素甚至更复杂的情况。因此，大顶山矿区生产中出现或遇到的各种问题，在类似矿山都非常具有代表性。

9.3.2　矿山生产存在的主要问题

根据 2010 年前后对大顶山矿区的初步调查与了解，矿山当时（无底柱分段崩落法结构参数为 $10m \times 10m \times 1.8m$）生产中存在的主要问题有：

（1）采场矿石损失贫化严重，损失率高达 $35\% \sim 40\%$ 以上，贫化率也在 $35\% \sim 40\%$ 之间。矿山 $2008 \sim 2010$ 年实际损失贫化指标统计情况见表 9-2。

表 9-2　大顶山矿区 2008 ~ 2010 年矿石损失贫化指标统计

指标统计	2008 年	2009 年	2010 年
采出原矿量/万吨	43.07	52.42	62.08
采出纯矿石量/万吨	27.62	33.29	38.24
采出岩石量/万吨	15.45	19.12	23.84
消耗地质储量/万吨	42.5	57.00	63.39
岩石混入率/%	35.87	36.47	38.40
矿石回收率/%	64.99	58.40	60.32
矿石损失率/%	35.01	41.60	39.68

（2）采场地压大，巷道支护困难，支护成本高。

（3）分段矿石储量与矿石产量需求的矛盾突出，深部水平采准速度与回采工作水平推进速度矛盾突出。具体表现是上部矿石储量、回采巷道以及中深孔消耗过快，采区采掘比例严重失调；同时，矿体之间、分段之间乃至矿段之间正常的回采顺序遭到严重破坏。

（4）无底柱分段崩落法、留矿法及房柱法等多种采矿方法并存，崩落法需要的合理岩石覆盖层没有形成，采场地压没有及时得到释放，深部矿体开采无论是使用崩落法还是空场法都存在巨大的安全隐患。

（5）局部的采矿方法、生产工艺与结构参数不尽合理，特别是2号矿体的开采，还没有一个系统、合理的开采技术方案，严重影响矿山整体生产秩序、技术经济指标以及生产安全形势。

（6）矿山主要依赖设计单位按照相关规范做出的设计方案组织生产，未对生产中遇到的具体问题进行深入研究，未形成适合矿山自身情况的合理生产工艺及管理制度，困扰矿山生产的技术问题长期无法得到有效解决。

9.3.3 存在问题的原因调查与分析

概括来说，导致大顶山矿区无底柱分段崩落法出现比较突出问题的主要原因是：部分回采工艺不合理、缺乏有效的地压管理措施、采切工程（回采巷道、切割工程）施工质量较差、爆破设计与施工质量存在一定问题以及生产管理水平不高等，有关问题分别叙述如下。

9.3.3.1 扇形中深孔设计的问题

（1）边孔角。边孔角的大小不固定，从30°到60°各种角度均有。同时，边孔角的起始位置也不固定，前后排以及相邻进路的边孔角经常不一致，如图9-2所示。前后排及相邻进路的边孔角不一致，将会导致进路间的桃形矿柱呈不规则的锯齿状，爆破时容易出现大块甚至是"悬顶"和"隔墙"事故。

（2）扇形炮孔排面布置。扇形炮孔的排面布置未严格按照拟崩落矿层的形状进行，正常回采进路间的桃形矿柱未在爆破设计图中显示出来，炮孔排面基本上全部呈"矩形"排面（如图9-3所示）。同时，扇形炮孔中间部位的炮孔深度仅为11m，一般未达到桃形矿柱（正常情况下一般为13~15m以上），极易导致悬顶与隔墙事故发生，这也是在悬顶部位的矿体中看不到炮孔的原因（据采场技术人员反映，悬顶矿体中通常看不到炮孔的痕迹）。

（3）上下盘三角矿体回采。缓倾斜中厚矿体上下盘三角矿体中炮孔布置的排数（切岩长度）没有明确的技术规范。实际情况通常是上盘切岩过多导致过大的贫化，而下盘三角矿体退采不够导致上分段转移矿量及下盘残留矿量回收不

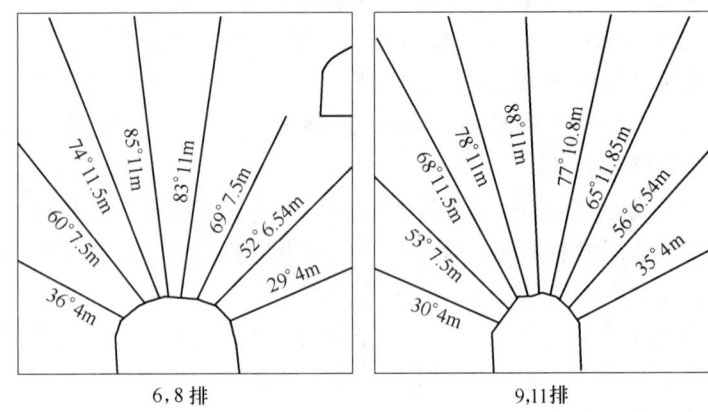

图 9-2　同一进路不同排面边孔角设计情况

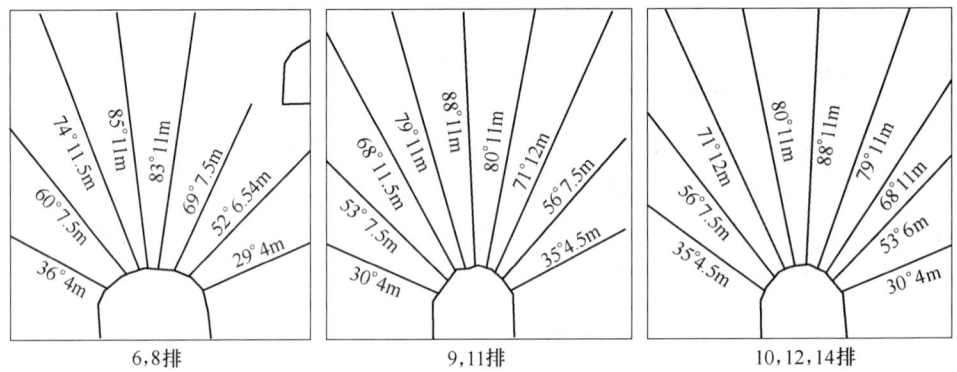

图 9-3　同一进路不同排面扇形孔设计实例

充分；同时，矿山还存在上盘三角矿体切岩不充分导致下分段回采没有覆盖层的情况（如图 9-4 所示）。

9.3.3.2　切割设计与施工的问题

目前矿山主要采用"切割平巷＋切割天井"的方法形成进路回采的切割立槽。切割井一般采用一次爆破成井的方式形成。虽然矿山在切割方法上没有什么问题，但在具体设计及施工过程中却存在一些比较突出的问题，具体表现是：

（1）一些回采进路在实际施工中并没有开掘切割平巷，切割立槽的形成主要依赖爆破形成的切割井。但是，由于切割井的质量（断面尺寸及高度）通常没有保障，直接影响到切割立槽的质量，进而影响到后续回采爆破的质量与效果，导致大块、悬顶、立墙等问题频繁出现。

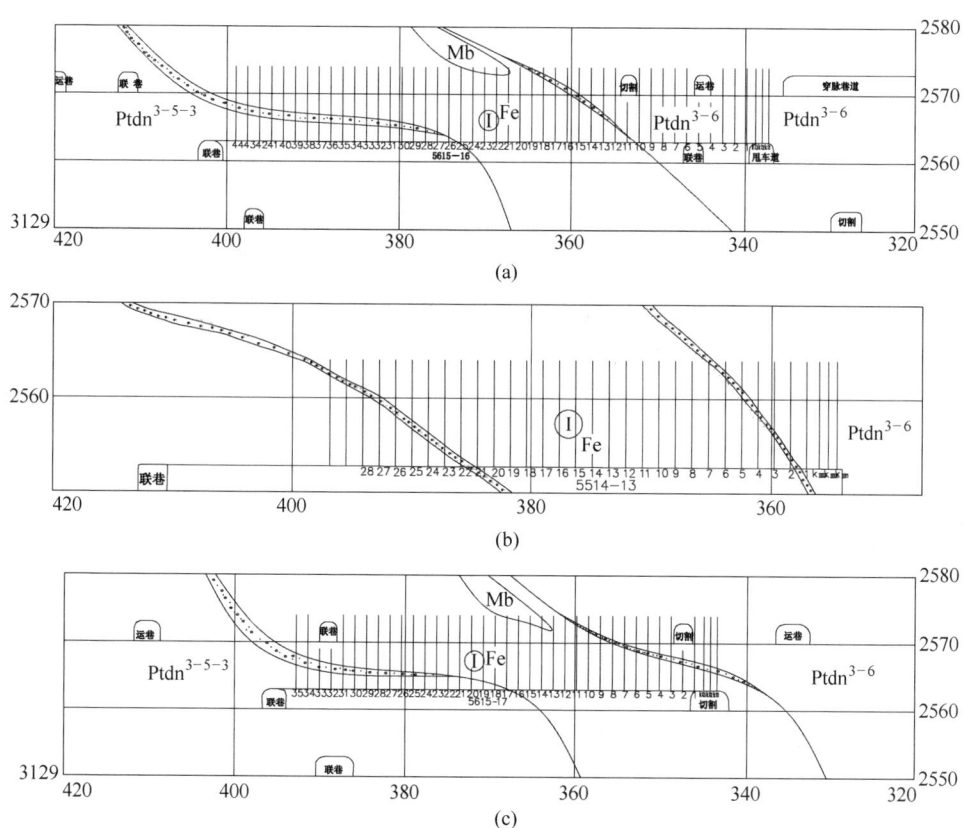

图9-4 不同进路上下盘扇形孔布置（切岩）实例
（a）上盘切岩过多；（b）下盘切岩范围偏大；（c）上盘切岩不足

（2）即便是在开掘了切割平巷的巷道，多数切割井的高度为11m，部分切割井的高度仅为7m（上分段有切割平巷或回采巷道的情况），切割井的高度远未达到正常爆破所需高度，导致切割槽的断面尺寸及高度均不能得到有效保证（如图9-5所示），切割立槽的形状、面积以及补偿空间的大小均不能适应后续步距回采爆破的需要，不仅导致大块、悬顶、立墙等问题频繁出现，还因为爆破夹制性过大导致矿体（岩石）顶板高度不断下降（据采区技术人员反映，这种现象在采区比较普遍）。

（3）切割槽多布置于上盘矿岩交界处（如图9-6所示），此处通常为破碎带，切割槽成槽很困难且质量（高度、宽度等）很难保证，严重影响后续扇形中深孔爆破效果，导致悬顶、大块等生产事故的频繁发生。

（4）由于是缓倾斜矿体，悬顶、立墙的频繁出现以及上部顶板高度的不断下降，还导致上盘岩石不能及时崩落下来形成覆盖层，其结果造成上盘地压不能及时释放并不断积聚，地压活动剧烈，巷道支护困难，最终造成大量矿石不能有

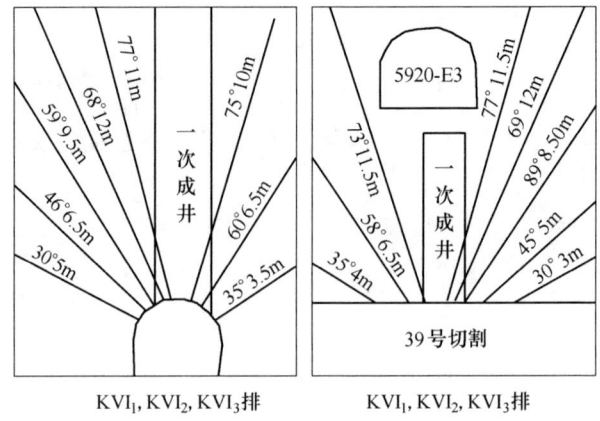

图 9-5　矿山切割槽（井）形成设计实例

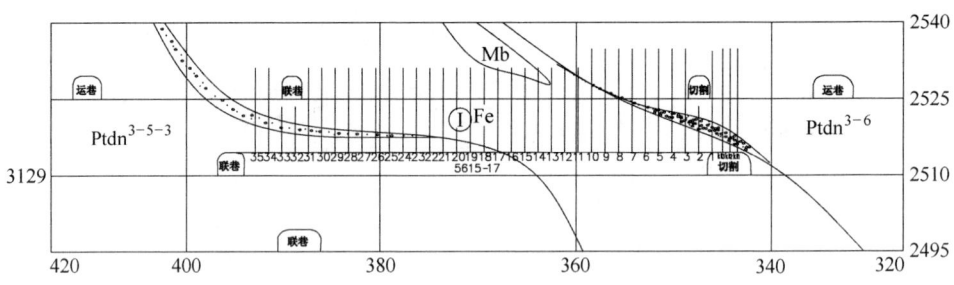

图 9-6　切割槽位置位于上盘破碎带

效回收，加大了矿石的损失。

9.3.3.3　关于炮孔质量及爆破施工的问题

矿山生产炮孔（扇形中深孔）的质量主要受凿岩质量（深度、角度以及方位等）、地压活动（孔壁冒落、堵孔、错位等）以及装药前的检测与纠正情况的影响。

（1）由于受凿岩设备能力、员工技术与责任心以及地压活动等的影响，生产爆破扇形孔普遍出现凿岩质量不高（深度不够、角度及方位不准等）、炮孔出现错位、孔壁冒落或堵孔等现象。根据现场实际测孔结果，最严重时一排炮孔仅有 2 个左右的炮孔可以装药，且炮孔深度和角度还没有达到设计的要求。

（2）爆破前未进行必要的检测与纠正，致使装药不到位（拔管过快或孔内塌落岩块堵塞致使孔底无药）、药量分布不均匀（孔底距或炮孔密集系数过大）或孔内炸药中断等问题，严重影响爆破效果，频繁出现大块、悬顶以及隔墙等生产事故。

（3）据了解，炮孔爆破时一般未进行炮孔堵塞，起爆后容易出现"冲炮"

现象，爆破质量难以保证。同时，由于地压作用以及前排孔爆破的影响，特别是孔口部位未采取交错装药结构致使孔口部位药量过于集中，导致后排炮孔眉线破坏严重，致使装药困难进而影响爆破质量和效果。

9.3.3.4 回采巷道布置及施工的问题

对于垂直走向布置回采进路的无底柱分段崩落法，上下分段回采进路严格交错布置是矿石顺利回收的前提和保证，特别忌讳的是出现上下分段不能菱形交错布置而是偏移甚至重叠的现象。此外，回采巷道的完整性也非常重要。然而，大顶山矿区的回采巷道在布置及施工中存在一些比较突出的问题，主要表现为：

（1）几乎所有分段都存在回采巷道未能严格按照上下分段交错布置的情况，在2580m、2550m及2540m水平最为突出。出现大面积的巷道偏移甚至上下分段回采巷道完全重叠的现象（见图9-7），不仅严重影响正常的炮孔布置及切割立

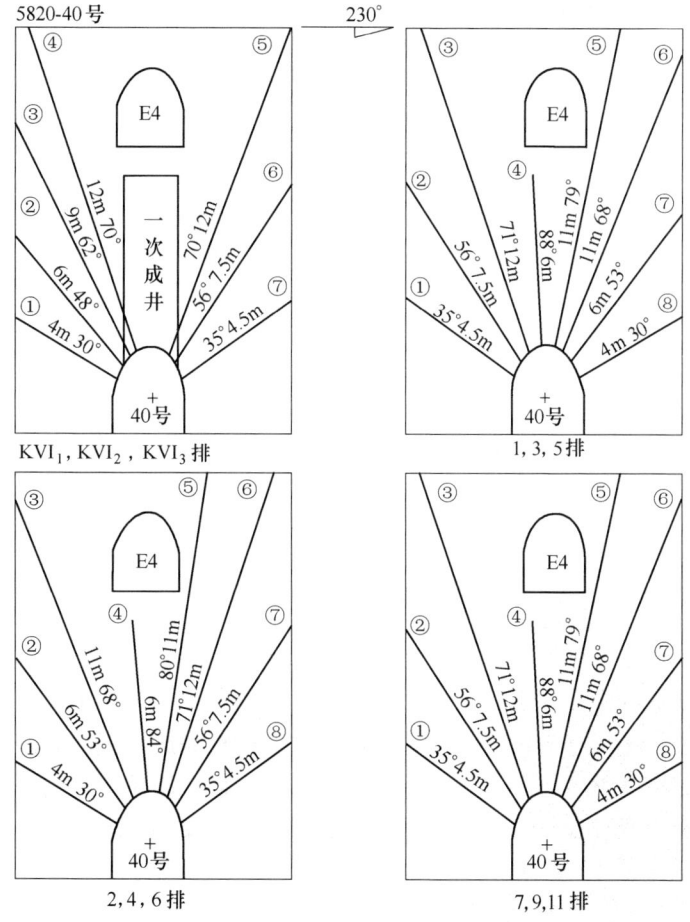

图9-7 上下分段间进路重叠现象

槽的质量，还导致矿山因为未按照实际崩落矿层形态布置炮孔，造成炮孔打入上分段崩落区中，导致"上向冲炮"现象发生。

（2）由于矿体形态（厚度）变化大，分支复合现象严重以及矿体夹石分布较广等原因，实际施工中部分回采巷道未按照设计掘进（如2550m水平的23号进路基本未掘进、部分进路未掘进到设计长度）或掘进后未实施回采出矿，致使部分矿段保持实体矿岩状态，严重影响上分段脊部及端部残留矿石的回收并对下部分段矿石的正常回收造成严重不利影响。

（3）部分因受地压影响严重破坏或出现悬顶、立墙等事故的回采巷道，未能及时采取必要措施予以处理。同时，部分矿段由于夹石的存在或因为巷道破碎冒落，回采巷道没有掘进或掘进了但没有爆破回采，形成实体矿岩柱。生产矿山实践证明，上分段回采不充分，留有隔墙，或巷道冒落报废所产生的残留实体矿岩柱，不仅会严重影响下分段矿石的正常回采与回收，同时还将会严重影响下分段巷道的稳定性，导致片帮、冒落或失稳。部分下盘联络巷道布置过于靠近矿体，致使下盘无法布置足够的炮孔充分回收下盘残留矿石，造成大量的下盘矿石损失（见图9-8）。如果通过崩落下盘联络巷道回收下盘残留矿石，则又会造成采场通风和运输系统的破坏，影响正常生产。

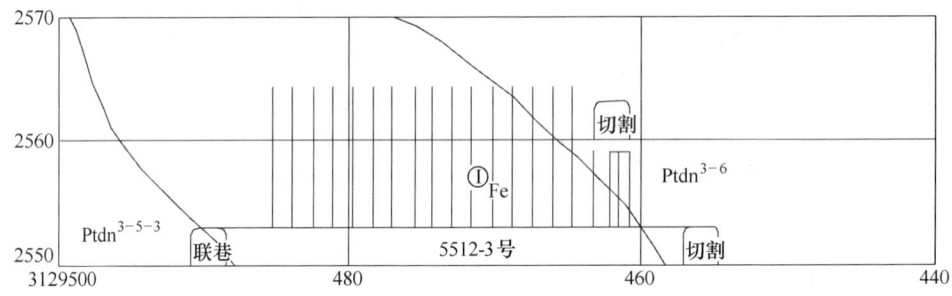

图 9-8　下盘联络巷道过于靠近矿体的情况

9.3.3.5　及时放顶与岩石覆盖层的问题

无底柱分段崩落法及时放顶以及形成足够的上部覆盖岩层，是有效控制采场地压、减少地压活动、降低支护等级以及维持矿山正常生产的重要保证。对于缓倾斜矿体无底柱分段崩落法，其放顶工作无法一次性完成，下部分段的上部岩层难以随着回采工作面的下移自然冒落。同时，由于矿体倾角缓，已经崩落的覆岩相当部分会在下盘存留下来，导致覆盖岩层损失而需要不断地补充。

然而，在实际生产中大顶山矿区并没有专门考虑及时放顶与覆岩补充的问题，更没有专门的技术规范确保形成有效的岩石覆盖层和对损失在下盘的岩石覆盖层进行及时补充，靠近上盘部分矿石基本上是在近似空场情况下进行回采，结果是回采地压不仅不能及时释放而是逐步积聚,巷道地压活动比较显著,炮孔及眉线垮塌、大块、悬顶或立墙等状况频发,严重影响矿石的正常回采。

因此,矿山亟待建立及时放顶和补充覆岩的制度与技术规范,通过必要的工程措施(主要采取边放顶边回采的方式进行)实现及时放顶与覆岩的及时补充,需要解决的主要技术问题包括放顶的范围、放顶方式、出矿管理等。

9.3.3.6 矿山正常的回采顺序问题

无底柱分段崩落法特殊的结构形式造成相当部分的分段矿量(1/3 左右)成为转移矿量只在下分段得到回收。同时,上分段回采工作的适度超前,也通过释放地压的方式为下分段的回采创造有利地压控制条件,因此,保持矿山正常的分段回采顺序(先上后下)对矿山的正常生产及矿石的充分回收极为重要。然而,目前矿山正常的分段回采顺序已经被严重破坏,主要表现是:

(1)目前大顶山矿区处于落矿回采的生产分段多达 6 个左右(2590m、2580m、2570m、2560m、2550m、2540m 水平),远远超过一般的 1~2 个回采出矿水平的正常状况,同时还出现巷道掘进、中深孔凿岩以及回采落矿在同一水平进行的非正常状况。

(2)由于中段矿石储量有限,且经常出现巷道垮塌、悬顶、立墙等状况,为保证足够的矿石产量,出现哪里好采采哪里的不正常情况,导致出现下分段的回采超前于上分段(如在 2570m、2580m、2590m 三个水平回采还未完全结束情况下,2560m 水平的回采却已经结束)的严重违反正常回采顺序的罕见现象。

(3)正常回采顺序的严重破坏,不仅使超前的分段回采巷道遭受极大的支撑压力作用而经常破坏,矿石难以正常回收,同时,由于缺乏上分段的脊部矿石残留,超前分段的崩落矿量回收效果极差,一般只有 40%~50%。

(4)由于矿体倾角过缓,上下分段正常回采顺序破坏后,上面分段大量的残留矿石(下盘残留、脊部残留以及正面残留)将全部变为无法有效回收的下盘损失,即便是再作下盘切岩工程也无济于事。

9.3.3.7 矿山生产管理与放矿管理的问题

目前矿山在生产与放矿管理上存在的主要问题是:

(1)在回采巷道掘进、中深孔凿岩以及出矿过程中,与生产相关人员联系不够紧密和及时,没有对地质情况的变化、矿体形态、品位的变化进行及时的修正与通报,采矿车间未能针对相关情况变化,及时调整矿山的生产技术措施。

(2)没有确定正常回采出矿时经济合理的放矿截止品位,也没有根据不同的出矿部位(矿体上盘、矿体中间以及矿体下盘)研究制定合理的放矿控制技术及经济参数以及相应的放矿管理制度。

（3）缺乏放矿控制的有效技术手段与设备，出矿管理处于比较盲目和随意的状态，导致采矿损失贫化指标过高。

（4）没有建立相应的步距、进路、矿块以及分段的采矿（放矿）台账，对上下分段的回采情况、出矿情况以及矿石残留情况等缺乏准确的了解和掌握，不利于采取措施降低矿石损失与贫化。

（5）多数情况下 2 号矿体基本上未能实现正常的回采与回收，严重影响大顶山矿区的整体回收效果。

9.3.3.8　上下盘三角矿柱和矿石转段回收的问题

应该说，矿山通过在分段的上下盘三角矿体中布置回采巷道和中深孔，一定程度上考虑了上下盘三角矿体的回收，并在客观上一定程度实现了部分矿石的转段回收。但是，矿山并没有深入地研究在上下盘三角矿体中巷道的长度、布孔方式、放矿管理方式等，缺乏科学的结论以及行之有效的技术方案，实际操作中处于一种比较随意的状况，能出多少算多少，矿石的实际回收效果欠佳。同时，由于矿山缺乏有效回收转段矿石的技术措施和没有完整的出矿管理台账，不清楚上分段的出矿情况，难以采取有针对性的措施，转段矿石以及下盘残留矿石回收比例偏低，矿石的回收效果较差。

9.3.3.9　矿山地压控制与卸压开采的问题

虽然矿山地压不可避免，但却可以通过一定的技术措施，使地压在一定程度上得到释放或转移，为巷道掘进与支护、矿石回采创造良好的条件，实现地压的有效管理。然而，矿山目前在地压管理上存在较大问题，主要表现在：

（1）对矿山开采引起的地压活动规律不够了解，对如何控制与管理地压缺乏有效的措施及手段。

（2）正常回采顺序破坏后产生较大范围的次生支撑压力，对巷道造成较大破坏并影响矿石的正常回采。

（3）没有通过及时的放顶释放积聚的压力，也没有通过调整分段及矿块的回采顺序实现"卸压开采"。过大的矿山地压，给正常回采及巷道支护造成严重的困难，导致矿石损失贫化指标居高不下，支护困难且费用高昂。

（4）矿山各分段采用由北向南的开采推进方式，有可能是造成南部矿块地压大、巷道垮塌严重的重要原因，可以考虑采用由南向北或先南后北和阶梯形工作面的推进方式，强采快掘南部矿块（特殊情况以进路为回采单位），尽量缩短南部回采巷道的存留时间以降低其支护等级。

9.3.3.10　矿山生产及技术管理问题

破碎缓倾斜中厚矿体条件的无底柱分段崩落法矿山，生产中存在的许多问题除与复杂的矿石开采及回收条件本身，以及过去对复杂矿体条件无底柱分段崩落法开采工艺及技术不成熟有关外，还与矿山生产及技术管理水平与规范程度密切相关。

调查发现，矿山存在较为突出的"设计、生产、管理"之间相互脱节的问题，同时也存在各个专业部门之间如地质、测量、采矿相关脱节的问题。例如，生产设计没有完全按照采场的实际状况进行设计，而采矿生产也没有完全按照生产设计进行施工，技术及质量监管部门也没有严格按照应有的技术及管理规范进行及时严格的监管，该纠正的问题没有得到及时有效的纠正和补救。而与采矿生产密切相关的各专业部门之间也存在联系不紧密、信息与资料传递不及时、不完整等问题，基本上属于各自为阵的状态。可以说，矿山生产及管理方面存在的问题，一定程度上加剧了矿山生产不正常、损失贫化严重的状况。

此外，由于矿山的生产始终处于一种不太正常的状态，采场一直存在比较突出的产量压力。因此，采区为保证产量不排除出现一些蛮干的情况，该及时处理的质量问题没有得到及时有效的处理，最终导致矿山出现了"有矿采不出"或者是"无矿可采"的状况。

举例来说，由于中深孔及切割设计施工等方面的问题，大顶山矿区悬顶事故频发，在 2011 年 7 月至 8 月之间对 2550m 水平及 2540m 水平进行了悬顶统计，统计结果显示矿山悬顶率高达 30%（按进路数计算）。到 2013 年回采水平推进到 2525m 水平、分段高度由过去的 10m 变为 15m 时，各种生产及管理上存在的突出问题叠加在一起，造成了极为空前的"生产危机"。采区可用的回采进路及中深孔几乎消耗殆尽，但采场却出现了大面积的悬顶（几乎是每爆必悬），实际爆破下来的矿石仅包括回采巷道上部 5m 左右的范围，导致采场几乎出现"无矿可崩，无矿可出"的极端状况。严重时采区月矿石产量仅为 5000t 左右，仅为正常情况的 1/10 左右。显然，矿山频繁而大规模的悬顶不仅造成资源的严重损失，矿石回采指标严重恶化，并且给矿山的安全生产埋下了重大安全隐患。因此，大顶山矿区悬顶严重的问题亟待解决。

9.4 改进大顶山矿区爆破设计、施工及爆破效果的技术及管理措施

9.4.1 概述

鉴于矿山生产中扇形中深孔设计、施工以及中孔爆破中存在的一些突出问题，以及这些问题对矿山正常生产特别是矿石回收效果的重大影响，有必要对大顶山矿区无底柱分段崩落法扇形中深孔的设计、施工工艺以及爆破质量等，在理论分析和实验研究的基础上进行进一步规范与优化，寻求获得最佳的爆破效果，为最终取得良好、合理的矿石回收效果奠定必要的技术基础。

9.4.2 扇形中深孔设计

根据理论分析及实验研究并参照类似矿山的生产经验，建议对于大顶山矿区的扇形中深孔设计采取如下一些规范及改进措施。

9.4.2.1 崩矿步距的确定

对于 10m × 10m 结构参数的标准扇形中深孔，根据放矿实验研究的结果，其最佳放矿步距为 1.6m 左右，对应崩落步距为 1.4m 左右。从放矿角度看，目前 1.8m 崩矿步距有些偏大。但是，从减少凿岩工作量、节省凿岩爆破费用角度讲，又是划算的。对于孔径为 70mm 的炮孔，若采用 1.0 ~ 1.2 的炮孔密集系数，在矿石较破碎、孔底距为 1.8m 左右时，1.8m 的崩矿步距（抵抗线）也是合适的。

9.4.2.2 边孔角的大小

从放矿实验的结果看，边孔角对回收结果的影响不大。但是，边孔角对于爆破效果特别是靠近脊部附近的矿岩爆破效果影响很大。一般散体物料的自然安息角在 25° ~ 45°之间，铁矿石的自然安息角则在 39° ~ 40°左右，但是在覆岩下铁矿石的挤压安息角（放出角）则一般在 50° ~ 55°左右。

也就是说，低于挤压安息角的崩落矿石是很难被放出的。崩落矿石得不到有效松散，不仅会影响到本步距的放矿效果，还由于边孔爆破受夹制作用而影响下一步距的爆破效果，出现大块甚至悬顶等生产事故。因此，边孔角不宜过小。如果凿岩设备能力没有问题，通常可以采用 55° ~ 60°左右边孔角。但是，较大边孔角也会带来下分段中间炮孔深度过大的问题，一定程度上会影响到凿岩效率与炮孔质量。

对于大顶山矿区来讲，由于矿体属于缓倾斜中厚矿体，每一分段的起始部分位于上分段未崩落区，没有上部覆岩，爆破实际上是在上部空场的情况下进行，属于半自然松散状态爆破，其崩落矿岩的安息角一般较自然安息角大，但较挤压安息角小。经测算，空场条件下的大顶山矿区铁矿石的放矿安息角为 40° ~ 45°左右。如果仅从放矿角度考虑，边孔角可以取 45°。但是，如果考虑到每分段开始部分回采兼有崩落围岩和放顶以释放地压功能的话，45°的边孔角崩落区至上部实体围岩的距离仅为 3.0 ~ 3.5m，不能有效崩透相邻的回采巷道并使采空区相互贯通，上部围岩很可能不会及时冒落。因此，每一分段初始部分（即上盘三角矿体部分）可采用 35°的较小边孔角。

对于矿体中间部分的正常回采炮孔，由于上覆围岩及前部崩落矿岩的存在，此时的爆破已经是真正意义上的挤压爆破，此时的边孔角可以适当加大。但是，就大顶山目前的凿岩设备能力看，取 45° ~ 50°左右边孔角比较合适，其最大炮孔深度一般在 13~14m 之间，目前的凿岩设备基本能够保证其炮孔的质量。

而对于每一分段下盘三角矿体部分，由于其处于矿岩交界部位，大部分炮孔位于下盘岩石中，爆破的主要作用是充分回收上部分段的下盘残留矿石、脊部残留矿石、正面残留矿石以及部分矿岩混杂层等，此时的边孔角可以进一步增加，通过增加进路间柱比重的方式减少下盘围岩崩落量，减少不必要的贫化，同时也不必担心下分段的凿岩问题。因此，此时边孔角可以提高到 60°~70°左右，推荐按 60°进行设计。

根据相关研究，提高边孔角后可以降低贫化率 2%左右。同时，这个矿段还可适当增加崩矿步距（增加至 2.0~2.2m），通过增加端部正面残留方式减少岩石放出量并减少后排孔眉线受破坏概率，改善爆破效果，最终实现改善矿石回收效果的目的。实验研究表明，适当加大下盘崩矿步距，可使岩石混入率降低 2~3 个百分点。

至于同一进路以及相邻进路的边孔角，按照相关研究及理论分析结果，每排孔采用相同的边孔角，确保边孔崩落面的整齐，是保证本分段后续炮孔崩矿效果和下分段炮孔设计质量的有效途径。因此，建议在设计中深孔时采用统一的边孔角。但是，针对大顶山的实际情况，在同一分层的不同区段（上盘三角、中间部位及下盘三角）出于放矿管理、放顶以及回采等工作的需要，分别采用 35°、45°、60°的边孔角是合适的。而对于边孔角的起始位置一般也应该基本是固定的，建议放在巷道弧形拱顶与直壁交界处适当位置。

9.4.2.3 炮孔排面崩矿条件

如前所述，同一分段不同部位的崩矿条件是不同的。靠近上盘矿岩交界处的部分，上部是未崩落的实体矿岩，中深孔排面形状应为矩形。特别需要强调的是，在边孔角为 45°以上时，其排面的高度至少应达到 1.6~1.8 倍的分段高度才能为中间部分矿石的崩落创造足够补偿空间（如大顶山矿区 10m×10m 结构参数情况下矩形排面高度应为 16~18m），否则极易导致后续爆破出现悬顶事故，矿山的生产实践已经证明了这一点。因此，大顶山矿区上盘三角矿体部位的中深孔布置可按照图 9-9(a)进行设计，中间部位及下盘三角矿体部位的中深孔则可按照图 9-9(b)进行设计。

需要说明的是，上述炮孔排面的布置仅为标准布置。生产中由于进路的位置在实际施工中有一定的偏差，具体设计某一进路的扇形炮孔时，按照实际需要崩落矿岩的具体形态来设计炮孔的位置及参数（见图 9-10），特别需要注意相邻进路之间炮孔的配合，实现均衡分配药量、改善爆破效果之目的。否则，极易因炮孔不到位或"出位"造成悬顶、隔墙以及大块等生产事故。应该说，大顶山矿区目前的生产现状印证了精确布置炮孔排面的重要性和迫切性。

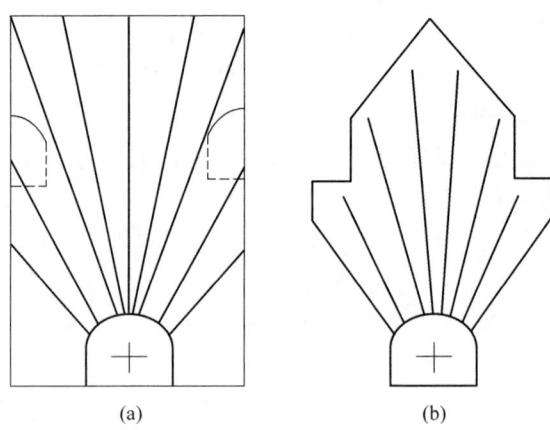

图 9-9   缓倾斜矿体条件的两排扇形中深孔排面布置方式
(a) 矩形排面炮孔布置; (b) 桃形排面炮孔布置

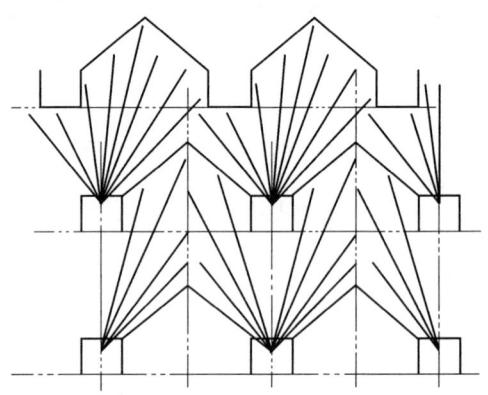

图 9-10   进路偏移及重叠时炮孔布置示意图

9.4.2.4   炮孔排面布置、炮孔位置、炮孔数目及长度的确定

对于 10m×10m 结构参数的标准扇形中深孔,炮孔数目一般为 8~9 个。8 孔的排面布置方式一般采用图 9-11(a) 的方式,而 9 孔的排面则多采用图 9-11(b) 的方式进行布置,相应炮孔的位置也就基本固定。边孔位置一般应放在巷道弧形拱顶与直壁交界处适当位置,且应基本固定。

按照上述原则确定好各主要炮孔(中心孔、边孔等)的位置后,按照均匀布置原则可将各炮孔的位置确定下来,炮孔长度也就确定下来了。

举例来讲,对于结构参数(分段高度 H×进路间距 B)为 10m×10m、回采进路尺寸(高 h×宽 b)为 3m×3m 的采场按照图 9-11(b) 的方式布置扇形孔(边孔角按 45°计),则中心孔的最大长度为 $L_1 = H - h + h + B/2 - h/2 = 13.5\mathrm{m}$,扣除约 0.5m 孔底到脊部坡面的距离,中心炮孔实际长度约为 13m。而边孔长度

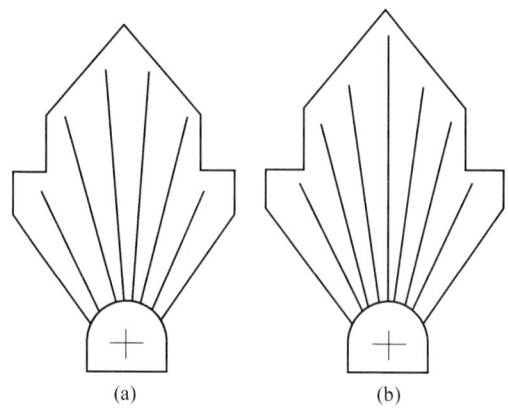

图 9-11 扇形炮孔的排面布置及炮孔数目

(a) 8 孔排面布置;(b) 9 孔排面布置

则为 $L_0 = (B/2 - h/2)/\cos 45° = 4.95\text{m}$。其余炮孔长度可按照类似方法计算出来。

需要注意的是,除边孔外,其他炮孔孔底距爆破边界(包括上分段回采巷道、桃形矿柱坡面等)的最小距离应在 0.5~1.0m 之间,防止爆破时出现"孔底冲炮"现象。这个问题将在确定扇形炮孔孔底距时做进一步讨论。

需要说明的是,矿山一直以来在扇形孔设计上存在着习惯性的非规范设计,即不按照崩落矿岩的实际形态布置炮孔。同时,炮孔长度计算上也存在误区,设计计算的炮孔长度普遍小于实际应该的长度。特别是每分段开始一段矿体内的扇形炮孔长度,必须考虑其上盘为未崩落的实体矿岩,其矩形崩落排面的高度还需要适当大于中间区段的桃形崩落排面高度。同样以 10m×10m 的结构参数(边孔角按 45°,进路尺寸 3m×3m)为例,矩形和桃形两个排面深度最大的炮孔长度将分别达到 15m 和 13m 左右(见图 9-12 及图 9-13)

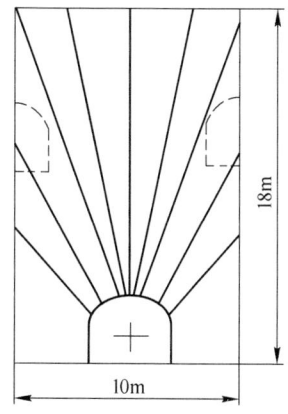

图 9-12 矩形排面炮孔布置示例

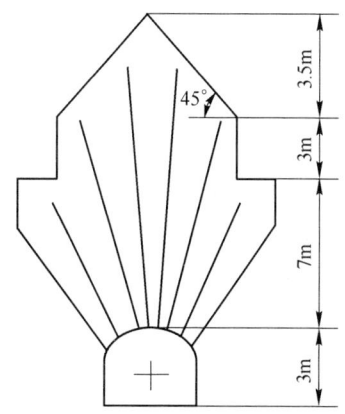

图 9-13 桃形排面中心炮孔深度计算示例

9.4.2.5　孔底距爆破边界合理距离的确定

一直以来，生产矿山在确定扇形孔爆破参数时，比较注意对孔底距、排距、边孔角等关键参数的确定，但对于各扇形炮孔底部距离爆破边界的合理距离没有给予足够的重视，经常会出现孔底距爆破边界距离不足的情况，这是生产矿山出现"孔底冲炮"并造成悬顶、隔墙或大块等生产事故的重要原因之一。

其实，无底柱分段崩落法扇形炮孔的爆破边界条件并不是处处相同的。一般来讲，扇形孔的爆破边界条件可以分为三类（见图 9-14）：一是实体岩壁边界，如图中 jk 与 ij 线段；二是爆破后的边界，如图中 bc、ef 与 fg 线段；三是回采巷道组成的边界，如 cd、de、gh、hi 和 ak 线段。这三种爆破边界的约束阻力各有差异。

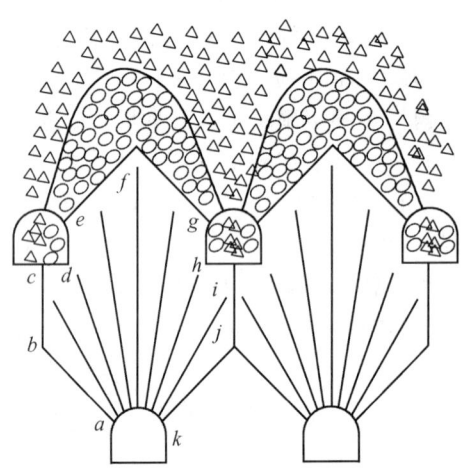

图 9-14　无底柱分段崩落法的爆破边界条件示意图

根据相关爆破理论可知，这三种约束边界中，对炮孔约束最大的是实体岩壁边界。特别是 jk、ij 边界，此处的爆破夹制力最大。因而，在实际施工中相邻炮孔通常可以采取交错布置的形式。相对来讲，桃形矿柱边界（ef、gh）以及回采巷道边界（cd、de、gh、hi）对爆破的约束力较弱，由于崩落区及巷道空区的存在，爆破时极易出现孔底首先破坏的情况。显然，若炮孔底部距边界的距离过小，很容易造成"孔底冲炮"的事故发生，结果会造成悬顶、推排或大块等生产事故的发生。

特别需要注意的是回采巷道构成的爆破边界约束条件。回采进路在开挖与回采过程会在巷道四周一定范围内形成围岩松动圈，使得此处的爆破夹制作用大大减小。因此，对处于炮排内部分炮孔孔底部位的进路边界（如图9-14中 *cd*、*de*、*gh*、*hi*），可以适当增大孔底与进路边界之间的距离，以使炸药爆破冲力与边界约束阻力相协调，节省生产成本。对处于回采进路边界 *ak* 的炮孔，在距孔口的一定的范围内，除必要的孔口堵塞外，可采取交错装药布置以及适当减少炮孔的装药量，从而避免对矿石的过度粉碎。根据测算，大顶山矿区进路松动圈约在1.2m，综合考虑上述因素后确定出大顶山矿区不同结构参数条件下炮孔孔底距爆破边界的合理距离见表9-3。

表9-3 不同结构参数下的中深孔参数表

结构参数 /m × m	不同区段炮孔边孔角/(°)			孔底到爆破边界距离/m			中心孔长度/m	
	上盘区段	中间区段	下盘区段	巷道边界	桃形矿柱边界	实体边界	矩形排面	桃形排面
10 × 10							14	12.5
15 × 10	35	45	60	1.0 ~ 1.2	0.5 ~ 0.8	0	19	17.5
15 × 12.5							20	18.5

注：回采巷道规格 2.8m × 2.8m。

根据以上分析，确定出 10m × 10m、15m × 10m 及 15m × 12.5m 三种不同结构参数下回采进路中不同区段的中深孔设计参考图如图9-15 ~ 图9-17 所示。

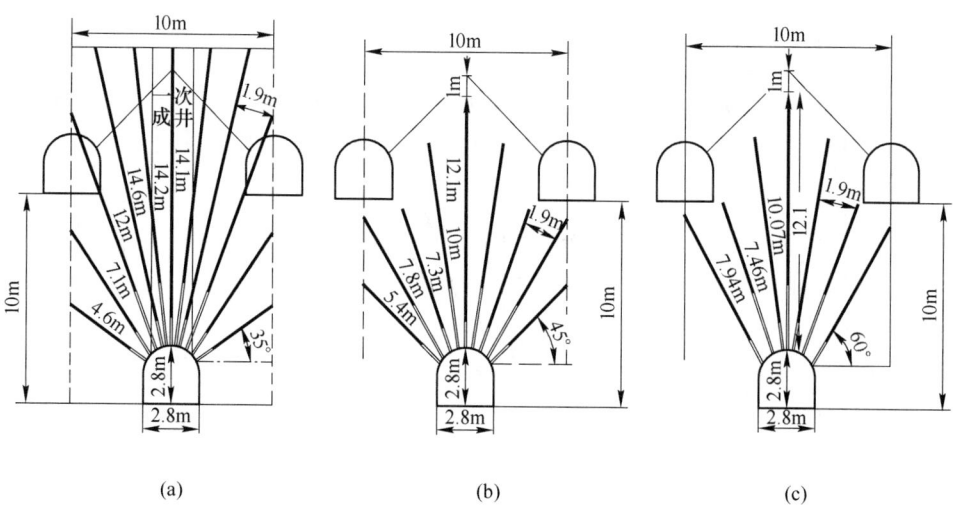

图9-15 10m × 10m 结构参数下不同区段中深孔布置图
（a）上盘区段；（b）中间区段；（c）下盘区段

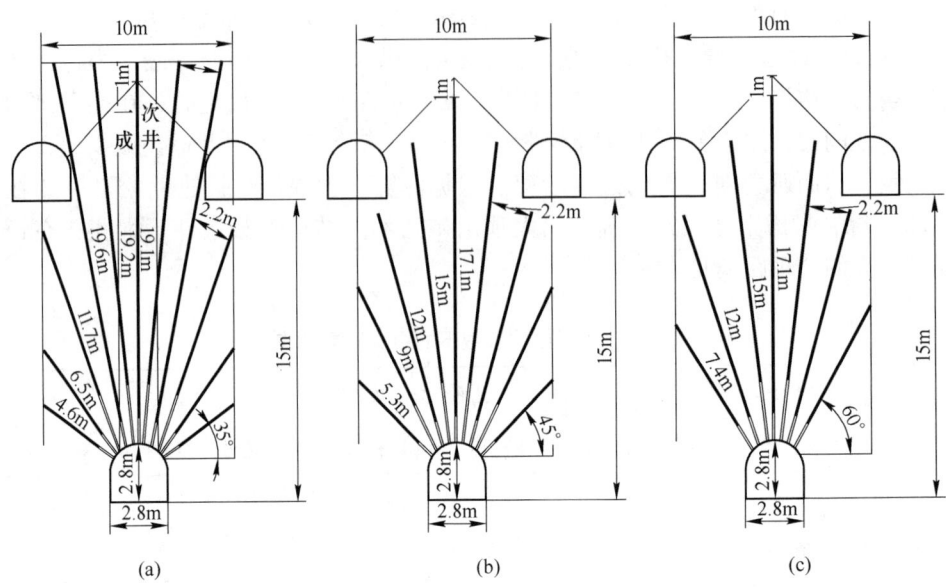

图 9-16　15m × 10m 结构参数下不同区段中深孔布置图

（a）上盘区段；（b）中间区段；（c）下盘区段

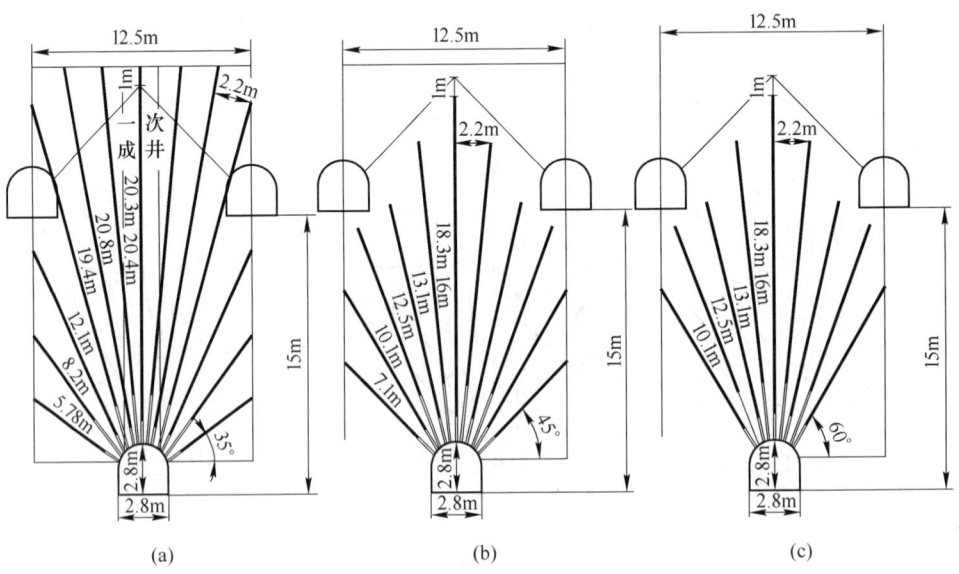

图 9-17　15m × 12.5m 结构参数下不同区段中深孔布置图

（a）上盘区段；（b）中间区段；（c）下盘区段

9.4.3 爆破工艺的改进

9.4.3.1 装药结构、起爆顺序、同时爆破排数

为避免造成巷道口附近药量的过度集中，在对炮孔进行必要堵塞的情况下，扇形孔采用交错装药结构是十分必要的。所谓的交错装药是将边孔和中心孔的填塞长度确定为1.5~2.0m，其他各孔的填塞长度交错增减，使各炮孔孔口装药位置的间距大于孔底距之半（如图9-18(a)所示）。同时，为减少爆破震动（主要是减少对眉线的破坏）以及对边孔角起爆的夹制影响，有必要在同一排炮孔的炮孔之间采用微差爆破。此外，最好采用孔底起爆方式。具体操作时可分别参照夏店甸矿（如图9-18(b)所示）和北洺河铁矿（如图9-18(c)所示）炮孔装药结构及起爆顺序进行现场试验，选择确定适合本矿的装药结构和起爆顺序。

为保证爆破及放矿时的回收效果，同时由于采用了统一的边孔角和相同的炮孔排面布置方式，建议一次只崩落1排炮孔。实验研究及矿山的实践都已经证明，较小的崩矿步距，不仅有利于保证爆破效果，矿石回收效果也是最佳的。

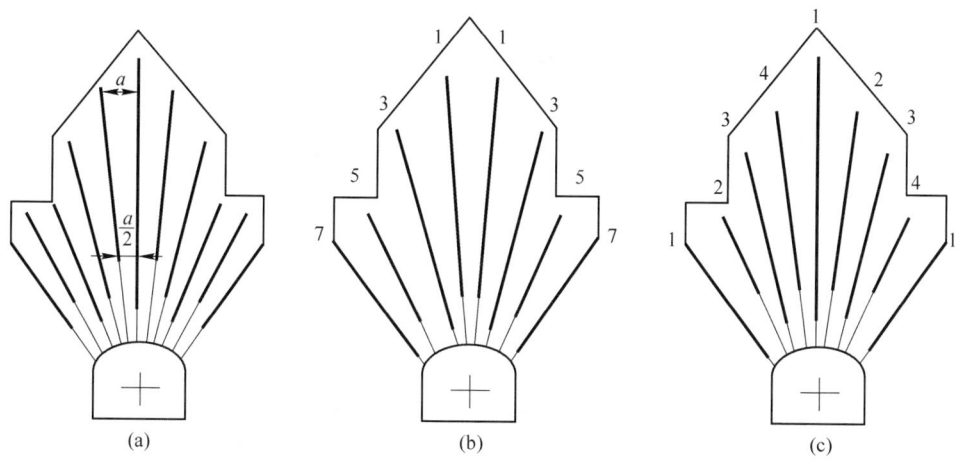

图9-18　扇形炮孔的装药结构与起爆顺序[1,2]

(a) 扇形炮孔装药结构（9孔）；(b) 夏甸金矿（8孔）；(c) 北洺河铁矿（9孔）

a—孔底距；1~7—起爆段数

9.4.3.2 炸药选型与矿岩的匹配

炸药的性能（种类）与矿岩的匹配程度会显著影响爆破效果。根据夏甸金矿的经验，用铵锑炸药代替原来的"铵松蜡"炸药以提高炸药的猛度，同时采用孔底起爆技术，可以使爆破能量得到更好的利用，显著减少了悬顶与大块等现

象。由于大顶山矿区的矿岩含水并不丰富，可以考虑采用猛度较高的铵锑炸药代替目前使用的铵油炸药。

9.4.3.3　保护眉线的特别技术措施

考虑到大顶山矿区部分矿段矿岩特别破碎、眉线破坏特别严重的实际情况，建议试验一种新的爆破方案，通过留"护顶矿柱"的方式来保护后面炮孔的眉线（如图9-19所示）。具体做法是：在每一排炮孔的孔口2.5～4.0m的长度上不装药，爆破后形成一个长约2.5～4.0m的"帽沿"式"护顶矿柱"，此矿柱不仅有利于保护后面炮孔的眉线，而且有利于放矿椭球体的发育，从而改善放矿效果。在下排炮孔崩落之前或同时崩落前一步距留下的"护顶矿柱"，如此逐步退采，可在眉线受到有效保护情况下顺利完成进路的回采工作。此方法简单易行，效果明显，建议在矿山进行一些试验。

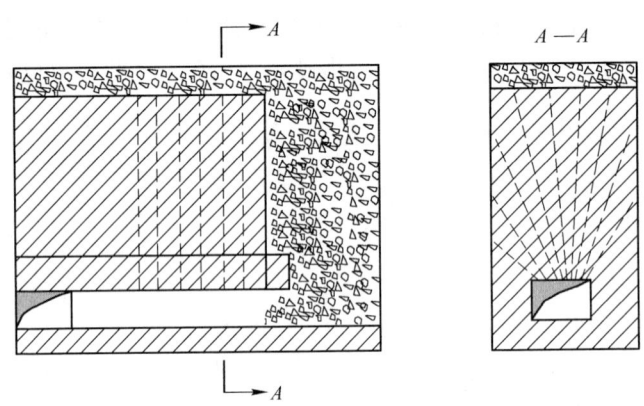

图9-19　留护顶柱无底柱分段崩落法方案

9.4.3.4　防止堵孔、错孔以及塌孔的技术措施

据了解，大顶山矿区中深孔破坏异常严重，一排炮孔中往往有过半数目的炮孔发生破坏。根据调研和分析，炮孔破坏的主要原因是采场回采秩序混乱引发的地压过大，此外大顶山矿区矿岩本身就较为破碎，在地压和爆破震动的作用下极易发生孔壁脱落、错孔、变形等现象。因此，需要采取必要及时的措施解决炮孔的堵孔、塌孔以及错孔等炮孔失效的问题。

为解决堵孔、塌孔以及错孔等炮孔失效的问题，首先可以考虑钻孔时采用注浆护壁增强炮孔的稳定性；其次，可以考虑适当加大炮孔直径至80～90mm。同时，对于矿岩破碎冒落比较严重区段，也可以考虑采用预装药的技术措施来防止堵孔现象的发生。所谓"预装药"措施，是在矿石比较破碎的部位一次将2～3排炮孔的炸药装好，然后分次逐排爆破。"预装药"的炮孔需要对炮孔进行妥善的封堵，防止导爆线和炸药被前排孔爆破震落。此外，还可以考虑采用一些防堵塞装置如塑料套管或充气橡胶套管，在炮孔成孔后即刻插入塑料套管或充气橡胶套管，防止孔壁垮落造成堵孔或塌孔。

9.4.4　保证爆破质量的管理措施

　　上述保证与改善爆破效果的各项技术措施能否取得预期的效果，在很大程度上取决于矿山相关的生产及技术管理措施是否完善和到位。其实，大顶山矿区无底柱分段崩落法采矿过程中存在的许多技术问题，真正的原因都可以归结为管理制度不够完善，或者是执行不力。没有完善到位的生产及技术管理措施，一切都是空谈。为此，就保证与改善大顶山矿区爆破质量提出如下一些原则性的意见：

　　(1) 准确、完整、真实的采区地测数据资料。

　　(2) 规范、完整、精细的爆破施工设计。

　　(3) 规范、精确、到位的凿岩、爆破施工操作(重点是保证凿岩和装药质量)。

　　(4) 严格的质量管理制度。设计需要技术部门审核，施工需质量部门验收、不合格工程（如炮孔）必须返工，生产事故（如悬顶、堵孔等）必须及时处理。

9.5　提高大顶山矿区采切工程质量的技术与管理措施

9.5.1　概述

　　无底柱分段崩落法采准工程（主要指回采进路）的设计与施工质量对矿石回收效果的影响属于结构性的影响，一旦回采进路的质量出现问题，将显著恶化回采时的矿石回收效果，而且难以有效地更正或弥补。因此，必须高度重视采准工程特别是回采进路的设计与施工，特别是要确保上下分段的回采进路严格按照菱形交错方式布置，这是无底柱分段崩落法正常回采及取得良好矿石回收效果的基础和前提，否则，纯矿石放出体的发育将受到极大的限制，贫化过早发生，甚至会造成残留矿石被废石"包裹"的情况发生，最终将严重影响矿石的正常回收。

　　影响采准工程质量的因素除设计与施工外，地压引起的巷道变形、冒落及垮塌等事故也严重影响回采工作的正常进行以及回收效果。采取必要的技术及管理措施，有效控制与管理地压，确保回采巷道及炮孔的完整性也非常关键。

　　无底柱分段崩落法的切割工作主要是形成形状、大小以及位置符合扇形孔爆破需要的、作为爆破补偿空间的切割立槽。由于无底柱分段崩落法在回采空间上连续性的特点，切割立槽的质量看似只影响几排炮孔或一条进路的回采效果，但实质上是影响到几条进路甚至几个分段的爆破及回采效果。因此，切割工程需要从设计及施工环节抓好质量控制，确保切割槽的质量，为确保爆破效果以及良好的矿石回收效果奠定基础。

9.5.2　回采进路的设计与施工

一般来讲，回采进路在设计上都不会违反上下交错布置的原则，矿山出现的上下分段回采进路未能严格交错布置甚至重叠的现象，多数情况是在巷道掘进时出现偏差所致。因此，把好掘进施工时的质量关就显得尤为关键。

首先，在进行分段回采进路的设计时，应该以上面分段的已掘巷道的实测图为设计依据，建议在设计分段进路时将上分段的实测进路位置投影到本分段的平面图上，确保本分段回采进路与上分段进路的菱形交错布置。其次，地测人员要严格控制在巷道掘进时出现的误差。一旦巷道的实际掘进位置偏离设计位置达到0.5m左右时，必须予以纠正。第三，掘进时应主要以上下分段进路是否严格的交错布置作为检验的标准，而不能以相邻巷道之间的间距作为检验的标准，特别是不能采用已施工好的穿脉巷道作为设计及施工回采进路的基准位置，避免累计误差导致上下分段回采进路出现严重的偏移甚至重叠现象的发生。第四，当上下分段的穿脉巷道已经出现偏移或重叠现象而非严格菱形交错布置时，可以考虑采用小幅调整进路间距的方法逐步将大部分进路调整为菱形交错状态。

对于上下分段回采进路已经出现偏移或重叠的地段，应该采取必要的技术及管理措施，减少对正常回采及矿石回收的不利影响。可以采取的措施包括：

（1）准确界定拟崩落矿层的实际形态，按照实际的崩落形态科学合理地布置炮孔，改善爆破效果，避免大块、悬顶、立墙、"冲炮"、拒爆等事故发生，确保爆破质量。

（2）研究表明，当上下分段回采进路出现偏移甚至重叠时，适当降低出矿的贫化程度，有利于改善回收效果。因此，采用"低贫化放矿"或"组合放矿"方式并建立完善的放矿管理台账，对不同部位、不同区段实现精准的放矿控制与管理，减少因回采进路为严格按照交错布置对矿石回收造成的不利影响。

对于大顶山矿区来讲，还存在着以是否有矿可采作为是否掘进回采巷道以及决定回采巷道长度的依据的做法，甚至出现无矿就不掘进或掘了不采的现象，这种做法将严重影响上分段残留矿石的充分回收，并且对下分段矿石的正常回收是十分有害的。为此，建议矿山在出现矿体不连续或矿体厚度出现剧烈变化时，应及时由地测部门将有关信息反馈到矿山技术部，由矿山技术部研究后提出巷道设计或施工的调整方案，力求尽量避免矿体中间出现未崩落的实体矿岩。

此外，大顶山矿区还存在部分下盘运输联络巷道过于靠近矿体的问题。由于矿体的倾角非常缓，下盘联络巷道太靠近矿体，往往会出现下盘切岩巷道长度不足的问题，不利于下盘三角矿体以及上盘残留矿石的回收。建议适当加大下盘联络巷道与矿体的距离（一般应达到8~10m以上），为下盘三角矿体以及上分段的下盘残留矿石的充分回收提供必要的空间条件。

至于回采巷道的变形、冒落以及垮塌等由于地压引起的采准工程质量问题，可以采取的解决方法包括：

（1）调整掘进及回采顺序，及时、充分放顶，实现"卸压开采"，保证回采巷道的稳定与完整。

（2）借鉴类似矿山经验，在破碎地带通过光面爆破、改变巷道断面形状等措施，可减少掘进时对围岩的破坏并提高巷道自身承压能力。同时，尽量不在矿体中掘沿走向的联络巷道，避免出现"十"字交叉路口，降低应力集中程度。

（3）加强对破碎带回采巷道的支护。一般来讲，"锚杆＋金属网"支护技术可以满足大部分地段的巷道支护需求，但需要做到及时开挖，及时支护。根据类似矿山的生产经验，回采进路采用"锚杆＋金属网"支护工艺，不仅比常规锚喷网工艺掘进速度快、支护效果好，而且成本还降低约20%，建议矿山选择合适地点进行试验。

9.5.3　切割工程的设计与施工

9.5.3.1　切割槽施工设计

矿山的切割工程存在一些习惯性非规范设计的问题，主要是切割槽位置没有避开上分段有切割平巷、回采巷道以及破碎的矿岩接触带等不利位置；同时，切割井的高度没有达到应有的高度，多数切割井的高度为11m左右，部分切割井高度仅为6~7m；此外，切割井断面尺寸及高度均不能得到有效保证。

因此，需要改变现行的习惯性非规范设计方法，严格按照实际崩落矿岩层高度布置切割天井并形成切割槽，保证切割井和切割槽有足够的高度。

需要注意的是，对于缓倾斜的矿体条件，每分段的切割槽基本上是开凿在未崩落的上盘围岩中，切割立槽的形态应为矩形。同时，正常情况下矩形切割槽高度应超出分段高度与桃形矿柱高度之和0.5~1.0m左右，这样才能减少后续排面的爆破夹制，避免悬顶的出现。为保证后续炮孔顺利崩落，对于10m×10m的结构参数，合理的切割槽高度（从回采巷道底板算起）至少应在18m左右；而对于15m×10m的结构参数，其合理切割槽高度应在21m左右，才能形成与后续扇形孔爆破形态相适应的补偿空间。

9.5.3.2　切割槽位置的确定

正常情况下，分段切割槽的位置应位于回采巷道与矿体上盘边界的交界处。但是，由于多种因素的影响，该位置常常存在上分段的回采巷道以及切割平巷，限制了切割槽的布置以及形成质量。因此，在考虑切割槽的位置时，应尽量避开上分段的回采巷道、切割平巷以及破碎的矿岩接触带等不利位置，确保形成的切割槽有效断面尺寸和高度满足后续炮孔爆破的需要。具体可将切割槽的位置前移或后退3~4排（约5~8m），避开破碎带或其他不利位置后进行拉槽。虽然这样会暂时损失极小部分上盘矿量或者是多进行几排的废石回采，但是切割槽质量的提高直接保证了后续爆破及矿石回收效果。因此，从大局上来看，这是解决矿山拉槽困难、爆破效果差这一严重问题的有效措施。

9.5.3.3　切割拉槽施工工艺

目前矿山主要采用的是切割平巷结合切割天井，这种方法较为可靠，但是切割工程相对也要大一些。然而，大顶山矿区矿体形态走向复杂多变，地质情况复杂，很难用一种方法就解决所有的拉槽问题，一劳永逸，因此这里根据矿山的具体情况提出几种适合复杂条件下的拉槽方式。

在切割方法上，在有效避开破碎带的情况下，切割平巷结合切割天井以及"单进路拉槽"的方法都是比较可靠的。切割井的形成除采用传统的浅孔掘进方法外，空孔一次成井法是一种比较经济和安全的方法，建议矿山进一步总结经验，提高切割井的形成质量。

需要注意的是，鉴于矿山目前实际生产中采用单进路拉槽时，还存在着采取一次成井成槽的做法。这种方法不仅拉槽质量很难得到有效保障，对后续炮孔的破坏也相当大。因此，建议矿山严格采取分次爆破的方法形成切割槽，如图9-20所示，即先爆破切割井炮孔，将崩落矿岩全部运出，为后续爆破提供足够的补偿空间，然后再对切割井周围的几排扇形孔进行爆破，这样会取得更好的成槽

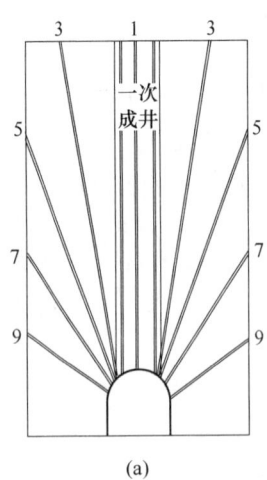
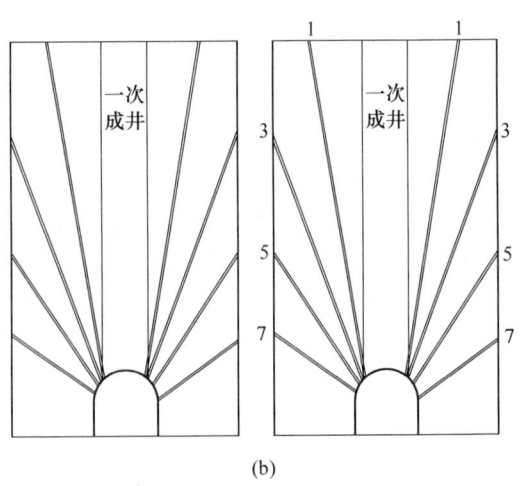

(a)　　　　　　　　　　(b)

图9-20　不同成槽方式设计图

（a）一次成槽示意图；（b）先成井后成槽示意图

1~7—起爆段数

效果。

　　由于采取目前的空孔成井法的质量有时难以保证，而常规的浅孔掘进法效率低、安全性差。对于特别破碎的地段，前述两种方法均难以成井和成槽。因此，也可以考虑采用所谓的"无井成槽"的替代方案。

　　所谓无井成槽是指利用回采进路端部的切割平巷中的扇形炮孔，利用切割平巷切割自由面与爆破补偿空间，一次微差爆破形成切割槽的方法，主要有两种方式，即楔形对称平行深孔拉槽法（如图 9-21 所示）和平行扇形孔成槽法（如图 9-22 所示），分别可以用于正常情况下难以形成切割井的情况。

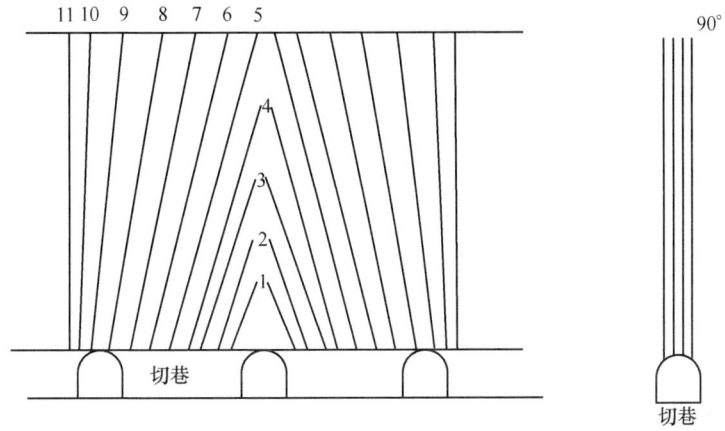

图 9-21　楔形对称平行深孔拉槽方式示意图

1~11—炮孔起爆顺序

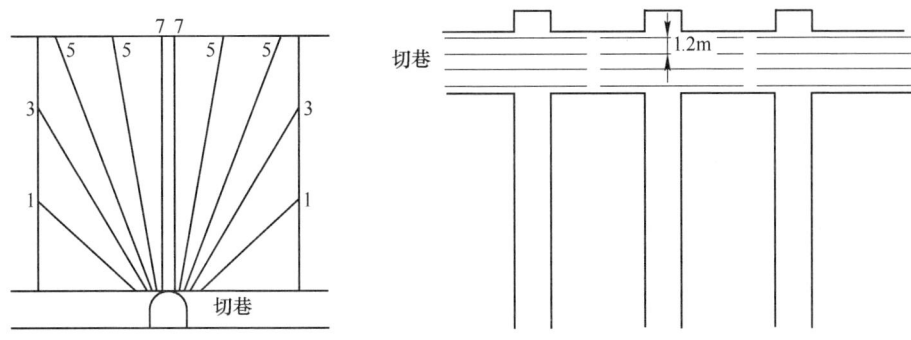

图 9-22　平行扇形孔成槽

1~7—起爆段数

　　第一种拉槽方式主要用于矿体上盘边界比较规整的情况，几条进路同时形成一个大的切割槽。对称倾斜炮孔从 48°逐渐增至 90°，同一排面内的炮孔角度左右对称，每排 3~4 个炮孔，孔与孔之间相互平行。由于这种爆破的夹制性大，所以消耗的炸药要比一般爆破多，尤其是掏槽炮孔。为了保证拉槽成功，应该在掏槽炮孔爆破后对各进路进行出矿，然后再对拉槽孔进行爆破。为了防止掏槽孔爆破后对拉槽孔产生损坏，从而导致拉槽孔无法装药，可以对拉槽孔进行预装药措施进行试验。这种拉槽方法已经在金山店、小官庄等矿山取得成功，而这些矿山的岩石也比较破碎，条件和大顶山矿区比较相似，因而可在大顶山矿区试验。

第二种成槽方法主要用于矿体上盘边界变化较大的情况。此时进路间的切割平巷单独掘进，无须联通。进路端部布置 3~4 排小排距上向平行扇形炮孔，以切割平巷为爆破自由面及补偿空间，从边孔开始微差分段起爆，逐排一次爆破成槽。切槽炮孔施工与进路回采炮孔凿岩方式基本相同，每排只需移动凿岩机一次。在安全条件下尽量扩大切割巷的断面，以提供更多的补偿空间，且进路端部最好超出切割平巷 1.0m 左右，以便凿岩施工。

9.5.4 悬顶的预防及处理

就大顶山矿区情况看，影响矿山正常生产和矿石回收效果的直接表现是采区出现频繁而大面积的悬顶事故，严重时几乎是"每爆必悬"。频繁而大面积的悬顶事故，导致矿山损失贫化严重、采矿秩序混乱、作业安全程度显著降低等严重后果。

现场调查及分析发现，造成大顶山矿区出现悬顶的原因可以归结为技术及管理两个层面。从技术层面看，主要是切割井设计高度不达标，另一个就是对于当切割井穿过破碎带时没有采取行之有效的措施来保证切割井的质量。这两个问题直接导致拉槽不能满足后续炮排的爆破需要，进而导致矿山悬顶频现。同时，中深孔质量问题也是非常重要的因素之一，主要是设计炮孔深度不足及成孔后出现的塌孔、错孔等问题。此外，如果同一采场内相邻进路不能保持平行退采，两条进路间的桃形矿柱便有可能变为支撑上部拱顶的矿柱，从而导致悬顶情况的出现。

从管理层面看，由于管理制度不完善以及缺乏有效的技术处理措施，矿山对于已经出现的悬顶一般不能及时安全有效地处理，对于大规模的悬顶大多采用竹竿顶药包的方式处理，这种方式效果欠缺而且十分危险。对于中小规模的悬顶，矿山一般不采取处理措施，而是继续进行下一排的中深孔爆破工作，待空场面积增大后待其自然冒落。但是实际情况往往是下一排的爆破由于前方悬顶的爆破夹制作用极易出现再次悬顶，如此一来悬顶规模越来越大，采场地压也越来越大，不仅回采巷道容易受到地压的破坏，悬顶（空场）状态下出矿的安全性也难以保证，而且还会造成严重的矿石损失与贫化。此外，部分夹石地段没有回采进路或者有回采进路但没有爆破回采，也是管理层面造成悬顶的原因之一。

应该说，无底柱分段崩落法矿山特别是具有破碎及缓倾斜中厚矿体条件的矿山，生产中出现一定比例的悬顶、大块以及推排等生产事故是难免的，但对悬顶等生产事故的处理与否以及如何处理等，则在很大程度上影响到矿山生产及矿石回收效果。目前，矿山处理悬顶的主要方法有气球带药法、竹竿带药法、自然冒落法、前倾孔爆破技术、硐室法以及炮孔孔底扩壶爆破法等。这些技术方法有着不同的使用范围和优缺点。自然冒落法适用于较小规模的悬顶情况，随着时间推移及悬顶暴露面积的增大，悬顶将因为其上方覆岩压力的增加冒落，虽然这种方法几乎没有什么经济成本，但其危险性却较高；由于受药量的限制，气球带药法和竹竿带药法一般用于处理较小规模的悬顶，这两种方法的可靠性都较差；硐室法一般用于处理较大规模的悬顶，虽然该法成功率较高，但其缺点是周期较长、工序繁杂，对正常生产产生的影响较大；前倾孔和孔底扩药壶法一般也用于处理较大规模的悬顶，但这两种方法都极易对后续其他炮排产生破坏，进而造成后续炮排爆破后再次悬顶。

因此，针对大顶山矿区的实际情况，解决采矿生产过程中频繁及大面积悬顶的问题，首先应该在预防悬顶的发生方面下功夫，重点是在回采巷道的布置以及稳定性维护、切割方法及工艺、中深孔爆破设计与施工等方面严格按照相关的规范进行。同时，对于出现的悬顶等生产事故，必须及时进行处理。必须坚持的原则是：悬顶未处理，后续的采矿生产不能继续进行。

至于悬顶的处理方法及工艺，首先应该考虑主动处理的技术措施，过去那种放任不管、靠矿山地压自然冒落的方式在大顶山矿区是不合适的。除前述的竹竿（气球）药包爆破法、前倾补充炮孔爆破法、炮孔孔底扩壶爆破法以及硐室爆破处理等生产矿山常用的方法外，大顶山矿区还可以考虑利用相邻进路侧向倾斜炮孔爆破法来处理悬顶的方法（见图9-23）。此法处理悬顶的原理为：出现悬顶后，技术人员到现场实地踏勘悬顶规模，结合悬顶位置、大小绘制实测图，找出悬顶的支撑点所在位置，由此确定出侧向倾斜孔的位置及数量，然后在相邻进路

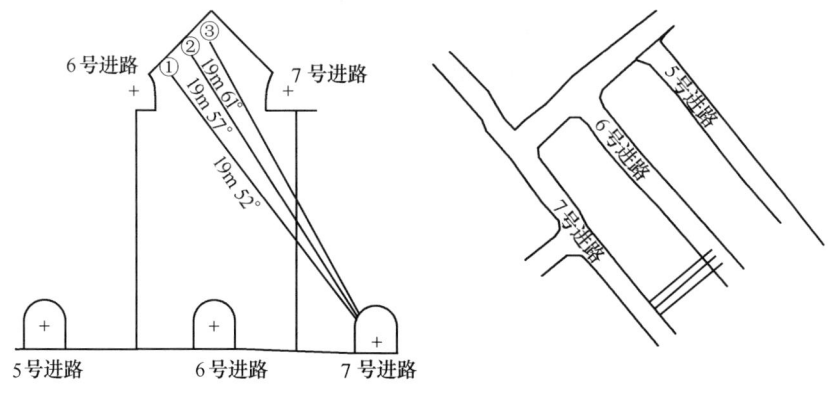

图9-23 相邻进路侧向倾斜炮孔爆破法处理悬顶示意图

中向悬顶部位打侧向倾斜孔进行爆破处理悬顶。此方法的关键在于侧向倾斜孔能否精确穿过悬顶的支撑点，而在装药时只需对经过支撑点部位的炮孔进行装药，爆破后可实现处理悬顶的效果。

　　此法适用于处理各种悬顶，尤其是在矿岩破碎、节理裂隙发育条件下处理大规模悬顶事故更显其优越性。在其他方法不奏效或不够经济的情况下，可以考虑采用这种利用相邻回采进路处理悬顶的方法。因为利用这种方法处理悬顶时不会对其他炮排产生较大的破坏，而且成功率较高，施工工序简单。缺点是悬顶处理后大块较多，施工精度要求较高。

9.6　下盘三角矿体合理回收工艺

　　对于缓倾斜中厚矿体无底柱分段崩落法矿山上下盘三角矿体回采范围的确定，过去由于缺乏一个明确的技术规范，操作上的随意性很大。包括大顶山矿区在内的许多生产矿山通常结果是上盘切岩过多、下盘切岩过少。上盘切岩过多，导致过大贫化；而下盘切岩过少，导致上分段转移矿量及下盘残留矿量回收不足。

　　据调查，大顶山矿区下盘退采不充分时切岩高度一般在 3.6～7.6m 左右，极少实现了下盘充分回收情况；同时，大顶山矿区每个分层下盘退采不充分进路数目至少占分层总进路数目的 50% 以上。如果按每个分层 40 万吨矿量计算，则每个分层至少有 8～10 万吨矿石损失在下盘未采部位，这个数量是惊人的。同时，由于矿山联巷布置不合理，过于靠近下盘，为回收这部分矿石造成了相当大的难度。因此，采取何种工艺回收已经损失的下盘矿石以及确定出合理的下盘切岩范围对矿山至关重要，因为对于缓倾斜矿体而言下盘矿石能否充分有效回收，很大程度上决定着整个采矿方法的矿石回收效果。

　　研究表明，缓倾斜中厚矿体上下盘三角矿体合理回采范围的确定，需要综合考虑矿石充分回收、出矿允许贫化程度、地压管理等因素来确定。采用"垂直分区、组合放矿"的无底柱分段崩落法新方案，不仅可以方便地确定上下盘三角矿体部分的切岩长度，还可以很好兼顾下盘残留矿石的充分回收、最大限度降低贫化以及有效管理地压等需要。就大顶山矿区缓倾斜中厚矿体的开采条件看，完全可以也应该考虑采用"垂直分区、组合放矿"的无底柱分段崩落法新方案。

　　如前所述，对于类似大顶山矿区的缓倾斜中厚矿体条件来讲，即便是采用"垂直分区、组合放矿"的无底柱分段崩落法新方案，也不能完全回收下盘残留矿石，一般情况下仍有约 10% 的分段矿量没有回收。而继续加大下盘退采范围的做法，也不能解决下盘残留矿石有效回收的问题。因此，辅助进路回收下盘残留矿石技术，对于资源状况比较紧张或矿石价值较高的矿山来讲，应该成为缓倾斜中厚矿体条件无底柱分段崩落法矿山的重要补充措施。

其实，辅助进路回收下盘残留矿石的技术，不仅可以用于回收无底柱分段崩落法下盘切岩退采不能有效回收的残留矿石，也能够同时用于回收悬顶以及回采巷道垮塌损失的矿石。这是因为辅助回采进路位于回采进路间柱中或间柱水平以下，可以有效避开悬顶及垮塌的回采巷道，因而可以重新布置炮孔对损失矿石进行"二次回收"。特别是对于像大顶山矿区这样的破碎矿体，悬顶及回采巷道垮塌事故发生通常具有连续性，进路间柱辅助进路回采可以一直推进到没有悬顶及巷道垮塌的崩落区为止，损失矿量的回收可以更加充分。

据统计，大顶山 2540、2550、2560 三个分层回收率均只在 50% 左右，矿石损失情况极为严重。仔细分析大顶山矿区矿石损失严重的原因可以看出，除下盘退采不充分以及退采难以回收的下盘残留矿石外，约 50% 矿石损失中相当部分是属于悬顶及回采巷道垮塌造成的矿石损失。粗略估算这部分矿石损失接近 10 万吨，约占矿山总损失率的一半。显然，要解决大顶山矿石损失严重的问题，除在今后的生产过程中尽量避免和减少悬顶和回采巷道垮塌等事故以及发生事故及时有效处理外，设法回收过去因为悬顶及回采巷道垮塌造成的矿石损失也很重要。

因此，对于大顶山矿区来讲，利用辅助进路回收下盘残留矿石的技术方案，具体实施方案为从分段斜坡道（或下盘联巷）掘进巷道至下盘残留矿石下部。考虑到此巷道经过下盘联巷下部并靠近上分段回采进路松动圈，因此，出于巷道稳固性考虑，其位置一般应低于上分层水平 5~6m。当巷道掘进至三角矿锥末端下部时，继而掘进垂直于进路方向的联巷，然后由联巷向残留矿石下部掘进辅助进路。由于矿山之前的悬顶及巷道垮塌情况十分严重，很有可能在下盘甚至中间部位还残留着一定规模的未崩落矿石，因此辅助进路的掘进不必受施工设计长度的限制，可以一直掘进至崩落区为止，然后由辅助进路向上钻凿扇形中孔，进行爆破作业回收残留矿石。大顶山矿区辅助进路回收下盘残留矿石示意图如图 9-24 所示。

当然，如果下盘退采已经比较充分，此时可以将辅助进路直接布置在上分段两条进路桃形矿柱之间，利用辅助进路回收上分段三角矿锥及其上部脊部残留矿石。如果采场同时还存在悬顶及巷道垮塌造成的损失矿量，也可以将进路间柱中的辅助回采进路向前延伸至悬顶及巷道垮塌位置，实现对损失矿量的回收。

应该说，破碎及缓倾斜中厚矿体无底柱分段崩落法结合下盘辅助进路的回收方式大大提高了矿石回收率，同时也使无底柱分段崩落法对矿体条件的要求大大降低，为无底柱分段崩落法适用性的提高做出了重大贡献。事实上，大顶山矿区正是因为下盘残留矿石以及对悬顶及回采巷道垮塌损失矿量的"二次回收"技术的应用，实现了对已采分段损失矿石的"再回收"，下盘残留矿石"二次回

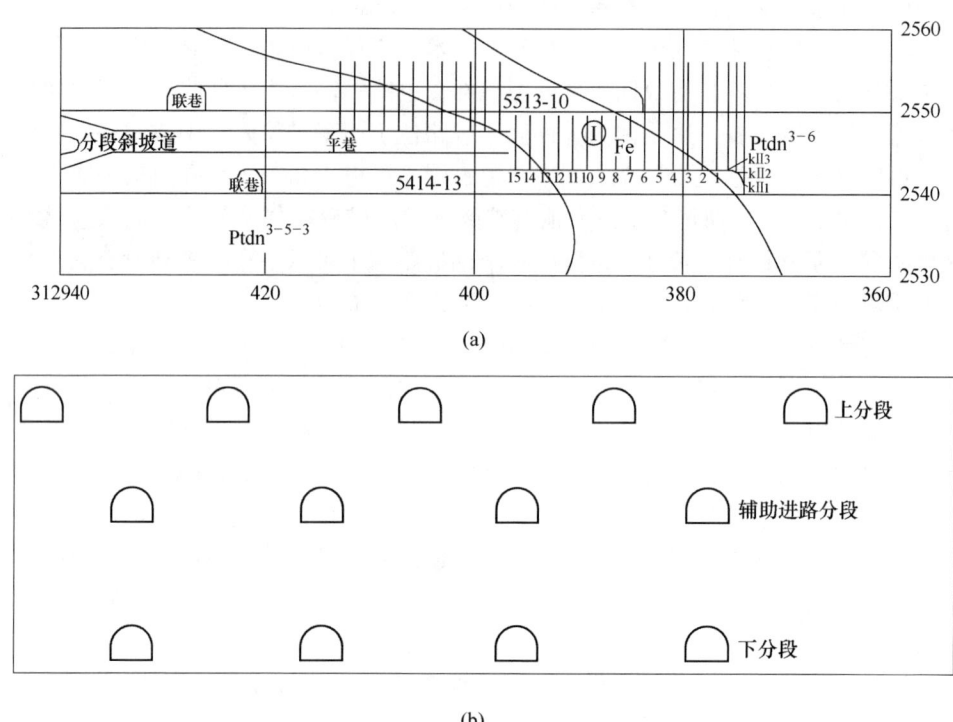

图 9-24 下盘辅助进路布置方式示意图

（a）沿回采进路方向；（b）垂直回采进路方向

收"采出矿石量甚至接近主采区的产量。这不仅回收了大量矿石资源，也在很大程度上缓解了主采区的产量压力，给主采区时间及空间对炮孔、回采进路、悬顶事故以及回采顺序等方面存在问题进行处理和补救，矿山正常的生产秩序得以恢复。

9.7 放矿管理方式及放矿工艺的改进

9.7.1 概述

一直以来，包括大顶山矿区在内的许多具有复杂开采技术条件的无底柱分段崩落法矿山，并没有根据矿体不同部位具有不同开采及回收条件，采取不同的放矿方式及放矿工艺，而是采用一种比较单一的放矿管理方式，即所谓的传统"截止品位放矿方式"。应该说，从放矿管理的角度看，都属于是比较粗放和不科学的放矿管理方式，造成严重的矿石损失与贫化在所难免。

因此，针对大顶山矿区目前粗放式的放矿管理方式及工艺来讲，要有效降低矿石的损失与贫化，需要在放矿方式、放矿管理等方面进行必要的改进和优化，具体可以采取的技术措施包括：（1）根据不同的矿体条件及回收条件确定合适的放矿方式。（2）根据矿山的技术经济条件确定合理的截止品位及截止放矿时的工作面矿岩比例，为科学的放矿控制与管理提供依据。（3）对放矿过程实施更为精确、精细的操作，包括建立采场、进路及步距的出矿管理台账、对放矿截止的时机进行精准控制；同时，针对上下盘三角矿体开采出矿石局部出现的"全废"出矿作业等，开凿专门的废石溜井，严格实行"分采分运"，有效减少不必要的矿石贫化以及人为造成的无效贫化。下面结合大顶山矿区的具体情况就上述几个技术措施分别进行讨论。

9.7.2 合理放矿方式的确定

对于大顶山这类矿体倾角缓且厚度不大、垂直矿体走向布置进路的无底柱分段崩落法的情况来讲，每一分段都可以被划分成为三个不同的区段，即靠近上盘只能矿岩混采的三角矿体、靠近中间的正常回采区段以及靠近下盘的混采三角矿体。研究表明，由于不同区段矿体的崩落矿量、形态以及作用的不同，需要采用不同的放矿方式，才能充分有效地回收矿石，降低不必要的贫化，取得较好的矿石回收效果。事实已经证明，大顶山矿区过去那种不区分具体情况统一采用传统截止品位放矿方式或采取比较随意的放矿管理方式，都难以取得比较满意的矿石回收效果。

鉴于大顶山矿区的实际情况，完全可以采用"垂直分区、组合放矿"的无底柱分段崩落法新工艺，针对同一水平不同区段崩落矿量、形态及作用的不同，分别采取"松动放矿（上盘三角矿体）""低贫化放矿（中间矿段）"和"截止品位放矿（下盘三角矿体）"三种放矿方式，并配合不同的边孔角设计、"分采分运"以及进路间柱辅助进路回收技术等，实现综合放矿效果最佳的目的。具体的操作方法可按照前述的"垂直分区、组合放矿"技术方案进行。

9.7.3 合理放矿截止品位的确定

不同的放矿方式，有不同的放矿截止条件。"松动放矿"通常是按照放出矿量占崩落矿量的比例来进行控制，一般为30%左右；而"低贫化放矿"和"截止品位放矿"都需要确定一个明确的截止放矿条件，通常用截止放矿时出矿工作面的矿石品位来作为其放矿截止条件，截止放矿时工作面矿石品位就是放矿截止品位。

传统的截止品位定义是，对于一个孤立的放矿口来讲，崩落法的放矿过程可以分为纯矿石放出和贫化矿石放出两个阶段。在贫化放矿阶段，放出矿石的品位逐步降低，贫化率逐步增加。当混入矿石中的废石达到或超过一定限度后，放矿过程停止，此时对应的瞬时放出矿石品位（当次放出矿石品位）称之为截止品位，而截止放矿时混入废石的比例或放出矿石品位通常是按照当次放出矿量盈亏平衡的方式计算得出。由此可见，传统的截止品位虽然是一个用于控制放出进程的技术性指标，却完全是根据经济计算的方法得出。图 9-25 给出了单漏口放矿时矿石回收与贫化关系曲线。

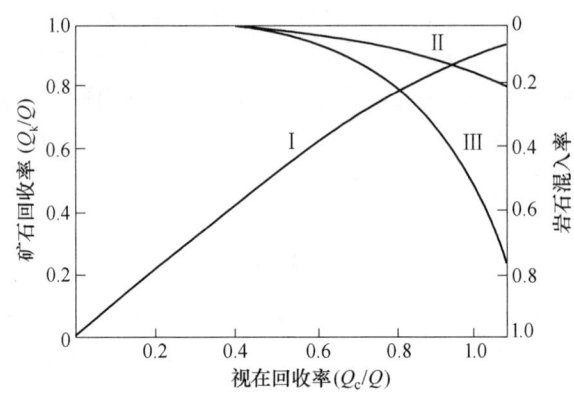

图 9-25   单漏口放矿时矿石回收与贫化关系曲线
Ⅰ—矿石回收率曲线；Ⅱ—平均岩石混入率曲线；Ⅲ—当次岩石混入率曲线
Q—地质储量；Q_k—采出地质储量；Q_c—采出矿量

　　应该说，截止品位是崩落采矿法特别是有底柱崩落法放矿管理中的一个极为重要的技术经济指标，它在很大程度上决定了崩落法的总体损失贫化指标，进而影响到矿山的总体技术经济效果。若是截止品位过高，则表示在有利可图情况下停止放矿，将使矿山损失增加并减少矿山总体赢利额。反之，若截止品位过低，则将增大矿山的贫化并使增加的矿石产量的收益不能弥补加工（放矿、运输、提升、选矿等）这部分矿石的开支，同样导致矿山的总赢利额降低。

　　显然，截止品位作为一个控制崩落法放矿进程以及矿石回收效果的指标，既是一个技术指标，也是一个经济指标。但是，从目前截止品位的确定方法来看，完全是从经济角度而非实际放矿过程进行考虑。更为重要的是，截止品位的确定是基于对一个孤立放矿口的放矿过程以及矿石损失贫化规律的认识，其合理性是建立在采场中的崩落矿石如果不及时放出就会成为永久损失这一假定的前提下。

　　然而，对于无底柱分段崩落法为代表的具有放矿连续空间的崩落采矿法来讲，各回采及放矿单元之间（步距与步距之间、分段与分段之间）的放矿过程及损失贫化规律有着非常密切的联系和影响；同时，采场中的崩落矿石如果不及时放出就会成为永久损失这一假定并不总是成立的；此外，实际矿山矿体不同部位的开采及矿石回收条件也是不同的。矿床开采追求的是整体的回收指标最佳，效益最好，而非某一个单独的回采单元的回收效果，一个矿山也不应该采用一个统一的截止品位来控制放矿进程。可以说，正是因为传统截止品位放矿方式，忽视无底柱分段崩落采矿法的特殊性，不仅未能实现充分回收矿石资源的目标，还在相当程度上导致了采出矿石贫化严重的问题。

因此，对于无底柱分段崩落法矿山，特别是具有复杂开采技术条件的矿山，应根据矿石开采及矿石回收特别是放矿条件，灵活调整放矿截止品位，不同的矿石回收条件，采用不同的截止放矿品位，可以使崩落法矿山取得更好的技术及经济效果。应该说，此时确定的放矿截止品位，已经不再是一个单纯的经济指标，而是具有更加丰富的技术内涵，成为控制不同开采部位最佳放矿截止时期的技术指标。

当然，对于只有一次回收机会的崩落矿石及残留矿石，例如矿体最后一个分段以及缓倾斜矿体的下盘三角矿体等，放矿时采用的截止品位仍然保留着其基本含义，即能使放出矿石获得最大经济效益。因此，实际生产过程中需要针对两种情况确定其截止放矿品位，即崩落矿石具有再次回收机会采用低贫化放矿方式的截止放矿品位和只有一次回收机会的截止品位放矿方式的截止放矿品位。

需要说明的是，有些矿山将圈定矿体边界品位作为放矿截止品位使用，即便是对于崩落矿石只有一次回收机会的截止品位放矿方式来讲，从经济上讲也是不合适的。边界品位是针对矿体开采前的所有费用（勘探、开拓、采切、回采、运输、选矿等）来进行考虑的一个边际品位指标。而放矿截止品位则只需要考虑放矿及以后加工环节（运输、提升、选矿等）的费用，它主要是针对暂存在采场中已经崩落的待放矿石而言。因此，对于只有一次回收机会的崩落及残留矿石来讲，其经济合理的放矿截止品位应该低于圈定矿体的边界品位。

截止品位放矿方式采用的截止品位的确定方法有多种，包括简化计算法、单位采出矿石赢利最大原则、单位工业储量赢利最大原则以及当次放矿收支平衡法。但目前最常用的还是后一种，即按照边际经济条件，取当次（瞬时）放矿单位矿石收支平衡条件确定截止品位。

（1）简化计算法。

$$截止品位\ C_{jz} = 边界品位\ C_{bj} \times （1 - 采矿贫化率\ P） \tag{9-1}$$

例如，对于泸沽铁矿大顶山矿区：$C_{bj} = 20\%$，$P = 35\% \sim 38\%$，则 $C_{jz} = 13.0\% \sim 12.4\%$。

需要强调的是，上述计算方法并没有多少技术和经济的依据。事实上，采矿方法的贫化率主要是由放矿截止品位确定的，这种先确定贫化率再计算放矿截止品位的方法，其合理性并不充分。但是，这种方法的优点是简单、方便，与其他几种计算方法的结果相当接近，在要求不是十分严格情况下可以采用。

（2）当次放矿收支平衡法。

$$C_{jz} = \frac{F \times C_j}{H_x \times M_j} \times 100\% \tag{9-2}$$

式中　F——每吨矿石放矿及以后的费用，包括放矿、井下提运、地面运输、选
　　　　　矿等费用，元/吨；

　　C_j——精矿品位，%；

　　M_j——精矿售价，元/吨。

按照泸沽铁矿 2010 年 1～12 月实际指标，$F = 149.3$ 元/吨（选矿 122.30 元/
吨 + 放矿等 27.0 元/吨），$H_x = 94.7\%$，$C_j = 58.90\%$，$M_j = 500～600$ 元/吨，则
$C_{jz} = 15.4\%～18.5\%$。由此可见，按照当次放矿收支平衡法计算出的放矿截止品
位较简化计算法得出的截止品位高一些。

由于按照当次收支平衡原则计算出的放矿截止品位受精矿售价以及采出矿石
的采选成本影响明显，而铁矿石（包括精矿）价格变化非常频繁且幅度很大。
因此，很难确定出一个稳定可靠的截止品位来控制放矿进程。因此，鉴于大顶山
矿区的矿石可选性很好且矿石的储量极为有限，同时目前铁矿石售价较高，建议
将矿区的截止品位确定为 12%～15% 左右，以提高矿山整体的矿石回收率。降低
贫化率主要是通过减少不必要的岩石混入实现如"上下盘三角矿体实行分采分
运"以及中间分段实行"低贫化放矿"等。

对于实行低贫化放矿的截止品位的确定方法，目前还没有一个明确而系统的
方法，但可以遵循"放出矿石贫化最低"的原则来进行确定。根据作者对无贫
化放矿方式的研究，正常情况下，步距放出矿石的废石混入比例控制在 5% 左右
时，可以看作是准确判定覆盖层废石正常到达出矿口的标准，此时其对应的当次
放出矿石废石混入比例约为 10%。当然，对于像大顶山矿区这种厚度小、倾角
缓的复杂矿体以及覆盖岩石块度较小、粉状物比例大的情况，其覆盖层废石正
常到达出矿口的判定标准可适当加大废石混入比例，步距的放出矿石废石混入
率控制在 5%～8% 左右，截止出矿时当次混入废石率可控制在 10%～15%
左右。

9.7.4　截止放矿时出矿工作面矿岩比例的确定

由于常规的工作面取样化验往往不能满足准确控制出矿的需要，为方便管
理，生产矿产通常根据出矿工作面废石比例来控制截止出矿的时机。截止出矿石
工作面的废石比例（体积比）可以通过计算得出，其计算公式为：

$$Y_V = 1 \left/ \left[1 + \left(\frac{1}{P} - 1 \right) \times \frac{\gamma_y}{\gamma_k} \right] \right. \tag{9-3}$$

式中　Y_V——截止放矿时的岩石体积混入率，%；

　　P——截止放矿时的当次贫化率，%，$P = \dfrac{C - C_{jz}}{C} \times 100\%$，对于大顶山矿区，

　　　　矿石地质品位 $C = 46\%$，若 $C_{jz} = 12\%～15\%$，则 $P = 67.4\%～73.9\%$；

γ_y——混入岩石的体重，大顶山矿区 $\gamma_y = 2.7 t/m^3$；

γ_k——放出矿石的体重，大顶山矿区 $\gamma_k = 3.5 t/m^3$。

将以上数据代入式（9-3），则得截止放矿时出矿工作面的岩石比例（体积比） $Y_V = 72.8\% \sim 78.7\%$。

也就是说，当大顶山矿区需要采用截止品位方式控制放矿时，其工作面的岩石比例（体积比）最高可以达到 70% ~ 80% 左右。如果是采用面积比，根据计算，截止放矿时工作面岩石所占比例也大约为 75%。

对于低贫化放矿方式，当截止放矿时的当次放矿矿石的废石混入率控制在 10% ~ 15% 时，其对应的截止出矿品位分别为 41.4% 和 39.1%，截止岩石体积混入率为 18.6% 和 12.6%。也就是说，当大顶山矿区各分段中间矿段采用低贫化放矿方式时，其截止出矿时出矿工作面岩石比例可以控制在 15% 左右。

9.7.5　精细化的放矿管理

鉴于大顶山矿区的放矿管理在过去一直是一种比较粗放的方式，为取得良好的效果，必须加强放矿管理。可以采取的技术措施包括：

（1）严格按照已确定的放矿方式及合理截止品位（工作面矿岩比例）控制放矿，避免少放，杜绝超放。

（2）采用一些科学手段（如磁化率仪等）对放矿工作面的品位进行比较精确的测定，实现对截止放矿的精确控制。

（3）建立详细的放矿台账，详细记录各采场、进路以及步距的崩矿和出矿情况，为下面分段的矿石回采设计与放矿管理提供详细的参考。

（4）放矿过程中出现大块、悬顶或隔墙等生产事故应及时处理，不能给后续的回采放矿造成任何可能的隐患。

（5）由于回采出矿时经常出现存岩石放出的情况，有必要根据情况设置专门的废石溜井下放废石，避免将存岩石倒入矿石井中造成不应该的矿石贫化。

9.7.6　恢复矿山正常回采顺序实现地压有效管理

9.7.6.1　概述

无底柱分段崩落法对于由上而下的回采顺序有着非常严格的要求，开拓、采准、切割以及回采等主要工序，不仅在时间上有着顺序超前的要求，在空间上也要求保持一定的超前要求，这是矿山维持正常安全生产以及取得良好回收效果的前提和保障，必须严格遵守。同时，鉴于无底柱分段崩落法在缓倾斜矿体中使用的实际情况，在矿体上盘及时有效地补充放顶工作是实现采场地压有效控制和管理的必要措施，必须予以高度重视并加以落实。

9.7.6.2　恢复矿山正常的回采顺序

针对矿山目前在回采顺序方面存在的主要问题，建议采取以下措施解决：

（1）加快2560m以上水平残留矿段的回收进度，减少同时生产的中段数目，尽快使同时生产的中段数减少至2~3个。

（2）有针对性地崩落下盘沿脉联络道特别是南部矿体，力争尽可能多回收上部分段的下盘残留矿石。

（3）加强对现在主要开采水平（2540~2560m水平）的管理，确保严格按照科学的时空超前关系进行推进，避免再度出现正常生产顺序受到破坏的现象。

（4）对于因地压活动出现的悬顶、立墙、巷道垮塌等生产事故，必须及时有效地予以处理，不留后患。

9.7.6.3　有效的采场地压管理

正常情况下，无底柱分段崩落法矿山的地压管理都比较简单。但是，对于具有破碎、缓倾斜中厚矿体条件的无底柱分段崩落法矿山来讲，其生产期间采场地压管理要复杂许多。据初步分析，大顶山矿区在地压控制与管理方面存在的主要问题如下。

（1）对矿山开采引起的地压活动规律不够了解，对如何控制与管理地压缺乏有效措施及手段。

（2）正常回采顺序破坏后产生出较大范围的次生支撑压力，对巷道造成较大破坏并影响矿石的正常回采。

（3）没有通过及时的放顶释放积聚的压力，也没有通过调整分段及矿块的回采顺序实现"卸压开采"。

为此，建议采取以下措施加以解决：

（1）设立专门研究项目，全面研究矿山地压活动规律，重点研究与采矿有关的地压活动规律，提出有效管理矿山地压的措施与办法。根据一般规律，山坡地下矿的地压活动主要是采矿引起的次生应力集中，原生地应力转移与集中并不显著。

（2）及时解决正常回采顺序受到破坏导致局部范围支撑压力显著增加的问题。同时，结合上盘三角矿体回采并考虑及时放顶的需要，通过"卸压开采"的方式实现对矿山地压的有效管理与控制。

（3）矿山各分段采用由北向南的开采推进顺序，有可能是造成南部矿块地压大、巷道垮塌严重的重要原因，可以考虑改变分段回采推进顺序（先南后北）、采用强采快掘南部矿块（阶梯工作面、以进路为回采单位等）的方式，尽量缩短南部回采巷道的存留时间、减少地压的危害以降低其支护等级。

（4）将破碎带作为单独的小回采单元（3～5 条进路），尽可能加快破碎带巷道的退采速度，减少巷道的存留时间。具体做法可借鉴西石门铁矿的经验，即在破碎地带采取"V"形工作面推进方式进行掘进和回采，中间进路超前掘进和退采并尽可能多地放出矿石，相邻进路适当滞后掘进和回采，形成"V"形退采工作面，从而造成局部的"免压拱"，为相邻巷道的回采创造良好的地压条件。

由于矿山地压管理与控制问题是一个非常复杂问题，影响因素很多。这里仅作了一些定性的分析。本项目主要是试图通过加强上盘三角矿体的回采、及时有效地补充放顶等回采工艺上的改进，一定程度上实现对采场地压的有效控制与管理。关于地压深层次问题的了解和地压管理与控制更加全面有效的技术措施，还需要专门的研究。

9.8 大顶山矿区无底柱分段崩落法合理结构参数

9.8.1 概述

无底柱分段崩落法结构参数（主要是分段高度、进路间距、崩矿步距）对采矿方法的影响主要在两个方面：（1）影响矿山的采切工程量大小进而影响到采切费用；（2）影响产能及采矿效率并一定程度影响到矿石回收效果（主要是矿石的损失贫化指标）进而影响到矿山开采的技术经济效益。

一般来讲，结构参数对采切工程量及开采费用的影响是直接而明显的。增大结构参数，可以显著降低采切工程量和采切费用，降低采矿成本。然而，结构参数的改变对产能及采矿效率特别是矿石回收效果的影响却比较复杂。根据研究，如果矿体开采条件较好（厚度大，倾角陡），结构参数可以在较大范围内调整而不至于显著影响矿石的回收效果，这为通过增大结构参数降低采切工程量、降低采矿费用创造了条件。因此，只要矿体开采条件较好，设备（主要是凿岩和出矿）能力合适，结构参数就可以适当增加。当然，结构参数之间需要维持一个比较协调的比例关系。同时，结构参数也不能过大。过大的结构参数不仅会严重影响凿岩效率、炮孔质量以及爆破效果等，也会造成悬顶及大块等生产事故频发、矿石回收效果变差等结果，最终影响到采矿的技术经济效果。

然而，当矿体开采条件较差特别是当矿体倾角比较缓、厚度又不大时，结构参数的改变将显著影响矿石的回收效果，其中分段高度对矿石回收效果的影响最为显著。如果结构参数不合理，将直接导致矿石的损失贫化显著增加，采矿的技术经济效果将显著恶化。

如前所述，大顶山矿区为适应矿山设备大型化的趋势，提高矿石产量，降低采矿成本，锦宁矿业有限公司计划通过加大结构参数的方式实施 100 万吨产量的"扩能改造"计划。事实上，由于历史的原因，大顶山矿区已经在 2540m 以下水平按照15m的分段高度准备开拓及采准工程。同时，按照昆明有色冶金矿山设计院的设计，大顶山矿区自2495m水平开始，无底柱分段崩落法的主要结构参数将调整为15m×12.5m，这样，大顶山矿区无底柱分段崩落法的结构参数变为了所谓的"大结构参数"方案。因此，有必要就现有结构参数情况下以及调整后结构参数的矿石回收效果以及影响因素进行分析与研究，提出改善矿石回收效果的技术措施。

9.8.2　主要结构参数对缓倾斜矿体矿石回收效果的影响分析

无底柱分段崩落法的主要结构参数包括分段高度、进路间距以及崩矿步距。研究表明，对于厚大直立矿体来讲，只要各主要结构参数之间能够保持在一个合理的比例关系，确保崩落矿石堆体（包括残留矿石）形态与放出体形态保持一致，无底柱分段崩落主要结构参数对矿石回收效果的影响较小，但对于缓倾斜的中厚矿体来讲，其影响也是比较显著的。下面分别分析无底柱分段崩落法几个主要结构参数对矿石回收效果的影响。

9.8.2.1　分段高度的影响

对于缓倾斜矿体来讲，分段高度主要是通过影响下盘矿石残留量的大小、矿岩混采矿量占分段矿量的比例来影响开采的矿石回收效果，主要是矿石损失贫化指标。一般来说，分段高度越大，倾角越小，下盘矿石的残留量越大，混采比例就越高，不可避免地将造成更大的矿石损失贫化。许多实验研究和矿山的生产实践都已经证明，缓倾斜矿体不宜采用较大的分段高度，特别是在矿体厚度也不大的时候，较大的分段高度不仅将造成很大且难以回收的下盘矿石残留，也将使大部分的分段矿量甚至全部的分段矿量必须以矿岩混采的形式采出，严重的损失贫化就难以避免。

根据研究，对于矿体倾角较缓（30°左右）、厚度不大（20m左右）、垂直走向布置进路的无底柱分段崩落法，从矿石回收的角度讲，宜采用较小的结构参数，特别是分段高度不能过大。按照一些学者的建议，缓倾斜中厚矿体的分段高度应在7~8m左右比较合适。显然，大顶山矿区目前的10m分段高度已经显得较大，15m就更加显得过大了，2540m水平以下的分段矿量可能基本上将全部以矿岩混采形式采出，这对于改善矿石回收效果极为不利，必须采取适当措施改善矿石的回收效果。当然，由于2540m以下水平采用15m分段高度已经是既成事实，无法改变，因而只能考虑在加大分段高度情况下如何改善矿石回收效果的技术措施，这包括分段上盘三角矿体及中间矿段的"松动放矿"或"低贫化放矿"以及下盘三角矿体的截止品位放矿、加大崩落步距及边孔角和辅助进路回收矿石技术的应用等。

9.8.2.2 进路间距的影响

进路间距对矿石回收的影响（与边孔角一起）主要体现在放矿后形成的脊部残留的大小上面。增大进路间距，将会使进路间的脊部残留增加。据粗略计算，当进路间距从10m提高为13m时，每个分段回采进路的掘进量将减少大约21%左右。同时，炮孔量以及炸药消耗量也将会有一定程度的减少。

物理模型实验结果表明，加大进路间距的实验回收指标还不如单纯增加分段高度以及同时增加分段高度和进路间距好。其原因可以解释为：由于垂直分区的分段数过少，残留矿石"上面丢、下面捡"的过程难以实现，单纯增加进路间距使增加的脊部矿石残留变成矿岩混杂层，没有回收进路的脊部残留无法得到充分回收，可能导致矿石损失的增加。同时，进路间距的加大，还将使大顶山矿区出现进路间距变化的过渡分段，这将进一步恶化矿石回收效果。因此，应该按照前述实验研究的结果，在充分回收下盘三角矿体矿石的基础上，采取下盘辅助进路回收等技术措施，确保矿石回收效果。当然，若有可能，建议大顶山矿区维持目前10m进路间距不变。

9.8.2.3 崩矿步距及边孔角的影响

崩矿步距主要影响放矿后形成的正面残留的大小，虽然比例不大，但也在一定程度上影响到整体的回收指标。从降低凿岩工程量角度看，希望适当增加崩矿步距，但过大的步距会对矿石回收效果产生不利影响，因此，步距不宜过大。根据研究，在目前10~15m的分段高度情况下，1.8~2.0m的崩矿步距是比较合适的。但对于下盘三角矿体区段，为减少岩石的崩落量，崩矿步距可以适当增加，一次可以崩落1~2排炮孔。实验结果表明，下盘三角矿体部分采用较大的崩矿步距，可以使贫化率显著降低3~5个百分点甚至更多。

分析表明，边孔角对回采的影响主要是脊部残留量和分段转移矿量的大小，但实验表明，边孔角的改变对最终矿石回收指标的影响却比较有限，可以说对矿石回收指标的影响是不显著的。因此，边孔角主要从补充放顶、凿岩以及减少不必要的岩石混入等角度考虑，在同一水平的不同采矿区段采用不同的边孔角，它们分别为：上盘三角矿体区段30°~35°，中间区段40°~45°，下盘三角矿体区段60°~65°。如前所述，增大下盘三角矿体部位的边孔角，可以在一定程度上起到减少崩落岩石量、减少永久脊部残留量以及降低边孔爆破的夹制性等效果。

9.8.2.4 矿体倾角与矿体厚度

虽然矿体厚度及矿体倾角不是无底柱分段崩落法的结构参数，但却是影响其矿体回收效果的关键因素。关于矿体倾角与矿体厚度对矿石回收效果的影响，已经有比较深入的研究。相关研究的基本结论是：

当矿体厚度不大于 33 ~ 35m 时，矿石回收率随厚度的增加而降低（矿体厚度增加，下盘损失增加）。当矿体厚度大于 35m 以后，矿石回收率随矿体厚度的增加而增加（倾角对矿石回收不利影响逐步减弱）。同时，矿石回收率随矿体倾角的增加而增加，但随着矿体厚度的增加，矿体倾角对矿石回收率的影响逐步减弱。

9.8.3 大顶山矿区不同结构参数的物理实验模拟研究与数据分析

鉴于大顶山矿区已经在 2540m 以下水平按照 15m 的分段高度准备开拓及采准工程，15m 的分段高度已成定局。因此，主要针对 15m 分段高度下的矿石回收效果进行实验研究，对比分析现行的 10m×10m 结构参数的回收效果；同时，研究 15m 分段高度情况下合理的进路间距、崩矿步距等结构参数，研究 15m 分段高度时增大进路间距（例如从目前的 10m 提高至 12 ~ 13m）的可能性等，为矿山减少采切工程量、降低采矿费用提供科学依据。此外，由于分段高度的增加，下盘残留损失显著增大的风险增大。因此，通过实验研究 15m 分段高度下降低下盘残留以及充分回收下盘矿石残留的技术措施与方法，也是物理模型实验模拟研究的重要内容之一。

9.8.3.1 不同边孔角、崩矿步距以及放矿和回收方式对比实验

该实验主要是对比研究在目前的 10m×10m×2m 结构参数条件下，不同边孔角及崩矿步距情况下的放矿效果，包括上盘三角矿体 30°边孔角、中间部位 45°边孔角、下盘三角矿体部位分别采用 45°和 70°边孔角时的放矿效果；同时，考察不同开采方式（垂直分区与否）、不同放矿方式（截止品位与组合放矿）、下盘三角矿体不同放矿步距（2m、4m）以及分采分运与混采等情况下矿石回收效果，为优化采矿结构参数以及放矿方式提供依据。

模型为单分间立体模型，相似比为 1：50，结构参数 10m×10m×2m，矿体倾角 40°，矿体垂直厚度为 16m，共设计五组实验，实验结果见表 9-4。

表 9-4   不同边孔角、崩矿步距以及放矿和回收方式对比实验

模型种类	单体模型（45°边孔角）			单体模型（70°边孔角）		备　注
放矿方式	截止品位 1（2m 步距）	截止品位 2（4m 步距）	组合放矿（2m 步距）	截止品位（2m 步距）	组合放矿（2m 步距）	
矿石回收率 /%	91.7	92.5	87.6	92.9	89.2	充分回采下盘三角矿体
	66.9	69.9	61.8	63.8	57.8	未采下盘三角矿体
岩石混入率 /%	44.6	38.5	32.8	44.5	36.4	矿岩混采指标
	40.0	33.7	25.5	42.3	28.4	分采分运指标
	29.2	29.1	11.5	31.9	8.1	未采下盘三角矿体

根据实验结果，可得出如下一些初步的结论：

（1）采用垂直分区的回采方式，通过充分回采下盘三角矿体，不论是传统的截止品位放矿方式还是组合放矿方式，回采范围内的矿石都能得到比较充分的回收（理论回收率接近90%）。虽然其岩石混入率要较直立厚大矿体高出10~15个百分点，但这是保证缓倾斜矿体矿石充分回收所必须付出的代价。

（2）采用组合放矿方式，虽然其矿石回收率会有所下降（约3~4个百分点），但对于降低贫化却有比较显著效果，可降低岩石混入率8~15个百分点。

（3）下盘三角矿体采用较大的边孔角，对改善回收效果的作用并不十分显著，但对于改善爆破效果、减少凿岩爆破工作量有一定的作用。

（4）逐步加大下盘三角部位的放矿步距，对于改善矿石回收效果有比较显著的作用，岩石混入率可以降低3~5个百分点左右。同时，对上下盘三角矿体实行分采分运，可以降低岩石混入率2~6个百分点。

（5）下盘三角矿体的回采，其回收的矿量约占总回采矿量的30%~40%以上。不回收下盘三角矿体的矿石，其总体矿石回收率仅为60%左右。因此，及时充分回收下盘三角矿体，对于保证矿产资源的充分回收，提高开采经济效果极为重要。

9.8.3.2 不同分段高度及进路间距的对比实验

该实验主要研究在大顶山矿体条件下分段高度改为15m后的矿石回收效果情况（结构参数为15m×10m×2m），对比研究改变进路间距（13m）与维持为矿山原有进路间距（10m）时的矿石回收情况（结构参数分别为：15m×10m×2m和15m×13m×2m）。此外，研究在维持分段高度为10m情况下加大进路间距（13m）的矿石回收效果（结构参数为：10m×13m×2m）。

模型为单分间立体模型，相似比为1:50，矿体倾角40°，矿体垂直厚度为16m，上、中、下各分段的边孔角分别为30°、45°、45°，本组实验共设计了六个实验，其实验结果见表9-5。

表9-5 不同分段高度及进路间距的对比实验

模型种类与结构参数	单体模型(15m×13m×2m)		单体模型(10m×13m×2m)		单体模型(15m×10m×2m)		备注
放矿方式	截止品位放矿	组合放矿	截止品位放矿	组合放矿	截止品位放矿	组合放矿	
矿石回收率/%	88.2	83.6	82.5	82.7	90.8	91.2	充分回采下盘三角矿体
	43.6	32.3	59.3	47.6	45.7	40.2	未采下盘三角矿体
岩石混入率/%	42.5	42.9	45.0	35.6	41.9	43.1	矿岩混采指标
	40.0	37.2	41.0	30.1	38.5	36.2	分采分运指标
	28.3	16.5	33.7	14.8	32.3	14.5	未采下盘三角矿体

分析表中实验数据，可以得出如下结论：

（1）采用垂直分区、充分回采下盘三角矿体的方式，在采矿方法结构参数显著加大的情况下，虽然其回收率较原有 10m × 10m × 2m 参数方案略有降低（约 4 个百分点），但仍可获得较为满意的回收效果，回收率可达 80% ~ 90% 左右。当然，较高的岩石混入率（30% ~ 40%）也是保证缓倾斜中厚矿体充分回收所必须付出的代价之一。

（2）在参数加大的情况下，特别是在分段高度增加到 15m 时，由于全部分段矿量都是在混采情况下采出，采用组合放矿方式不仅贫化率难以明显降低，矿石回收率还有所下降，此时采用组合放矿方式已无意义。

（3）15m × 13m × 2m 参数方案的回收指标优于 10m × 13m × 2m 方案，稍逊于 15m × 10m × 2m 和 10m × 10m × 2m 方案，但综合考虑采切及爆破工程量减少等因素，可以认为，大顶山矿区新的结构参数方案(5m × 12.5m × 2m)基本可行，通过及时充分回收下盘三角矿体虽然贫化较高，但可以保证矿石的充分回收。

（4）随着参数的加大，通过下盘三角矿体回采出的矿石量已经占到总回收率的一半以上（约 50% ~ 60%）。这表明，在参数加大的情况下必须更加重视下盘三角矿体的及时充分回收，否则将会有一半左右的矿石得不到有效回收。

（5）实验数据还表明，单纯增加进路间距对矿石的回收不太有利，但对于降低贫化还是有一定效果的。

（6）在上下盘三角矿体部位实行分采分运，可使岩石混入率降低 3 ~ 6 个百分点，说明在矿山实施分采分运是十分必要的。

9.8.4 降低过渡分段矿石损失贫化的技术措施

对于直立厚大矿体来讲，如果仅仅是分段高度的改变，对回采放矿时矿石回收效果影响并不大。但对大顶山矿区缓倾斜中厚矿体的开采条件讲，分段高度的改变也会对回采放矿时的矿石回收指标产生显著的影响。增加分段高度不仅使分段矿岩混采比例显著增加，还有可能导致下盘残留矿石损失明显加大。因此，必须重视降低混采部分损失贫化的工作，最为有效的技术措施就是实行"分采分运"和及时充分回采下盘三角矿体；同时，加大对上下盘及中间部分的放矿管理，有条件时（矿体较厚或倾角较陡时）采用"组合放矿"方式实现放矿的精细化管理，减少不必要的矿石损失与贫化。

而对于进路间距的改变，由于过渡分段出现上下分段回采进路不是按照菱形交错布置，而是出现偏移和重叠的现象，这种状况将严重影响放出体发育，贫化提前发生，最终不仅将加大放矿时的贫化，也会导致矿石损失的增加。其实，大顶山矿区在目前的生产中由于设计或施工等原因，已经出现了大量的非菱形交错布置的巷道。

根据研究,对于非菱形布置的回采进路或过渡分段,可以采取诸如"低贫化放矿"、扩大出矿口矿石流动范围、尽可能从崩落矿石较多、高度较大的一侧进行出矿等技术措施,减少矿岩的混杂程度,降低矿石的损失与贫化。

9.9 合理回采工艺及参数研究成果在大顶山矿区的应用及效果

9.9.1 概述

大顶山矿区自 2011 年开展针对复杂矿体条件下无底柱分段崩落法开采合理回采工艺及参数研究以来,矿山的生产及经营状态都发生了翻天覆地的变化。尤其是从 2012 年初到 2013 年末之间这一段时间内,矿山既经历过了几近停产的低谷,也终于在最后(2014 年起)拨云见日看到了希望并最终彻底摆脱了矿山生产与经营极度困难和被动的局面。可以说,矿山开展合理回采工艺的研究及实施为矿山带来的不仅仅是巨大的技术及经济效益,随之改变的还有职工整体职业素质的改善及生产观念的改变。由于研究课题的开展一直贯穿于整个矿山结构参数变化过程之中,虽然矿山 10m×10m×1.8m 结构参数的回采工作已经基本结束,但是本着万变不离其宗的原理,矿山在大结构参数(15m×10m×2.0m)情况下应用项目研究成果及各项改进措施的工作更是势在必行。根据目前的实际生产来看,相关成果及改进措施的应用已经取得良好的成效,为矿山进一步朝良性秩序生产打下了基础。

特别值得一提的是,根据项目研究结果的建议,锦宁矿业公司果断暂停了投资巨大的 100 万吨"扩能改造"项目,确定将大顶山矿区产能控制在 60 万吨范围内,极大地减轻了锦宁矿业公司的资金压力以及不合理的产能压力;同时,维持采区 10m 的进路间距不变,避免出现过渡分段造成矿山生产及效益的波动。大顶山矿区合理回采工艺及参数研究成果应用情况及效果总结如下。

9.9.2 合理中深孔设计及施工管理制度的应用

9.9.2.1 合理中深孔参数设计与施工的应用

自 2012 年年初开始,矿区针对之前边孔角大小不一问题、炮孔深度不足等问题进行了改进及规范。矿山目前正在进行生产的 2525 分层结构参数为 15m×10m,根据此分层的矿山中深孔施工设计图可以看到,在 15m×10m 结构参数下,排面施工设计边孔角为 40°,且前后排面、相邻进路之间边孔角均保持一致,均为 40°;分段进路起始位置的矩形排面设计高度达到 19.5m(如图 9-26 所示),后续桃形排面中心孔设计长度达到 18.5m(如图 9-27 所示)。经过计算,这两种炮孔长度在相应排面下是合理的,矩形排面高度大于桃形排面高度减少了爆破夹制现象出现,符合分段崩矿高度要求,大大减少了由于炮孔深度不足造成悬顶的概率。同时，对于边孔的起始位置矿山也做了相应的固定规范。

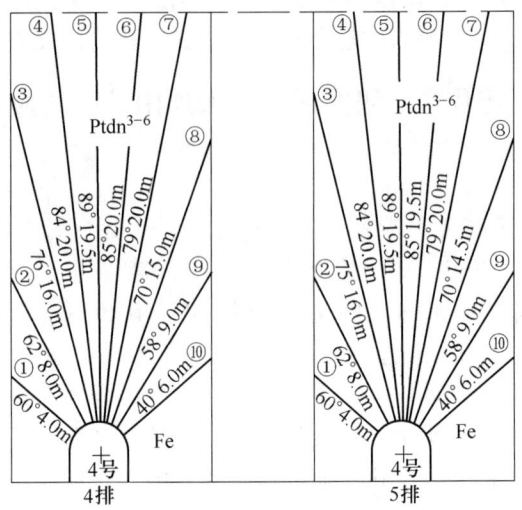

图 9-26　改进后矩形排面中孔布置图

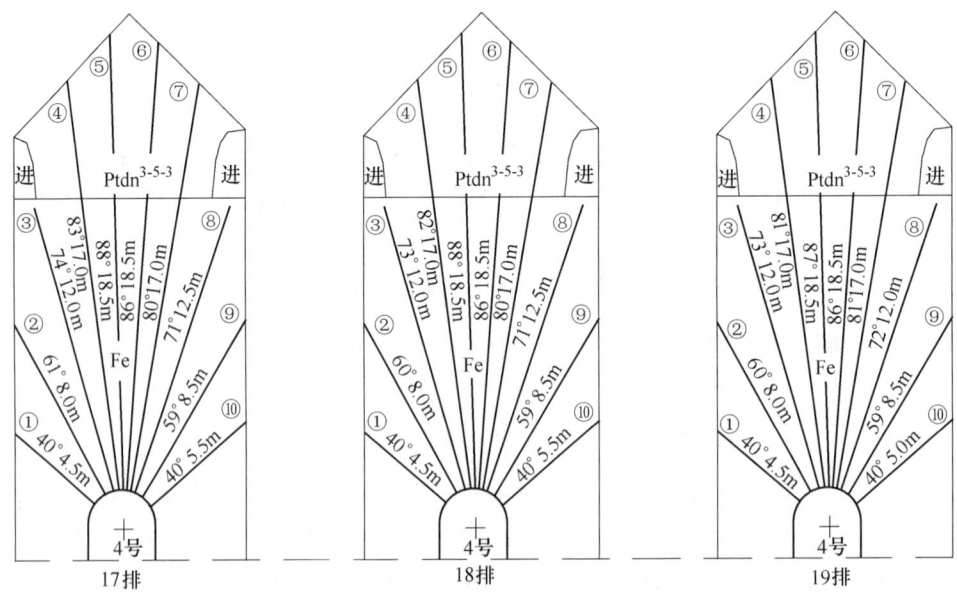

图 9-27　改进后桃形排面中孔布置图

9.9.2.2　凿岩台车的现场应用

矿山自 2525 分层分段高度增加为 15m 后，为了保证炮孔深度增加后的凿岩需求,矿山采纳了项目组的建议,引进了瑞典阿特拉斯 K41 轮式液压凿岩台车,其钻凿速度比之前的 YGZ-90 高出 50% ~ 100%,正常情况下凿岩速率可达 1m/min,能量消耗为风动凿岩机的三分之一,大大减少噪声。凿岩台车的及时引进保证了凿岩深度和精度,而且大大节省了凿岩工的工作力度,从一定程度上减少了工人少打瞒报的现象,这些优越性都已经在 2510 分层的中孔施工中体现出来。

9.9.2.3 合理中孔施工管理制度的应用

为了激励凿岩工将中深孔打到设计高度,大采车间采取的制度是将每个炮孔的凿岩劳务费重点摊在孔底几米范围内,也就是说工人钻凿的深度越大,平均到整个炮孔上的劳务费便会越高,如果凿岩深度达不到设计要求,工人的劳务费不仅会大大减少,而且会有相应的处罚措施。如果深度达到设计要求,则相比以前的劳务制度工人所得的劳务费有增无减,这样一来很大程度地激励了工人的积极性。自从此项制度实施之后,通过验孔可知一般保持良好的炮孔深度均达到了设计要求,为正常回采矿石打下了基础。

9.9.2.4 验孔与补孔措施的现场应用

由于地压、爆破震动、岩石破碎等因素的影响,大顶山矿区的炮孔极易发生破坏。炮孔质量直接关系到爆破及回采效果,甚至关系到矿山生产能否正常进行。然而,在之前矿山很少在装药爆破前对炮孔的质量进行测验,导致出现大面积的悬顶和大块等生产事故。

自 2013 年开始,矿山在爆破前安排测量人员对拟爆破的中深孔质量进行实测验孔,并据此绘出实测图,交由车间采矿技术人员。采矿技术人员根据中深孔实测图对每次所要爆破的排位做出爆破设计,具备爆破条件的,按爆破设计组织生产爆破;不具备爆破条件的,采用补孔等硬性措施,中孔班组按设计,早、中、夜三班连班进行补孔,哪怕有再大的工作量,有再大的不利影响,也绝不盲目爆破。虽然每补一次中孔就必须停三四天的出矿,为克服和减少对出矿的影响时间,中孔补孔人员,生产技术组人员,做到了随叫随到。只要现场发现不正常情况,技术人员要立即查明情况,落实方案,并跟踪现场补孔施工进度和质量情况,尽力缩短因补孔的时间对出矿造成的耽搁。

举例来说,2013 年 5 月 11 日,测孔组在对 1013 采场 6 号进路 18 排炮孔进行爆前测孔时发现该排炮孔破坏严重,原本近 20m 的炮孔只有 6m 左右的长度可装药。整排共 9 个炮孔,其中多达 5 个炮孔发生破坏,而且大多为中心部位的炮孔,如图 9-28 所示。如果不对其进行补孔措施,爆破后发生悬顶事故的可能性是非常大的。测孔组及时将实测情况反映反映给大采车间,车间根据实测情况对 6 号进路 18 排炮孔进路进行了补孔措施,该补孔方法与处理悬顶的方法类似。

具体做法是从与 6 号进路相邻的 7 号进路中向 6 号进路炮孔发生破坏部位打侧向孔，共三排，排距 1m，每排三个孔，见图 9-29，每排炮孔参数一致，具体补孔参数见表 9-6。

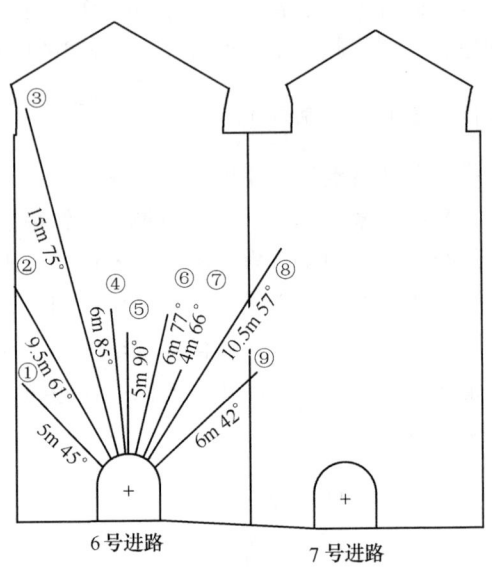

图 9-28   炮孔堵孔实测图

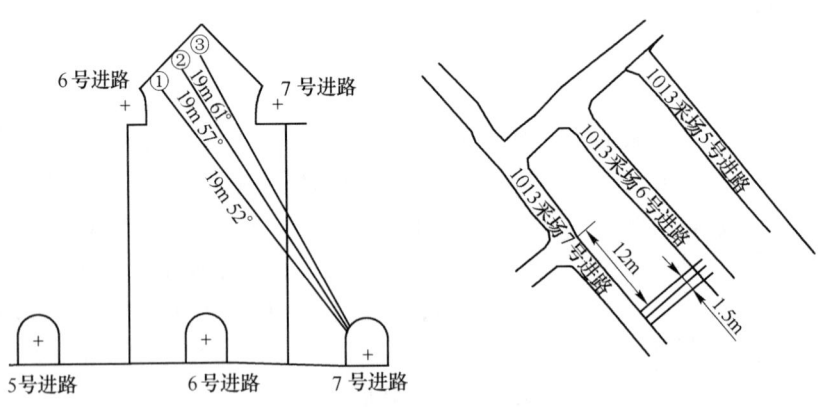

图 9-29   补孔施工图

表 9-6   补孔参数表

孔　号	1 号	2 号	3 号
角度/(°)	52	57	61
长度/m	19	19	19

按照此法对 6 号进路 18 排进行补孔后，对 18 排炮孔及补孔进行装药，爆破后矿石块度均匀，且未发生悬顶事故，效果良好，有效地回收了矿石资源。

由于验孔及补孔措施采取后对矿山产生的效果极为显著，因此，矿山采取了坚决执行不具备条件不爆破回采的原则，杜绝不符合技术规范的中深孔爆破及进路退采，彻底杜绝了之前杀鸡取卵的开采行为；对于每次的爆破设计，由分管技术的车间领导把关，确保设计科学合理；并且每次的爆破工作，都由分管出矿的车间领导在现场把关，带领技术员、工段以及爆破班组，严格按照爆破设计组织实施了各次爆破。

实践证明，大顶山矿区的开采技术条件下，对中深孔爆破采取实测、掏孔、补孔等技术措施是正确和必须的。可以说，中深孔设计、施工管理制度的改进以及验孔及补孔措施的实行对于矿山的生产秩序的恢复起到了很大作用，悬顶、大块以及推排等生产事故显著减少，矿石回收效果的改善也是十分明显的。

9.9.3 合理切割工艺及参数的应用

9.9.3.1 合理切割槽设计高度的应用

中深孔爆破出现悬顶情况异常严重问题其中很大一个原因就是矿山切割槽高度达不到要求，首先是切割井设计高度就达不到要求。在国内很多矿山甚至是研究院都将分段高度认为是切割槽或切割井的高度情况。在问题提出后大顶山矿区对切割槽（井）设计高度进行了改进，根据分段初始位置的矩形排面高度来确定切割槽（井）高度，使切割槽（井）高度大于（或等于）矩形排面高度。对于目前正常生产的 2525 分层 15m×10m 结构参数，改进之后的切割井的设计高度达到 19.5m，如图 9-30 所示，经计算，这一高度是可以满足矩形排面的爆破要求。切割槽高度达到爆破要求为矿山悬顶事故的减少做出了重大贡献。

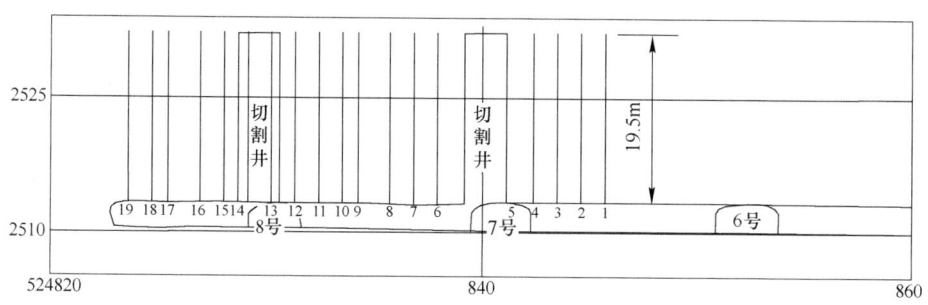

图 9-30 切割槽施工设计图

9.9.3.2　切割槽位置的改进应用

矿山切割槽高度达不到要求的原因除了设计不达标这个因素外，还有一个很重要的原因就是由于大顶山矿区在上盘矿岩接触带部位矿岩十分破碎，当切割井穿过破碎带时成井炮孔极易发生提前破坏、切割井垮塌等现象，切割井很难达到设计高度，进而导致切割槽质量无法保证。针对这一情况，采区根据项目研究所提出的向前移动切割井位置至矿岩稳固带的措施，即将切割槽的位置向前移动 5~8m，从而使切割槽避开破碎带以保证切割槽的质量。虽然向前移动切割槽的位置后需要多打几排孔（3~5 排），增加了回采成本，但移动切割槽位置能够确保拉槽的质量，为后续的矿石回采创造了有利条件，总体上是利大于弊。

举例来说，大顶山矿区在 2013 年 7 月在 2510 分层 1012 采场 19 号进路及 20 号进路进行了补充切割试验，由于这两条巷道原切割井位于破碎带位置均未能达到设计要求，经过现场踏探并结合车间实际情况，项目组提出在现有 19 号进路中深孔 5~7 排处重新向 20 号进路方向开掘切割联巷（如图 9-31 所示），并进行一次成井炮孔设计及拉槽孔布置，如图 9-32 所示。本次爆破采用多排孔分段爆破，Ⅰ段 6 个孔，装药总长度为 27m，Ⅱ段 15 个孔，装药总长度为 67m，Ⅳ段 12 个孔，装药总长度为 109m，Ⅴ段 12 个孔，装药总长度为 135.5m，Ⅵ段 18 个孔，装药总长度为 182m。总装药长度为 520.5m，装药量：2245kg（装药密度 3.75kg/m，返粉按 15% 计算），爆破后顺利完成拉槽，且质量优良，实践证明该法效果良好，十分适合破碎带情况下无法形成切割槽的问题，继而用此法又完成 2515 采场的 16 号、17 号、18 号进路的中部切割工作，使进路及时进入了正排位的正常出矿。

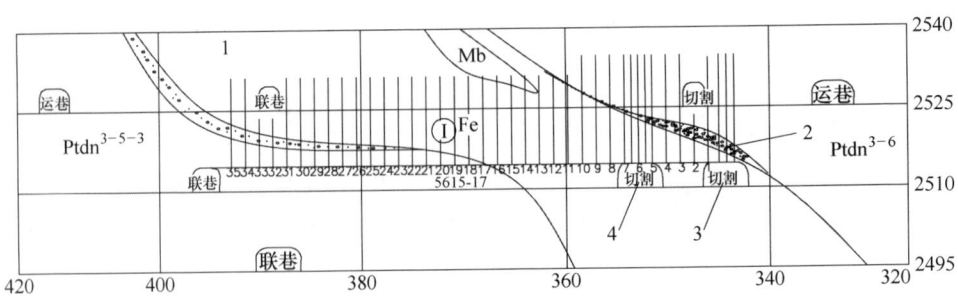

图 9-31　改进后的切割槽位置示意图

1—下盘矿岩接触破碎带；2—上盘矿岩接触破碎带；

3—原设计方案切割槽位置；4—改进后切割槽位置

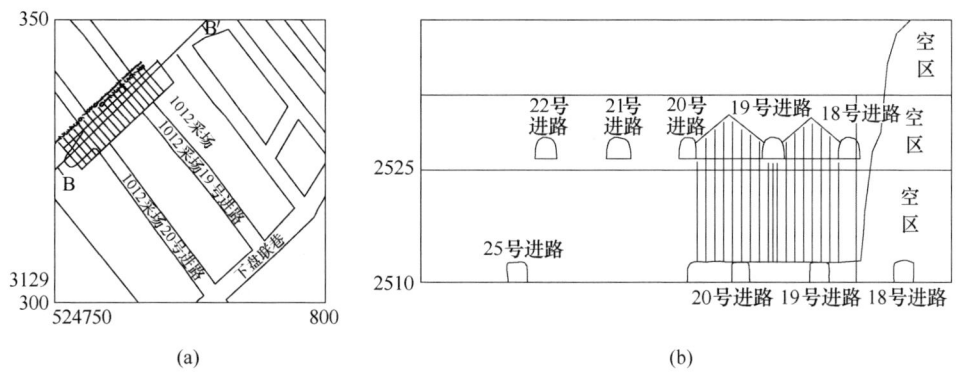

图 9-32 切割槽改进设计施工图

（a）平面图；（b）剖面图

9.9.4 处理悬顶新技术的应用

对于破碎矿体条件下的无底柱分段崩落法而言，出现一定比例的悬顶事故是在所难免的。为了解决悬顶给矿山带来的矿石损失、安全隐患以及生产压力大等问题，结合矿山的实际情况，项目组提出了一种利用侧向倾斜孔来处理悬顶的方法。此法处理悬顶的基本方法为：出现悬顶后，技术人员到现场实地踏勘悬顶规模，结合悬顶位置、大小绘制实测图，找出悬顶的支撑点所在位置，由此确定出侧向倾斜孔的位置及数量，然后在相邻进路中向悬顶部位打侧向倾斜孔进行爆破处理悬顶。此技术的关键在于侧向倾斜孔能否精确穿过悬顶的支撑点，而在装药时只需对经过支撑点部位的炮孔进行装药，从而起到处理悬顶的作用。

2012 年 5 月，大顶山矿区 2513 采场 6 号进路第 19 排和第 20 排炮孔连续出现悬顶，为了避免因大规模悬顶突然坍塌而带来的危险，井下生产人员及时上报车间，车间立即安排技术人员对悬顶发生现场进行了踏勘，据估计，本次悬顶发生在距离本分段进路顶部约 9m 的位置，规模较大，结合此部位的中深孔施工设计图及地质实测图，技术人员初步摸清了此次悬顶支撑点所在的位置，结合之前探索出的一些技术经验，车间决定采用"侧向倾斜孔"技术来处理此次悬顶。

方案设计：首先根据 6 号进路悬顶位置确定出确定该悬顶在 7 号进路中的平行位置，继而从 7 号进路向悬顶部位打侧向倾斜孔，根据悬顶规模确定本次需要打两排倾斜孔，每排 2 个孔，1 号孔孔深 19m，倾角 50°；2 号孔孔深 18m，倾角 60°。两排孔之间排距 1.8m，孔径 70mm。为减小处理悬顶时爆破震动对后排炮孔的破坏，有效地处理悬顶，本次只在炮孔的中底部进行装药。每个孔装药 24kg，装药长度 6.5m，采用导爆管雷管孔底同时起爆，起爆前撤离所有人员及设备，以保证安全。施工示意图见图 9-33。

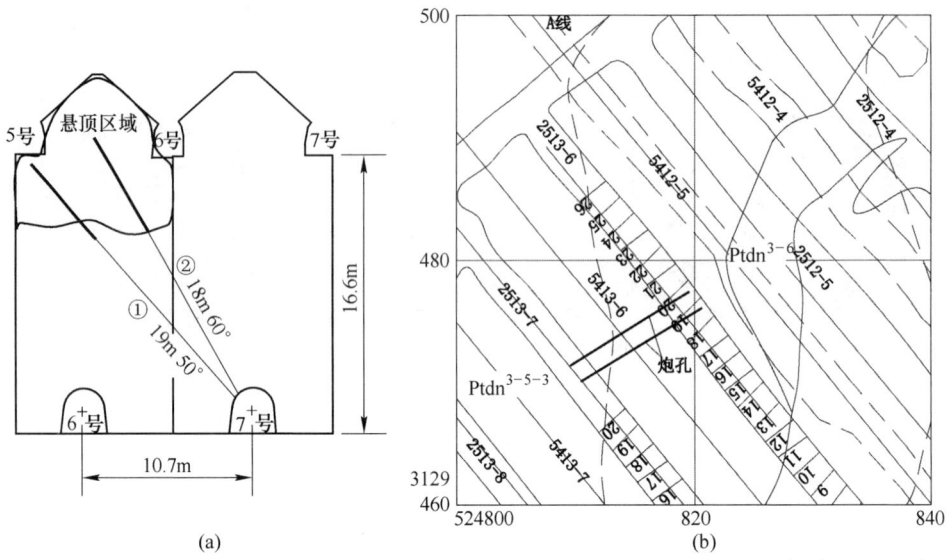

图 9-33　侧向倾斜孔处理悬顶施工示意图

（a）平面图；（b）剖面图

爆破后悬顶顺利被崩落，据统计，本次处理悬顶回收矿石达 1200t 左右，为矿山创造经济价值 30 余万元，更重要的是，本次试验的成功为矿山今后处理类似悬顶提供了宝贵的技术经验。

9.9.5　辅助进路回收下盘残留矿石技术的应用

针对大顶山矿区矿石回收状况的研究表明，在矿山下盘退采不充分的情况下还有近 27% 分段矿量损失在下盘部位，如果能够再次回收这部分矿量，对于缓解矿山产量压力，处理悬顶等审查事故、恢复采场正常生产秩序以及提高经济效益是十分有利的。鉴于此，大顶山矿区于 2012 年首先在 2580m 水平的 30 ~ 32 号进路间的下盘间柱中采用 2m × 2m 的小进路进行了小规模的试验性开采，共采出原矿近 6000t，创造经济价值约 200 万元。2580m 水平残矿出矿量统计情况见表 9-7。

表 9-7　2580m 水平残矿出矿量统计表

溜井	月份	地质品位/%	出矿品位/%	贫化率/%	原矿/t	采出纯矿/t	按产率（0.45）计算成品矿量/t	按产率（0.55）计算成品矿量/t	采出金属量/t
12	8	53.86	31.93	40.72	224	133	101	123.2	72
12	9	55.84	46.87	16.06	973	817	438	535.15	456
12	10	56.09	42.31	24.57	375	283	169	206.25	159
12	11	57.25	45.93	19.77	1507	1209	678	828.85	692

溜井	月份	地质品位/%	出矿品位/%	贫化率/%	原矿/t	采出纯矿/t	按产率 (0.45) 计算成品矿量/t	按产率 (0.55) 计算成品矿量/t	采出金属量/t
12	12	55.45	40.74	26.53	1576	1158	709	866.8	642
12	1	54.9	50.79	7.49	1025	948	461	563.75	521
					5680	4548	2556(折合人民币 171.7万元)	3124(折合人民币 209.9万元)	2542

在确认大顶山矿区已采分段下盘有残留矿石并可以回收的情况下，自2013年下半年开始，锦宁矿业有限公司开始利用辅助进路回采2540分段以上的下盘残留矿石进行规模化开采和回收，对已采分段下盘所有进路间柱进行"二次回收"。具体施工方案为：先根据分段中孔设计图圈定下盘残留矿石具体部位以及计算其残留量，从经济及技术角度分析是否有回采价值，如果可行，则从下分段联巷向上分段掘进斜坡道，掘至下盘残留矿石下部时开始掘进垂直于进路方向的平巷，平巷一般处于上分段水平下 5~6m，再从平巷中向上分段两条进路间的残留矿石掘进辅助回采巷道，进路尺寸为 3m×3m，利用扇形中深孔崩矿，1m³ 的电动铲运机出矿回采下盘残留矿石及脊部残留矿石，施工图如图9-34所示。

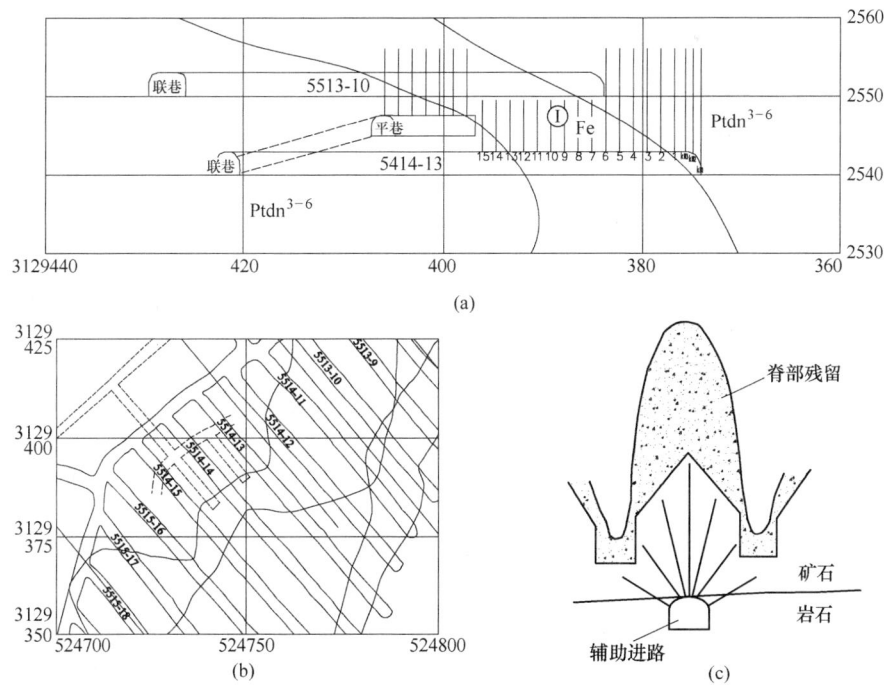

图9-34 辅助进路回收下盘残留矿石施工设计图

(a) 剖面图；(b) 平面图；(c) 辅助进路回采矿石示意图

　　矿山从 2013 年下半年开始对 2560 分段及以上分段开始实施辅助进路下盘残留矿石回采工作。据统计，2013 年下半年一共采出 4.7 万吨矿石，而 2013 年整个大顶山矿区产量为 40 万吨左右，一个分段半年的残采量达到了本年度矿石回收量的 13% 左右，仅半年时间就为矿山带来了近三千万元的经济效益。

9.9.6　矿废分采分运措施的应用效果

　　结合大多矿山的生产经验可知，井下矿废分采分运的确可以减少矿石的贫化率，之前的物理放矿模拟实验也验证了这一点，在相同的结构参数下，采取矿岩分采分运的方式会比矿岩混采方式岩石混入率降低 3 个百分点左右，矿山自 2012 年中开始采取矿岩分采分运，不仅如此，在 2540 中段平硐出口处建立了抛选平台，从井下运出的矿石首先在硐口处经过一道抛选程序，进行矿废分离，随即矿石运往选场，废石运往矸石场。矿山自 2012 年年中开始采取矿废分运措施后，2013 年矿山的贫化率较之上一个年度减少了 7 个百分点，矿废分运不仅大大降低了矿石贫化率，还节省了多项运费、减轻了选场选矿压力，实践证明矿废分运的举措对于整个公司而言都是有百利而无一害的。

9.10　合理生产工艺及技术研究项目取得的主要成效

9.10.1　主要成效

　　自项目正式启动特别是 2011 年 7 月项目正式进入现场试验阶段以来，矿山生产工艺得到了较好的规范，项目制定的现场试验方案得到全面实施，各项试验顺利进行，矿山的生产及管理有了令人鼓舞的可喜变化，技术经济指标得到显著改善，项目取得了显著成效，主要表现在以下几个方面：

　　（1）矿山生产工艺从设计到施工得到了较好的规范，采切方法得到改进，采切与爆破工程质量得到显著提高，生产工艺变得更为合理，悬顶及隔墙等事故明显减少，矿山生产经常性被动局面得到根本性扭转。

　　1）中孔设计。自 2540m 水平开始基本上按照实际崩矿形态设计布置炮孔，矩形排面中心孔深度从过去的不足 11.0m 增加到 13.0～14.0m；同一进路以及相邻进路边孔角基本统一。及时解决了 2525m 水平的合理炮孔参数问题，避免生产被动。

　　2）切割设计。切割井高度从过去的 10.0～11.0m 增加到 13.0～14.0m；切割槽的位置有效避开了上盘破碎带；切割方法灵活多样，切割工艺更加合理。

　　3）生产秩序。试验前整个采区出现大面积悬顶的现象到年底基本消除；采区产量稳中有升，采出矿石质量有所提高，生产被动局面得到根本性扭转。

　　（2）下盘矿石回收不充分及上下盘因过度崩落围岩导致的无效贫化问题得到基本解决；通过辅助小进路回收三角矿锥及脊部残留矿量以及因巷道冒落而无

法回收的进路矿石的工作取得重大进展。截至 2011 年 12 月，仅 2580m 水平 30 ~ 32 号进路间辅助进路回采就采出原矿近 6000t，折合成品矿约 2500 余吨，价值约 200 万元。

（3）试验采区（2540m 水平）矿石回收率较原来（2550m 水平）提高约 8 个百分点，贫化率下降约 3 个百分点；公司成品矿产率提高约 4~5 个百分点，累积创造经济效益约 1200 万元（计算时间：2011 年 10 月~2012 年 3 月）。

（4）通过项目研究，发现了残存在已经开采水平矿体下盘进路间柱中的三角矿锥及其脊部残留矿量，该矿量约为分段矿量的 10%（约 4 万吨/分段），累计为大顶山采区增加采准储量 20 余万吨，总价值超过亿元。

（5）公司及矿山的生产技术人员科学生产与管理的意识增强，对技术进步有更加深刻的认识，生产与技术管理水平明显提升。主要体现在：一是基本上摈弃了"以消耗储量换产量"的不科学做法；二是基本上消除了采场人为无效贫化的现象；矿山企业上下更加重视技术进步与科学管理。

9.10.2　技术经济效益分析

应该说，项目在技术及经济方面的效益都十分显著。从技术效益层面看，矿山不规范的生产工艺得到了全面的纠正，长期困扰正常生产的悬顶以及切割质量不高等问题得到有效解决，矿山生产秩序逐步正常。同时，"垂直分区、组合放矿""利用辅助进路回收下盘残留矿石"等最新开采技术及工艺在矿山率先得到试验应用，为复杂难采矿体条件下无底柱分段崩落法的改进和扩大应用奠定重要的理论及技术基础。

从经济效益层面看，生产工艺的规范、悬顶等生产事故的减少、回收率的提高、贫化率的降低以及产率的提高等，都将会直接或间接为矿山及公司带来明显的经济效益。据粗略估算，减少一次悬顶事故的效益就将超过 50 万元。为方便起见，本项目的经济效益主要从 2540m 水平增加矿石回收、减少岩石混入以及增加成品矿产率等几个方面进行计算。

（1）2540m 水平增加矿石回收、减少岩石混入的效益计算。2540m 水平较 2550m 水平的矿石回收指标多回收矿石约 18000t，折合成品矿 9000t，价值 540 万元（按 600 元/吨计）；同时，减少岩石量约 4000t，节约出矿、运输费计选矿费用 16 万元（采选成本按 40 元/吨计），因此，项目在减少岩石混入计增加回收方面的效益为 556 万元。

（2）2580m 水平 30~32 号进路间柱中辅助进路回收的效益计算。由于 2580m 水平 30~32 号进路间柱中辅助进路采出的矿石完全是新增加的回收，应全部记入效益之中。2011 年 8 月~2012 年 1 月共计采出矿石 5680t，折合成品矿 2556t（按最低产率 0.45 计算），价值 170 余万元。

（3）增加成品矿产率的效益计算。根据公司技术部提供资料，自2012年起，公司总的成品矿产率较原来提高约4~5个百分点。按照矿山月生产矿石40000t计算，产率提高5个百分点相当于增加成品矿产量2000t，价值约120万元以上（按600元/吨计），2011年10月~2012年3月合计创造效益约600万元。

（4）新发现的下盘残留矿量潜在价值及效益估算。根据计算，一个分段的残留矿量理论估算值约为4万吨，2540m水平以上6个分段合计残留矿量约为24万吨，价值约为1.2亿元（按500元/吨计）。每个间柱间的三角矿锥及其脊部残留实际可采出矿量成品约500t，扣除成本的效益约为20万元；如果一个分段按20条进路计算，则一个分段的净效益可达400万元，2540m水平以上6个分段合计净效益约为2400万元。

综上所述，项目累计直接创造的经济效益达1200万元。如果考虑在减少悬顶等生产事故方面产生的效益，预计总的经济效益将达到2000万元左右。而项目创造的潜在经济价值将超过亿元。

9.11　大结构参数试验项目的应用及成效

9.11.1　概述

自2012年下半年大顶山矿区的主要采矿作业从2540m水平的10m分段进入到2525m水平以及2510m水平的15m分段后，矿山生产事实上已经进入到大结构参数状态，也标志着大顶山矿区大结构参数采矿方法试验项目的正式启动。正如原来预计的那样，矿山生产遭遇到前所未有的严峻形势，首先是炮孔出现大面积堵孔、塌孔以及错孔等现象，严重影响了爆破效果；其次，悬顶、大块以及立墙（推排）等生产事故频发，悬顶几乎是每条进路自切割开始就排排出现悬顶，大块更是比例显著上升；三是出矿效果严重恶化，每排孔的出矿量不足崩矿量的1/3，矿石回收率仅为30%~40%左右；四是矿山的中孔、回采进路以及备采储量急剧消耗殆尽，2013年初全采区的备采矿量仅为3.87万吨，还不够矿山一个月的产量需求，矿山面临"无米下锅"的严峻形势。

鉴于矿山生产中出现的极为严峻的生产形势，经公司与项目承担单位协商，大顶山矿区大结构参数无底柱分段崩落法采矿方法矿块试验项目从主要研究试验矿块范围内的采矿技术及工艺问题，转而研究大顶山矿区在15m×10m大结构参数情况下出现及面临的重大采矿技术、工艺及生产管理等问题。因此，大结构参数采矿方法试验研究项目事实上成了为大顶山矿区在大结构参数条件下提供全面的技术服务与技术咨询。为此，项目组在2013年3月及时赶赴锦宁公司，与公司领导及采区技术人员一道，及时调整了试验研究项目的工作内容，针对矿山出现的技术、工艺及管理问题进行专题研究，研究大采车间出现严峻生产形势的原因及解决办法。

在充分分析研究大顶山矿区生产中出现问题的原因后，项目组提出了迅速实施包括对采区中孔进行全面验孔和补孔、及时处理采场出现的悬顶等生产事故、对 2540m 及以上水平下盘残留矿石进行残矿规模化回收、加强 2525m 以下水平边角矿体及 2 号矿体的开采以及强化矿山生产及技术管理等几项主要技术措施。

在公司生产经营面临极度困难情况下，公司主要领导果断决策，当即决定迅速落实项目组提出的各项技术措施，一是立即联系独立于大采车间的生产企业（极星矿业公司）负责 2540m 水平以上的已采矿区残矿回收，项目组成员当即与该企业负责人上山到井下采场进行实地勘察并商讨残矿回收方案；二是责成采区立即加强 2525m 及 2510m 水平炮孔的验孔与补孔工作，同时不惜一切代价处理采场悬顶等生产事故；三是在购买高效中孔液压台车难以立即实施的情况下引进专业中孔台车施工队，专门负责中孔的施工以及部分补孔工作，解决中孔质量不高的问题；四是认真落实项目组提出的其他合理开采工艺及降低损失贫化的技术措施，项目组在技术研究报告中提出的包括优化放矿方式、辅助进路回收下盘矿石残留以及加大下盘炮孔边孔角和崩矿步距等几项主要试验项目都开始投入试验。同时，项目组在保持与公司及采区密切联系的同时，留下部分研究人员常驻矿山至 5 月，协助采区开展相关研究与试验工作，及时解决生产中出现的各种技术及工艺问题。

经过近半年时间的紧张工作，到 2013 年 9 月，大采车间的生产形势逐步开始好转，生产秩序逐渐恢复正常，产量逐步回升。到 2013 年底，大采车间的生产形势已经发生根本性好转，生产过程中的大块、悬顶及立墙等生产事故基本消除，矿山生产及管理基本实现规范化。采区在极端困难的情况下完成 42.26 万吨的矿石产量（原矿），较 2012 年增长 26.87%；而且采区保有的采准及备采矿量也大幅度增加，分别达到 54.2 万吨和 24.5 万吨，较 2012 年分别增长 123% 和 543%。采区的矿石回收率从 2012 年的 56% 提高到 70%，而贫化率从 37% 降至 34% 左右。同时，矿山的中孔与回采巷道掘进量也有大幅度增长，为 2014 年的生产奠定良好的基础。此外，2540m 水平以上的残矿回采已经形成规模，形成了月产量达 1 万吨左右的生产能力，极大地提高了矿山的资源回收利用程度，有效地减轻了矿山主采区的生产压力。

可以说，大顶山矿区在 2013 年的生产状况用"惊心动魄"和"跌宕起伏"来形容毫不为过。正如大采车间 2013 年工作总结中说的那样，在这即将过去的一年中，大采车间发生了翻天覆地的变化，既有年初的几近山穷水尽，又有 4～7 月的看似逐渐走出低谷；既有 8 月份的短暂迷茫，更有 9 月份开始的峰回路转、柳暗花明。从年初到年尾，跌宕起伏，回头来看，令人唏嘘不已。

9.11.2 解决大顶山矿区生产及技术问题所采取的措施

应该说，大顶山矿区的采矿生产在 2012 年下半年和 2013 年上半年之所以会出现严重的问题，客观原因是矿山极端困难的开采条件特别是生产进入了 15m × 10m 的大结构参数状态，当然也与采区过去一直采用 YG90 风动凿岩机凿岩造成的中孔深度严重不足以及验孔和补孔工作不落实等有密切关系。虽然项目组在 2011 年研究初期就发现了这个问题并提出了验孔与补孔等补救措施，但由于技术及设备条件的限制，这项工作并没有做到位，炮孔深度不足以及炮孔质量差（偏移、堵孔、塌孔、错孔等）导致的爆破效果差的问题依然非常突出。此外，项目组提出的其他技术措施（如及时处理悬顶、加强切割、解决凿岩设备能力不足以及加强已采水平残矿及下盘残留矿石回收等）也因为种种原因没有及时或很好贯彻执行，也是导致矿山生产出现异常被动的重要原因之一。

正如项目研究报告早就指出的那样，要保证大结构参数无底柱分段崩落法的爆破与出矿效果，炮孔质量（深度、精确度）是基础，爆破效果是关键。YGZ90 机凿岩只能保证爆破到 10 ~ 13m 高，原有段高为 10m 时，最大炮孔深度为 15m 左右，没有爆穿的干壁（桃形矿柱）仅 2 ~ 3m，当采场暴露面积达到一定程度后自然会和上分段贯穿冒落，对落矿及矿石回收的影响不大。分段高度转入 15m 后，炮孔的最大深度达到近 20m，而 YGZ90 机凿岩只能保证爆破到 10 ~ 13m 高，没有爆穿的干壁达 6 ~ 7m，有较高的稳定性，加之矿体厚度较小，采场的暴露面积不大，基本不会发生自燃和上分段贯穿冒落的情况，从而出现悬顶，悬顶后不处理，紧接着爆下一排，引起悬顶现象重复发生。采矿工艺出现的这一问题，导致采场回采率等采矿技术经济指标严重恶化，备采矿量消耗急剧增加，带来采准掘进量的剧增、掘进始终满足不了要求，分段下降速度随之加快等种种严重后果。

无底柱分段崩落法回采及矿石回收在空间上具有连续性的特点，决定了各回采单元及各工序上下、前后甚至左右之间都具有相互联系和影响，前一道工序的成效决定着下一道工序的成效；前一个单元的回采及回收效果影响着后一个回采单元的回采与回收效果，同时影响到下一个分段个回采单元的回采与回收效果。在公司产量压力下采区实行的"有孔就爆，有矿就出"的盲目蛮干的生产方式，不仅不能解决矿山生产出现的问题，相反却加剧了无底柱分段崩落法采矿的非正常状态，最终导致矿山出现几乎无矿可采和无矿可出的严峻局面。

俗话说，"吃一堑长一智"，严峻的生产形势迫使公司及采区必须按照科学合理的生产工艺组织生产，按照项目研究提出的技术措施解决生产中出现的各种问题。事实证明，"西科大给我们（矿山）提供的方案，实践证明是有效的，严格按此做好了相应的技术管理工作，我们（矿山）得到了好处"（摘自锦宁矿业有限公司大采车间 2013 年工作总结报告）。

概括来说，项目组为大顶山矿区从原来的 10m × 10m 结构参数无底柱分段崩落法顺利过渡到 15m × 10m 大结构参数无底柱分段崩落法，同时针对实际生产中出现的系列各种问题提出并实施了如下一些主要的技术及管理措施：

（1）及时提出对原来设计及施工的 15m 段高分段（2525m 及 2510m 水平）中孔存在的高度不足以及炮孔质量问题进行重新设计与补孔；虽然事实证明此项工作实际完成并不到位，但还是在一定程度上减缓了 2013 年的补孔范围与规模，节约了补孔时间与费用。

（2）强调指出切割槽质量直接关系到爆破质量与出矿效果，改进了大结构参数分段的切割设计与施工方法，解决了进路切割槽位置选择不当以及设计高度不足的问题。

（3）在 2011 年、2012 年以及 2013 年连续多次提请公司重视凿岩设备凿岩能力不足的问题，建议尽快采用液压凿岩台车钻凿爆破中深孔，彻底解决 YG90 风动凿岩机能力不足和精度无法保证的问题。公司最终在 2013 年采用引进外来台车凿岩施工队伍的办法基本解决了问题，为取得正常爆破效果创造了重要条件。

（4）通过研究发现了大顶山矿区已采分段下盘遗留的大量矿石（粗略估算约 20 万吨以上）这一重要事实，提出了利用下盘进路间柱辅助进路回收下盘残留矿石以及原有采场进路损失矿量的方法，为下盘残留矿石以及大量的已采分段采场损失矿量（2540m 水平以上的未崩落进路矿量以及脊部残留矿石粗略估算可能有 30 万吨之多）的全面规模化回收奠定了重要的理论与技术基础。

（5）及时提出解决生产被动问题的关键技术及管理措施，包括：

1）在继续推进主采区生产爆破之前，及时处理采场存在的所有悬顶、立墙以及大块等生产事故；

2）在进行生产爆破之前，对所有不符合爆破要求的炮孔进行全面验孔、补孔与通孔，保证爆破质量与效果，减少悬顶等生产事故；

3）加强下盘矿量的回收工作，严格实行矿岩"分采分运"。

（6）建议将 2540m 水平以上已采分段残留矿量的回收作为单独的回采单位及时组织队伍进行回收。该建议在 2013 年被公司采纳后，经过几个月的准备目前已形成月产量达 1 万吨左右的生产能力，截至 2013 年底已采出矿量约 5 万吨。同时，建议采取重视边角矿体等残矿的回收工作，减缓主采场的产量压力，目前大采车间残采与浅采也形成了月产量约 1 万吨左右的生产能力。2013 年大采车间仅残矿回收（包括浅采副产品矿）就达到了 10 万吨，极大地缓解了矿山主采区的生产压力，为主采区调整生产秩序的工作创造了良好条件（注：为增大 2540m 水平以上残矿回收的生产能力与效率，负责回收的极星公司对辅助进路回采方案进行了部分改进。据了解，改进后的方法是：利用采场原有斜坡道在低于上部水平 3～5m 位置掘进沿脉联络平巷，然后从沿脉联络平巷向上分段进路间柱下盘三角矿柱掘辅助回采巷道至崩落区为止；巷道采用 2.8m×2.8m 的进路；最后以崩落区为爆破自由面和补偿空间沿辅助回采进路采用扇形炮孔后退回采，铲运机出矿、小四轮自卸拖拉机运输。这种方法的好处是回采进路的稳定性得到提高，可以采用较大尺寸的巷道以利于凿岩和铲运机出矿，回采效率与能力显著提高；缺点是增加了巷道掘进工程量）。

（7）及时指出采区 2013 年为增加生产能力在进路中间开掘切割槽以增加回采工作面数目以及在 2525m 正常生产水平的下盘间柱中开掘辅助进路回采下盘残留矿石的做法不科学，公司及时采纳了项目组的建议，避免了对生产的不利影响。

（8）项目组很早就提出要重视 2 号矿体的回采及矿石回收工作，目前该建议得到很好的实施，自 2510m 水平开始，2 号矿体开始成为采区的主力采场之一。

（9）在矿山技术及生产管理方面，项目组提出了加强地质、测量工作，及时掌控矿石资源的状况，摸清已采矿区损失矿量情况，为公司及时做出将残矿回收作为独立生产单位的重大决策提供了重要依据。同时，矿区复杂困难的开采技术条件提出了"精耕细作"与"精打细算"的工作理念，协助采区建立更为严格的生产、技术及管理措施，矿山生产及管理更加规范、有序。

（10）鉴于大顶山的欠佳的资源状况及开采技术条件以及低迷的市场行情，在项目组的建议与咨询下，锦宁公司提出并实施了"改善两率""稳定产能"实现可持续发展的正确决策，逐步减缓了投资巨大的"扩能改造"计划的推进步伐，极大地减轻了公司的投资压力以及矿石资源的消耗速度。

（11）鉴于大顶山矿区的资源状况及复杂的开采技术条件，特别是在 2525m 水平以下矿体走向长度大幅度缩短至 300m 左右，加大进路间距至 12.5m 节约的采准费用以及"扩能"的效果已经不再显著，相反却减少了回采进路的数目并可能造成矿山生产的再次波动。基于上述具体情况，项目组建议暂缓执行 12.5m 的进路间距的大结构参数设计方案，维持目前的 15m×10m 的结果参数不变。锦宁公司采纳了项目组的建议，避免矿山生产再次出现波动的局面。

9.11.3 项目取得的主要成效及经济效益分析

9.11.3.1 项目取得的主要成效

本项目从最初的小范围矿块工业试验转为后来的为矿山生产提供全面的技术支持与咨询服务，协助矿山解决了系列重大技术问题，帮助矿山建立了较为规范和合理的生产、技术及管理制度，逐步扭转了极其严峻的生产形势，矿山生产逐步转入正常并取得了显著的技术及经济效益。同时，一定程度上转变了公司及矿山生产技术及管理人员的观念，在生产及管理上树立了"精耕细作"与"精打细算"的理念，按照科学合理的生产工艺组织生产的积极性与自觉性显著增强。此外，项目对锦宁公司科学制定长远发展战略也产生了积极的影响。

由此可见，根据矿山生产的实际需要，项目组的角色实际上已经从协议最初要求的主要针对小范围开展矿块采矿方法工业试验研究，转变为后来的为矿山生产提供全面的技术支持与咨询服务，协助矿山研究解决系列重大技术、管理以及与公司发展相关的重大战略决策问题。事实证明，项目组角色的转变是必要的、及时的和有效的，2012 年与 2013 年大采车间的主要技术经济指标的强烈对比（见表 9-8）充分说明了这一点。

表 9-8　大顶山矿区大采车间 2012 ~ 2013 年主要生产技术指标对比

技 术 指 标	2012 年度	2013 年度	同比增减/%
成品矿/万吨	14.05	19.04	35.52
采出原矿量/万吨	33.31	42.26	26.87
年底保有采准/万吨	24.22	54.2	123.78
备采矿量/万吨	3.87	24.89	543.15
中孔施工量/m	63350	80300	26.76
掘进工程施工量/m	3911	7836	100.35
回收率/%	56.5	70.01	23.91
贫化率/%	37.24	34.61	-7.59

注：此表摘自大采车间 2013 年采区工作总结。

然而，大采车间取得的显著成效并不足以代表项目研究及实施取得的全部成效。从整个锦宁矿业公司来看，项目研究发现的下盘残留矿量以及提出的进路间柱中的辅助进路回收下盘残留矿石的方法产生的成效也十分显著。

一直以来，大顶山矿区分段矿石损失率都在 40% ~ 50% 左右，仅 2600m 水平至 2540m 水平累计损失的矿量保守估计达 50 万吨以上。但矿量损失在哪里以及能否再次回收矿山方面一直都不清楚，也没有关注，更谈不上采取措施进行回收了。然而，项目的研究准确而清楚地回答了这两个问题，上述损失矿量中至少有 20 万吨以上的矿量完全是因为项目的研究而发现其以三角矿锥及脊部残留的形式存在于下盘间柱中，可以采用下盘间柱中掘进辅助回采进路的方法进行回收；其余损失矿量则是因为悬顶等原因以未崩落桃形矿柱及脊部残留的形式存留于采场中，同样可以采用在下盘进路间柱中掘进辅助回采进路的方法进行二次回收。

显然，项目研究为这部分损失矿量的再次回收奠定了极为重要的理论及技术基础，50 万吨以上的已经损失矿量实现低成本二次回收已经成为可能。目前，矿山正以规模化的方式回收这部分损失矿量，形成了一个年产量达 20 万吨左右的新采场，不论是从充分回收矿产资源还是延长矿山服务年限来讲，其成效都是十分显著和巨大的。

需要指出的是，项目的研究还在倾斜及缓倾斜中厚难采矿体无底柱分段崩落法开采理论与技术研究方面也取得一些突破性进展，主要表现在以下几个方面：

（1）率先针对倾斜及缓倾斜中厚难采矿体条件研究了矿岩混采及其对矿石回采及回收的影响规律；规范了倾斜及缓倾斜矿体条件下上盘三角矿体部分的扇形中孔及切割槽参数设计；重新认识并定义了下盘矿石残留的形态、大小以及并提出合理的回收方法；发现了目前采用边界品位法或极限盈亏平衡法确定下盘退采范围的方法存在重大理论缺陷，导致下盘残留矿量回收不充分问题的产生。

（2）首次发现倾斜及缓倾斜矿体分段下盘总有一部分矿量（三角矿锥和脊部残留）无法通过下盘退采的方法进行有效回收，但可以通过进路间柱辅助进路回收技术进行有效回收，该矿量约占分段回采矿量的10%。这个发现对于降低倾斜及缓倾斜中厚难采矿体的矿石损失贫化具有极为重要的意义。

（3）首次从理论及实验的角度证明，只要下盘实现了充分退采，无底柱分段崩落法大结构参数方案在倾斜及缓倾斜中厚难采矿体条件下也具有可行性；这个研究结论可以认为是无底柱分段崩落法应用研究理论的一个突破。

（4）首次提出倾斜及缓倾斜中厚难采矿体应根据不同开采部位具有的不同开采及矿石回收条件需要采用不同的开采工艺及矿石回收方法。提出了"垂直分区、组合放矿"的无底柱分段崩落法的新方案以及利用下盘间柱中辅助进路回收下盘残留矿石的方法。两项技术均已申请采矿方法发明专利并获得授权。

9.11.3.2　项目的经济效益分析

从经济效益层面看，大顶山矿区在遭受严重挫折后顺利度过大结构参数方案的困难时期，悬顶等生产事故显著减少，生产逐步转入正常，回收率的提高，贫化率的降低、成品矿产率的提高以及矿山采准及备采矿量的大幅度增大等，都将会直接或间接为矿山及公司带来明显的经济效益。为方便起见，大结构参数试验项目的经济效益主要从2013年大采车间增加矿石回收、减少岩石混入以及增加成品矿产率以及公司增加残矿回收等几个方面进行计算。

（1）大采车间增加矿石回收降低带来的直接经济效益。大采车间2013年与2012年对比增加矿石回收量统计情况见表9-9。

增加成品矿产量带来的直接经济效益：3.67万吨×600元/吨=2200万元（注：成品矿售价按照600元/吨计）。

减少岩石混入带来的直接经济效益：1.11万吨×40元/吨=44万元（废石出矿、运输及选矿成本按照40元/吨计）。

两项合计：2244万元。

（2）公司2540m水平以上残矿回收带来的经济效益。2013年7～12月约半年时间，极星公司在 2540m 水平以上的残矿回收量约 5 万吨，折合成品矿（残矿回收品位高于正常采矿采出品位）约 4.0 万吨，价值 2000 余万元，而锦宁矿业有限公司因此获得净效益约 800 万元。

表 9-9　大采车间 2013 年与 2012 年对比增加矿石回收量

技术指标	采出原矿量/万吨	矿石回收率/%	贫化率/%	采出废石量/万吨	采出纯矿量/万吨	消耗地质储量/万吨	成品矿量/万吨	成品矿率/%
2013 年统计情况	42.26	70.01	34.61	14.63	27.63	39.47	19.04	0.6883
2012 年损失贫化指标		56.5	37.24					
2013 年与 2012 年对比差				-1.11	+5.33		+3.67	

注：成品矿率＝2013 年成品矿量/2013 年采出纯矿量。

由此可见，项目仅在 2013 年就为锦宁公司创造直接经济效益 3000 万元左右。

需要指出的是，2540m 水平以上的残矿回收已经形成规模并可稳定开采 3～5 年以上，预计每年可采出较高品位的矿石 15～20 万吨，年均创造经济价值约 5000～7000 万元，锦宁矿业有限公司因此每年可获得净效益 2000～3000 万元。

（3）减少悬顶、增加采准及备采矿量的间接经济效益。其实，项目给公司特别是大采车间创造的经济价值或效益相当部分还体现在因为解决技术、生产、管理带来的间接效益上，其中就包括减少悬顶、增加采准及备采矿量带来的间接经济效益，其数额将是以千万元来计算。

综合来说，项目仅在 2013 年就为锦宁公司创造约 3000 万元的直接经济效益，而创造的间接及潜在经济价值（或效益）或将达到亿元以上。

可以预计的是，本项目还将在今后数年内继续为锦宁公司创造极为可观的经济效益并在经济上、技术上和矿石资源上对实现公司的稳定可持续发展战略目标形成重要支撑。

事实上，后续几年（2014～2017 年）的矿山生产证实了这个推测，截至 2017 年上半年，利用辅助进路矿石回采技术在大顶山矿区已采分段下盘残留矿石中已采出矿石近 100 万吨，产出铁精矿 40 余万吨，共计创造直接经济价值 2 亿多元。由于大顶山矿区上部已采分段的残矿回收年产出矿石量已达 20 余万吨，年产铁精矿约 9 万吨，俨然成为大顶山矿区的另一个主采场。

需要指出的是，由于残矿回收已经具有了相当的规模，极大地减轻了大顶山矿区主采场的产量压力，使得其有时间和精力处理长期遗留下来的一些生产技术问题,如大面积悬顶、大块、采切比例以及回采顺利失调等,主采场的正常生产秩序逐步恢复正常,使得整个大顶山矿区的采矿生产全面恢复正常,采切工程以及矿石储量消耗速度大幅度下降,矿石回收指标明显改善,矿山生产技术经济效益显著提升。

特别值得一提的是,在经历了多年大幅度亏损后,2017 年锦宁矿业首次实现了小幅度的盈利,在目前铁矿石价格持续低迷状况下,这不能不说是一个奇迹。

9.12 本章小结

无底柱分段崩落法在复杂矿体条件特别是倾斜及缓倾斜中厚破碎矿体的应用是一个世界性难题,不仅大顶山矿区遇到比较大困难,国内外的其他类似矿山同样面临许多突出问题。无底柱分段崩落法原来主要针对矿石稳固的急倾斜厚大矿体,在目前的技术及研究水平下,特别是破碎的缓倾斜中厚矿体条件,矿石损失贫化大、大块及悬顶等生产事故频繁等就很难避免。因此,大顶山矿区合理开采工艺及降低矿石损失贫化的措施研究,不仅对于锦宁矿业公司本身具有十分重要的意义,同时对于扩大无底柱分段崩落法的应用范围、提高无底柱分段崩落法矿山的技术经济效益、推动采矿科学技术的发展具有重要的理论及实际意义。

大顶山矿区合理开采工艺及降低损失贫化技术措施研究项目的重要贡献之一,是从理论及生产实践的层面证明无底柱分段崩落法在倾斜及缓倾斜中厚矿体条件下也是可行的,生产不正常问题可以得到有效解决,矿石回收指标能够得到显著改善;同时,重新认识并定义了下盘矿石残留的形态、大小以及合理的回收方法。此外,提出并证明了"垂直分区、组合放矿"的回采新工艺合理性及可行性,提出并系统研究了"分段矿岩混采比例""分段转移矿量比例"对矿石回采及矿石回收效果的影响,为无底柱分段崩落法应用在倾斜及缓倾斜矿体奠定了极为重要的理论基础。而大顶山矿区大结构参数无底柱分段崩落法试验研究项目的成功,不仅对大顶山矿区以及锦宁公司意义重大,而且对国内外类似倾斜及缓倾斜中厚难采矿体无底柱分段崩落法具有重要的参考和指导意义。项目研究成果不仅丰富和发展了无底柱分段崩落法的采矿理论和技术,并在一定程度上扩大了无底柱分段崩落法的应用范围,对于提高矿山企业的技术经济效益和矿产资源的高效回收利用都具有十分重要的作用和意义。

我们相信,随着对倾斜及缓倾斜破碎矿体条件下无底柱分段崩落法应用研究的深入,其生产工艺将更加合理和成熟,降低矿石损失贫化的技术措施将更加有效,倾斜及缓倾斜中厚等复杂开采技术条件下无底柱分段崩落法取得理想的矿石回收效果以及良好的技术经济效益也必将成为现实,大顶山矿区也将因为其在采矿科学技术进步方面所做出的开创性贡献而被载入史册。

参 考 文 献

[1] 周宗红. 夏甸金矿倾斜中厚矿体低贫损分段崩落法研究 [D]. 沈阳：东北大学，2006.

[2] 何荣兴. 北洺河铁矿爆破参数优化研究 [D]. 沈阳：东北大学，2008.

结 束 语

众所周知，无底柱分段崩落法是一种安全、高效、机械化程度高、低成本且使用广泛的采矿方法。但是，无底柱分段崩落法并不完美，在实际的应用过程中还存在许多缺陷，采出矿石贫化严重就是其最主要的缺陷之一。同时，无底柱分段崩落法对使用的矿体条件要求也比较严格，通常只能在矿石稳固的厚大急倾斜矿体条件下使用。对于矿体破碎、形态复杂、厚度不大的倾斜及缓倾斜矿体条件来讲，其应用的效果就很不理想。因此，对于中国来讲，适应性较差也是无底柱分段崩落法的一大缺陷之一。

地下矿山生产中存在的问题以及解决问题的强烈需求，是推动采矿科研并最终使采矿方法不断完善的最大动力。无底柱分段崩落法采出矿石贫化严重的问题，催生了无贫化放矿方式的提出以及无贫化放矿理论的建立。大量的生产实践证明，无贫化放矿方式的提出以及无贫化放矿理论的建立，极大地促进了我国从根本上解决无底柱分段崩落法矿山采出矿石贫化严重的问题，使得无底柱分段崩落采矿法不仅具有安全、经济、高效以及机械化程度高等突出优点，同时也具有了采出矿石贫化小的优点。

2011年，受四川锦宁矿业有限公司（原四川省泸沽铁矿）的委托，我们开展了针对大顶山矿区缓倾斜中厚破碎矿体条件下无底柱分段崩落法合理生产工艺及降低损失贫化技术措施的攻关项目，旨在解决矿山长期以来存在的矿山生产不正常、矿石损失贫化大以及地质储量消耗快等突出问题。同时，鉴于大顶山矿区即将开始实施的 $15m \times 12.5m$ 大结构参数方案，开展了复杂矿体条件下大结构参数无底柱分段崩落法可行性研究与试验。为此，西南科技大学课题组依托科研项目，开展了针对复杂矿体条件下无底柱分段崩落法开采理论及技术的系统研究，力求在解决无底柱分段崩落法适应性较差的缺陷。应该说，针对锦宁矿业大顶山矿区的研究是非常成功的，不仅相关的理论研究成果丰硕，其实际的应用效果更为显著。因此，大顶山矿区的经验对于类似矿山具有极好的借鉴意义。

此外，结合镜铁山矿桦树沟矿区无底柱分段崩落法采矿结构参数调整的需要，开展了对复杂参数条件即厚大急倾斜矿体大结构参数条件下合理结构参数及放矿方式的研究。相关研究成果一定程度上弥补了目前国内对大结构参数无底柱分段崩落法或者说复杂结构参数条件下无底柱分段崩落法研究的不足，为无底柱分段崩落合理加大及优化结构参数奠定了重要的理论及技术基础。

我们相信，随着对复杂开采技术条件特别是复杂矿体条件下无底柱分段崩落法采矿理论及技术问题研究的不断深入，无底柱分段崩落法将会不断得到完善，其适应性较差的问题也会逐步得到解决。无底柱分段崩落法也将成为一种同时具有损失贫化低、生产能力大、采矿效率高、作业安全、采矿成本低、机械化程度高、适应性广等诸多突出优点的先进采矿方法，可以成为大中型地下矿山采矿方法的首选。

当然，由于复杂开采技术条件下无底柱分段崩落法的应用问题极为复杂困难，我们对有关规律的认识极有可能存在不全面甚至不正确的地方，实践应用还不够充分，取得的效果还比较有限。我们非常希望有关的单位及研究者能够共同参与到完善无底柱分段崩落法的研究与实践中，共同推动我国采矿技术的进步和采矿事业的健康快速发展。

为有助于读者更好了解复杂开采技术条件下无底柱分段崩落法采矿理论及技术研究的最新成果，现将已取得的相关研究进展简述如下：

（1）对复杂矿体条件下无底柱分段崩落法的特殊性有更加全面深刻的认识。

1）矿岩混采及对矿石回收的影响。用垂直走向布置进路的无底柱分段崩落法开采厚度不大、倾角较缓的矿体时，分段上下盘将出现两个三角矿体，三角矿体内的矿石将会以矿岩混采的形式采出。处于混采状态的崩落矿石层高度以及周边废石情况一直处于变化中，给放矿管理以及矿石回收造成极大的困难。特别是下盘三角矿体由于受其下部废石的阻隔，放矿时很容易造成大的损失与贫化。一般来讲，处于混采状态的三角矿体矿量占分段矿量的比例越大，矿石的回收效果就越差。因此，如何减少矿岩混采比例以及在混采情况下如何减少采矿过程中的矿石损失与贫化，成为复杂矿体条件无底柱分段崩落法的重要工作内容。

初步研究表明，复杂矿体条件下分段混采矿量比例随分段高度呈线性（增加）的关系，而随矿体倾角及矿体（水平）厚度增加呈曲线（降低）的关系。据计算，常规结构参数条件下分段矿量混采比例一般都在50%左右；如果分段高度过高或矿体倾角较缓且厚度不大时，将出现分段全部矿量处于矿岩混采状态的严重状况。当矿体赋存条件一定时，降低混采矿量比例最有效办法是减小分段高度。而改革放矿方式、加强放矿管理则是在大幅度矿岩混采情况下改善矿石回收效果的重要手段之一。

2）复杂矿体条件下转移矿量的特点与回收。根据计算，一般情况下，无底柱分段崩落法的分段转移矿量约占分段回采矿量的30%~40%。对于厚大急倾斜矿体，只要上下分段回采进路严格按照菱形交错布置且采切与爆破效果良好情况下，除矿体最后一个分段外，其余各分段的转移矿量可以在下面分段得到充分有效回收，转移矿量的回收基本上不存在问题。但是，对于厚度不大、倾角较缓的复杂矿体条件来讲，矿体下盘范围内的转移矿量会因为下分段回收工程前移以及下盘崩落废石的阻隔等原因出现回收困难的问题。因此，转移矿量如何充分有效回收成为确保复杂矿体条件矿石充分有效回收的关键因素之一。

3）复杂矿体条件下矿石回采与回收的特殊性。从矿石回采与回收的角度看，复杂矿体更是具有显著区别于厚大急倾斜矿体的特殊性。复杂矿体同一分段上盘、中间及下盘等不同开采部位的矿体具有不同的矿石回采条件，若是仍采用主要针对厚大急倾斜矿体条件的切割、爆破以及出矿方法，就难以适应变化的开采及回收条件，必然会导致悬顶、立墙以及大块等生产事故的发生，造成严重的损失与贫化。因此，切割、爆破与出矿工艺等都需要进行必要的改革。同时，复杂矿体条件下同一分段不同开采部位需要回收的矿量及回收条件差别也很大，上盘及中间部位具有相对较好的回收条件但需要回收的矿量较少。因此，在出矿时也应有针对性地采取不同的放矿方式且出矿的重点应放在矿体下盘，以减少无效损失与贫化的发生。不加区别全部采用传统的截止品位放矿方式，必然会造成严重的损失与贫化。

特别需要注意的是，上盘三角矿体在回采与回收上更具特殊性。首先，三角矿体范围内的上部围岩在回采初期一般还没有完全冒落，其覆盖岩层的厚度通常是不足的，此时上盘三角矿体有可能出现在空场条件下回采与回收的情况。其次，上盘三角矿体的崩矿排面应该为矩形排面而非一般认为的桃形排面。同时，由于上下分段回采进路交错布置以及上部围岩冒落不及时导致的夹制作用影响，矩形崩矿排面的高度至少应超过后续桃形崩矿排面高度 1.0 ~ 1.5m。

据测算，矩形崩矿排面的实际高度一般应达到分段高度的 1.5 ~ 1.8 倍，才能有效避免后续崩矿排面出现悬顶、立墙等事故。然而，多数复杂矿体条件的矿山包括不少设计研究院所都没有注意到这一特殊性，在设计上环节上就出现了崩矿排面高度、切割槽高度以及崩矿排面炮孔深度严重不足的问题，导致矿山生产中出现大面积的悬顶及大块等事故。因此，需要在切割与爆破设计以及出矿等环节采取相应的技术措施以适应上盘三角矿体在回采与矿石回收上的特殊性。

4）复杂矿体条件下盘残留矿石的特点与回收。无底柱分段崩落法下盘残留是指在倾斜或缓倾斜矿体条件下回采进路退采到下盘边界时不能回收的全部下盘矿石。下盘矿石残留主要由上分段的转移矿量（脊部残留 + 桃形矿柱）及本分段未崩落的三角矿体构成。无底柱分段崩落法的下盘矿石残留具有以下特点：①下盘残留包括了已崩落的脊部残留、未崩落的桃形矿柱和下盘三角矿体，其构成和空间形态都比较复杂；②下盘残留矿量的大小与上分段未回收的转移矿量及下盘退采范围密切相关；③下盘残留矿石具有极为不利的矿石回收条件，其下部被逐步增高的崩落废石层阻隔，最多可能被 5 个方向的废石所包围；④下盘残留并不是所谓的下盘损失，下盘损失大小取决于下盘退采范围及回收方法。

研究表明，在一定的截止出矿条件下，下盘残留矿量的大小可以通过理论计算的方式得出。理论计算表明，矿体赋存条件以及采矿方法主要结构参数对下盘残留矿量大小及下盘残留矿量占分段回采矿量的比例有显著影响。矿体厚度越小、倾角越缓，下盘残留矿量占分段回采矿量的比例越大。在矿体赋存条件一定情况下，结构参数的增加，将使下盘残留矿量占分段回采矿量的比例显著增加。在矿体厚度不大、倾角较缓的情况下，下盘残留矿量比例一般都在40%～50%以上。随着结构参数的增加，这个比例还将显著增加到60%～70%以上。显然，下盘矿石残留量大的特点在复杂矿体下显得非常突出。

通过分析可以看出，由于复杂矿体条件下产生的下盘矿石残留具有矿量大、回收困难等特点。因此，下盘残留矿石的回收事实上已经成为倾斜及缓倾斜矿体条件下无底柱分段崩落法矿石能否充分有效回收的关键，这个结论为有效降低复杂矿体条件下的损失贫化指明了极为重要的工作方向。

（2）发现了下盘三角矿锥及其脊部残留的存在并提出了回收方法。分析表明，按照目前下盘退采范围的确定方法（边界品位法或边际盈亏平衡法）确定的下盘退采范围很少退采全部的下盘三角矿体。然而，即便是退采了全部的下盘三角矿体范围（即退采到上分段回采巷道与矿体下盘边界交界处），在矿体下盘仍还有三角矿体范围以外已采分段的部分转移矿量（由未崩落三角矿锥及其上部的已崩落脊部残留矿量组成）没有被回收。由于每个分段的下盘进路间柱中都会存在这样一个下盘残留，累积的矿量相当可观。据估算，这部分矿量约占总采矿量的10%左右。需要说明的是，虽然曾经也有一些人对下盘残留的组成及大小进行了研究，但由于受到传统下盘退采范围确定方法的制约以及缺乏对下盘残留矿石全面正确的认识，一直都没有注意到这部分下盘残留矿石的存在，更谈不上设法进行回收了。

进一步研究表明，由于下部废石层过高，按照常规的下盘进路退采方式难以有效回收下盘三角矿体范围以外的这部分下盘残留矿石。对此，提出了在上分段下盘进路间柱中掘进辅助回采进路的方法回收这部分难以回收下盘残留。这种方法可以有效避开下部废石阻隔，提高矿石回收质量和数量。对于下盘退采不充分且下盘联络巷道距矿体较近的情况，也可以采取这种方式回收。

需要强调的是，发现下盘三角矿体以外三角矿锥及其上部脊部残留矿石的存在并提出有针对性的回收方案，对于有效降低复杂矿体条件下无底柱分段崩落法的损失贫化具有十分重要的意义与作用。可以认为，仅靠单一无底柱分段崩落法采矿系统，已经无法解决复杂矿体条件下矿石的充分有效回收问题。因此，利用进路间柱中的辅助回采进路回收下盘残留矿石的方法应该而且必须成为复杂矿体条件下无底柱分段崩落法矿山采矿方法的重要组成部分之一。

（3）证明下盘残留回收方法及下盘退采范围确定方法不当是导致复杂矿体条件下无底柱分段崩落法矿石损失贫化大的主要原因之一。目前确定下盘退采范围的方法（主要是边界品位法或边际盈亏平衡法）完全基于经济因素来确定下盘退采范围，完全没有考虑实际的放矿过程。事实上，实际放出的矿岩并非全部来自理论的计算范围。因此，目前确定下盘退采范围的方法存在科学依据不充分的问题，直接导致了下盘残留矿石回收不充分问题的产生。造成这一问题出现的另一原因是在下盘残留矿石的回收方法上只考虑了无底柱分段崩落法下盘进路退采一种方式，没有考虑其他更为有效的回收方式。

需要说明的是，不同的回收方法对应着不同的回收效果，而回收效果是决定下盘退采范围的最主要依据之一。显然，下盘残留矿石的回收方法对下盘退采范围的确定方法有重要的影响。其实，只要采用前述在进路间柱中掘辅助回采进路的方式进行回收，不仅下盘残留矿石可回收范围显著扩大，矿石的回收效果将会得到显著提高，矿山整体的损失贫化指标也将得到显著改善。因此，目前采用的下盘退采范围确定方法以及下盘残留的回收方法都需要进一步的改革和优化。

（4）提出了"垂直分区、组合放矿"的回采技术新方案。所谓的"垂直分区"回采方案是指针对复杂矿体并视矿体倾角及厚度的不同，在相邻分段回采进路与矿体上下盘边界交界点垂直划线分区，在不改变正常的分段回采顺序情况下，人为造成 2～3 个以上能够实现垂直放矿的回采分段，为交错布置的回采进路回收转移矿量和各种残留矿石的充分回收创造良好条件。

"垂直分区"回采方案的最大优点是，能够有效解决复杂矿体上分段下盘残留不能在下分段有效转移和回收的问题。下盘退采范围不再是简单依据经济最优原则确定，而是依据充分有效回收矿石的原则来确定。下盘一直退采到上分段回采进路与矿体下盘边界的交界处，能够实现所谓的"下盘残留全覆盖"，很好地解决了目前下盘回采不充分的问题，可以显著提高采矿方法的矿石回收率。

所谓的"组合放矿"方案是指在同一分段根据不同区段回采条件及其作用的不同，在矿体上盘、中间及下盘三个矿段分别采用"松动放矿、低贫化放矿以及截止品位放矿"的组合放矿方式，在保证矿石充分回收的情况下显著降低出矿过程的矿石贫化。

采用"组合放矿"的主要优点是，根据复杂矿体各部位不同的回收条件采用不同的放矿方式，显著减少无效贫化的产生，能够在充分回收矿石的情况下大幅度降低放矿过程中的矿石贫化。如果矿体厚度不是很小，将"垂直分区"回采方案与"组合放矿"方案结合起来使用，降低矿石损失贫化的效果将会更加明显。

（5）初步证明复杂矿体条件下大结构参数方案仍具有可行性。实验证明，在复杂矿体条件下，上盘及中间部位发生矿石损失的幅度相当小，真正产生大量损失贫化的部位主要在矿体下盘。因此，下盘残留矿石的回收效果基本上可以反映出复杂矿体条件整体的矿石回收效果。通过对不同结构参数无底柱分段崩落法下盘残留矿石的回收效果展开研究，我们发现，随着下盘退采范围的扩大，大结构参数与小结构参数方案在下盘损失矿量比例上的差距逐步缩小。理论计算表明，当下盘退采范围扩大到上分段回采进路与矿体下盘边界交界处（即全部退采下盘三角矿体）时，大结构参数方案在下盘损失矿量的比例已经与较小结构参数方案基本相当。

这表明，只要下盘退采充分，大结构参数方案也可以获得与原较小结构参数方案相同或相近的矿石回收效果。可以说，这个发现初步从理论上证明了无底柱分段崩落法大结构参数方案在复杂矿体条件下也具有可行性，为大结构参数方案在缓倾斜中厚矿体等复杂矿体条件中应用提供了重要的理论基础和实验依据。

（6）关于大结构参数无底柱分段崩落法合理结构参数及合理放矿方式。

1）对于矿石稳固的厚大急倾斜矿体，不论是加大无底柱分段崩落法结构参数还是对结构参数的优化，都必须遵循一个基本的原则，那就是基于椭球体理论的"崩落矿石堆体形态与放出体形态保持一致"原则。由于放过程中形成的矿石残留体特别是脊部残留和靠壁残留也是保证矿石充分有效回收的重要因素。因此，无底柱分段崩落法结构参数设计与优化的原则可以更为准确描述为"崩落矿石堆体＋矿石残留体形态与放出体形态保持最大限度一致"的原则，包括脊部残留在内各类残留矿石的回收必须考虑在结构参数的设计与优化之中。

2）大结构参数无底柱结构参数的设计及优化，可采用的方法既包括国外基于椭球体放矿理论（非典型椭球体）由 Rudolf Kvapil 提出的计算方法，也可以按照崩落矿石＋脊部残留形态与放出体（典型椭球体）形态一致原则进行计算。当然，还可以参照类似矿山经验直接选取。虽然这些方法都是经验为主的近似方法，但简单实用。

3）从无底柱分段崩落法结构参数的发展变化情况看，随着采矿装备的大型化以及对矿石产量需求的增加，国内外的大中型地下矿山都有逐步加大结构参数的趋势，分段高度一般在 15～30m 之间，进路间距一般 15～28m 之间，但仍基本遵循了分段高度大于进路间距的原则。过大的结构参数将导致炮孔偏移、炮孔维护以及装药困难等问题，出矿管理也因为出矿时间过长变得困难，最终影响矿石回收效果。因此，结构参数不宜过大。而目前国内外矿山的结构参数已有过大趋势，需要引起必要关注。

4）按照所谓的"椭球体排列理论"确定的"大间距结构参数方案"和"高分段结构参数方案"，不仅理论上缺乏足够的科学依据，在实践上也缺乏良好应用效果的支撑。因此，所谓的"大间距结构参数方案"成为无底柱分段崩落法主要发展趋势说法是不成立的。

5）放矿实验结果表明，大结构参数条件下的无底柱分段崩落法放矿，具有与传统小结构参数条件下放矿极为类似的矿岩移动规律以及矿石回收规律。各回采单位（步距与步距之间、分段与分段之间）的矿石回收也存在非常密切的联系和影响；无底柱分段崩落法的矿石残留对于无底柱分段崩落法的矿岩移动规律及矿石回收效果有着非常明显而重要的影响。

6）大结构参数条件下无底柱分段崩落法放矿时，单个步距的矿石回收过程、矿石回收指标以及所反映出的矿石损失与贫化之间的关系，不能准确反映和代表无底柱分段崩落法整体的情况，而分段的矿石回收过程及矿石回收指标，则更能准确反映出并代表无底柱分段崩落法整体的矿石回收进程及回收效果。

7）大结构参数条件下无底柱分段崩落法放矿进入正常回收分段后，不同贫化程度的放矿方式的分段矿石回收率相差不大，但其采出矿石的贫化率则与截止放矿时的矿石贫化程度直接相关且始终差别明显。

8）可以肯定的是，大结构参数条件下无底柱分段崩落法采用无（低）贫化放矿方式也是可行的，可以在保证矿石充分回收情况下，大幅度降低放矿过程中的矿石贫化，从根本上解决无底柱分段崩落法采出矿石严重贫化的问题。

冶金工业出版社部分图书推荐

书 名	作 者	定价(元)
中国冶金百科全书·采矿卷	本书编委会 编	180.00
中国冶金百科全书·选矿卷	本书编委会 编	140.00
选矿工程师手册(共4册)	孙传尧 主编	950.00
金属及矿产品深加工	戴永年 等著	118.00
露天矿开采方案优化——理论、模型、算法及其应用	王 青 著	40.00
金属矿床露天转地下协同开采技术	任凤玉 著	30.00
选矿试验研究方法(本科教材)	王宇斌 等编	48.00
现代爆破工程(本科教材)	程 平 等编	47.00
选矿试验研究与产业化	朱俊士 等编	138.00
金属矿山采空区灾害防治技术	宋卫东 等著	45.00
尾砂固结排放技术	侯运炳 等著	59.00
采矿学(第2版)(国规教材)	王 青 主编	58.00
地质学(第5版)(国规教材)	徐九华 主编	48.00
碎矿与磨矿(第3版)(国规教材)	段希祥 主编	35.00
选矿厂设计(本科教材)	魏德洲 主编	40.00
现代充填理论与技术(第2版)(本科教材)	蔡嗣经 编著	28.00
金属矿床地下开采(第3版)(本科教材)	任凤玉 主编	58.00
边坡工程(本科教材)	吴顺川 主编	59.00
爆破理论与技术基础(本科教材)	璩世杰 编	45.00
矿物加工过程检测与控制技术(本科教材)	邓海波 等编	36.00
矿山岩石力学(第2版)(本科教材)	李俊平 主编	58.00
金属矿床地下开采采矿方法设计指导书(本科教材)	徐 帅 主编	50.00
新编选矿概论(本科教材)	魏德洲 主编	26.00
固体物料分选学(第3版)	魏德洲 主编	60.00
选矿数学模型(本科教材)	王泽红 等编	49.00
磁电选矿(第2版)(本科教材)	袁致涛 等编	39.00
采矿工程概论(本科教材)	黄志安 等编	39.00
矿产资源综合利用(高校教材)	张 佶 主编	30.00
选矿试验与生产检测(高校教材)	李志章 主编	28.00
选矿厂辅助设备与设施(高职高专教材)	周晓四 主编	28.00
矿山企业管理(第2版)(高职高专教材)	陈国山 等编	39.00
露天矿开采技术(第2版)(职教国规教材)	夏建波 主编	35.00
井巷设计与施工(第2版)(职教国规教材)	李长权 主编	35.00
工程爆破(第3版)(职教国规教材)	翁春林 主编	35.00
金属矿床地下开采(高职高专教材)	李建波 主编	42.00